普通高等教育"十一五"国家级规划教材

高等院校计算机基础教育规划教材·精品系列

大学计算机基础教程
（第九版）

DAXUE JISUANJI JICHU JIAOCHENG

柴欣 姚怡◎主编

石娟 焦小焦 劳眷 柳永念 滕金芳◎副主编

中国铁道出版社有限公司

CHINA RAILWAY PUBLISHING HOUSE CO., LTD.

内 容 简 介

　　本书通过讲授计算机基础知识和技术，让读者体会思考问题和解决问题的新方法。全书
分为 7 章，主要包括计算机概论、初识网络、Python 程序设计入门、Python 计算生态和数据
智能分析、图像处理 Photoshop、Web 前端网页设计、IT 新技术等内容。本书从初学者入门的
角度组织教学内容，既注重计算思维能力的培养，又兼顾应用需求，深入浅出地为读者介绍
计算机基础知识。

　　本书适合作为高等院校计算机基础课程的教材，也可作为各类计算机应用人员的参考资料。

图书在版编目（CIP）数据

大学计算机基础教程/柴欣，姚怡主编. —9版. —北京：
中国铁道出版社有限公司，2020.9
普通高等教育"十一五"国家级规划教材　高等院校计算
机基础教育规划教材.精品系列
ISBN 978-7-113-27029-2

Ⅰ.①大… Ⅱ.①柴…②姚… Ⅲ.①电子计算机-高等学校-
教材 Ⅳ.①TP3

中国版本图书馆CIP数据核字(2020)第115344号

书　　名：大学计算机基础教程	
作　　者：柴 欣 姚 怡	

策　　划：魏　娜　刘丽丽		编辑部电话：(010) 51873202
责任编辑：刘丽丽		
封面设计：付　巍		
封面制作：刘　莎		
责任校对：徐盼欣		
责任印制：樊启鹏		

出版发行：中国铁道出版社有限公司（100054，北京市西城区右安门西街8号）
网　　址：http://www.tdpress.com/51eds/
印　　刷：北京柏力行彩印有限公司
版　　次：2006年8月第1版　2020年9月第9版　2020年9月第1次印刷
开　　本：880 mm×1 230 mm　1/16　印张：16.5　字数：371 千
书　　号：ISBN 978-7-113-27029-2
定　　价：53.00 元

前　言

随着计算机技术和网络技术的飞速发展，计算机已经成为人们学习、工作、生活中的一个不可或缺的工具。因此，作为面向大学非计算机专业学生的公共必修课程，计算机基础课程有着非常重要的地位，是大学通识教育的重要组成部分。

由于计算机教育的逐步低龄化和高校新生的计算机知识起点不断提升，激发了大学计算机基础课程改革需求，陆续从以往的 Windows+Office 工具使用教学演变为培养学生采用计算思维求解专业领域问题。在此背景下，本书在内容选取上，围绕着使用计算手段求解问题的思路，把以计算思维为导向的新一轮教学改革思想融入书中。编者力求把本书编写成以创新思维、计算思维为核心内容的大学计算机基础课程实用教材。全书共 7 章，建议课程安排 60～80 学时。各章主要内容以及建议学时分配如下：

第 1 章　计算机概论（6～8 学时），简述计算机的诞生和发展，冯氏计算机工作原理，计算机硬件知识，二进制转换和运算，文字、图像、声音等多媒体信息的数字化，软件的定义、分类和编程语言等的基本概念。

第 2 章　初识网络（6～8 学时），主要介绍网络的组成、分类和拓扑结构，OSI 参考模型和 TCP/IP 协议，Internet 的联网方式，物理地址、IP 地址和域名的作用，搜索引擎的使用技巧，收发电子邮件和信息安全防护等知识。

第 3 章　Python 程序设计入门（14～18 学时），主要介绍 Python 的语法规则，数据的表示，基本 I/O 语句，程序控制结构，函数的运用和文件的读写。

第 4 章　Python 计算生态和数据智能分析（8～12 学时），主要介绍 Python 模块、包和库的概念，turtle 库、random 库、time 库等标准库的使用，第三方库的获取和安装方法，PyInstaller、jieba、wordcloud、NumPy、Pandas 等第三方库的运用，以及数据处理、绘图和可视化，大数据应用等知识。

第 5 章　图像处理 Photoshop（8～10 学时），主要介绍 Photoshop 工具箱中各种工具的用途和使用方法，各种形状选区的建立和编辑，图像的绘制与色彩调整，滤镜的使用方法，图层、蒙版、通道与文字路径的相关知识。

第 6 章　Web 前端网页设计（14 ~ 20 学时），主要介绍网站和网页基础知识，HTML 常用标签，Dreamweaver 的使用，利用 CSS 样式美化网页，使用 DIV+CSS 布局网页。

第 7 章　IT 新技术（4 学时），主要介绍并行计算、网格计算、云计算、量子计算等新型计算模型的概念，以及大数据、物联网、人工智能、虚拟现实等 IT 新技术的发展现状。

本书教学内容较多，如果教授所有章节，所需课时可能比学校计划课时要多，此种情况建议采用模块化教学。例如，可参照下表采取划分理工和文史两大类的分类教学方式。

课程名称	授课内容
大学计算机（理工类）	计算机概论+初识网络+Python程序设计入门+Python计算生态和数据智能分析+IT新技术
大学计算机（文史类）	计算机概论+初识网络+图像处理Photoshop+Web前端网页设计+IT新技术

参与本书编写工作的都是从事计算机基础教育多年、一线教学经验丰富的高校老师。本书由柴欣、姚怡任主编，石娟、焦小焦、劳眷、柳永念、滕金芳任副主编。参与本书编写和审校工作的还有马钰华、李向华、陈大海、王丽、易向阳、王淖等。本书配套指导书《大学计算机基础实验教程》（第九版，柴欣、劳眷、滕金芳主编）也已同期出版。

本书的编写得到了广西高等教育本科教学改革工程项目（2018JGA107）的支持。在编写过程中还参考了许多文献和网站资料，在此向相关作者一并表示衷心的感谢。

由于编者水平有限且编写时间较为仓促，书中难免有疏漏和不足之处，恳请各位专家、学者、读者不吝批评指正。

编　者

2020 年 7 月

目　录

第1章 计算机概论

内容提要

◎ 计算机的诞生和发展

◎ 冯氏计算机工作原理

◎ 计算机硬件知识

◎ 二进制转换和运算

◎ 文字、图像、声音等多媒体信息的数字化

◎ 软件的定义、分类和编程语言

随着信息化时代的到来，计算机已经渗透到人类生活的方方面面。不管是工作学习、衣食住行或娱乐休闲，现实生活中种种活动的背后都不可避免会有计算机在不事张扬地为我们提供服务。计算机是人类大脑的延伸，现代人都应该具有一定的信息素养和计算思维，学会运用计算机解决遇到的种种问题。当今人们已经离不开计算机，掌握计算机知识的重要性再怎么强调也不为过。计算机是如何诞生并发展演变为现世辉煌的？计算机是如何读懂人类发出的指令并忠实无误奉命执行的？硬件和软件之间有什么联系？……让我们带着这些问题一起走进计算机的世界探寻答案。

1.1 初识计算机

今天，计算机产业发展迅猛，每天都有新产品、新技术诞生，计算机已经深度融合进人们的学习、工作和生活中，几乎没有什么领域是与计算机无关的了。那么，计算机的演进发展历程是怎样的呢？

1.1.1 计算机从无到有

要追溯计算机的发明，可以从中国古时说起，那时人类发明算盘去处理一些数据，利用拨动算珠的方法，无须进行心算即可通过固定的口诀将答案计算出来。这种被称为"计算与逻辑运算"的运作概念传入西方后，被美国人发扬光大。直到 16 世纪，人类发明了一部可协助处理乘数等较为复杂数学算式的机械，被称为"棋盘计算器"，但这段时期只属于纯计算的阶段。

计算机的产生和发展

1. 第一台计算机 ENIAC 诞生之前

辅助人们进行各种计算和分析的设备自古就有，从远古时期先民们结绳记事的"绳"到战国争雄时谋士们运筹帷幄的"筹"，从公元六百多年前中国人的算盘到 17 世纪欧洲人

的计算尺，经历了漫长的历史过程。在第一台真正意义上的电子计算机 ENIAC 诞生之前，计算机的早期演进历程如表 1-1 所示。

表 1-1 计算机的早期演进历程

时　间	设计或建造者	贡　献
17世纪中叶	法国数学家帕斯卡（Blaise Pascal，1623—1662）	建造并出售了一种齿轮驱动的机械机器，可以执行整数的加法和减法运算
17世纪末	德国数学家莱布尼茨（Gottfried Wilhelm Leibniz，1646—1716）	建造了第一台能够进行四种整数运算（加法、减法、乘法和除法）的机械设备
1832年	英国数学家巴贝奇（Charles Babbage，1792—1871）	首先提出通用计算机的设计思想，开始设计一种基于计算自动化的程序控制的分析机，并提出了几乎是完整的计算机设计方案。在设计中第一次出现了内存，这在概念上是一个突破
1904年	英国物理学家弗莱明（John Ambrose Fleming，1864—1945）	世界上第一只电子管研制成功，标志着世界从此进入了电子时代
1936年	英国数学家图灵（Alan Mathison Turing，1912—1954）	发表了论文《论可计算数及其在判定问题中的应用》，提出了著名的理论计算机的抽象模型——"图灵机"，为计算理论的主要领域奠定了基础
1946年	美国的"莫尔小组"，由埃克特、莫克利、戈尔斯坦、博克斯四位科学家组成	建造了第一台真正意义上的电子计算机ENIAC，如图1-1所示。ENIAC是"图灵完全"的电子计算机，能够重新编程，解决各种计算问题

1946 年诞生的 ENIAC 由 18 000 多个电子管、7 000 多个电阻、10 000 多个电容器以及 6 000 多个开关组成，占地面积约 170 m^2，整个机器质量为 30 t，功率为 150 kW，运算速度为每秒 5 000 次加法运算，是世界上第一台电子数字积分计算机，如图 1-1 所示。虽然 ENIAC 远远不能和现在普通计算机相比，但它是第一台正式投入使用的电子计算机。它的诞生是人类文明史上的一次飞跃，宣告了计算机时代的到来。

图1-1　第一台电子计算机ENIAC

2. ENIAC 诞生之后计算机的四个发展阶段

自 ENIAC 问世，计算机采用的主要元器件从电子管进化到晶体管再演变到集成电路，如图 1-2 所示。电子计算机在人类生活中的份量变得越来越重要。迄今为止，计算机的发展经历了如表 1-2 所示的四个标志性时代。

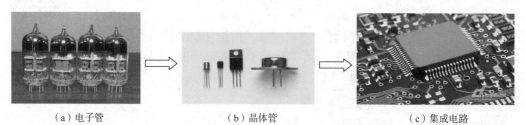

（a）电子管　　　　　　　　　（b）晶体管　　　　　　　　　（c）集成电路

图1-2　主要元器件的发展

表 1-2　计算机发展的四个标志性时代

标志性时代	时　间	硬 件 特 征	软 件 特 征
第一代电子管计算机	1945—1955	采用电子管元件作基本器件，用光屏管或汞延时电路作存储器，输入或输出主要采用穿孔卡片或纸带，主要用于科学计算	使用机器语言或者汇编语言来编写应用程序
第二代晶体管计算机	1956—1963	晶体管和磁芯存储器促进了第二代计算机的产生。图1-3所示是首台晶体管计算机"催迪克"，主要用于原子科学的大量数据处理	出现了更高级的COBOL和FORTRAN等语言，使计算机编程更容易。整个软件产业由此诞生
第三代集成电路计算机	1964—1970	将多种元件集成到单一的半导体芯片上，形成集成电路（IC），计算机变得更小、功耗更低、速度更快。1964年，美国IBM公司研制成功第一个采用集成电路的计算机系统IBM 360，如图1-4所示	出现了操作系统，使计算机在中心程序的控制协调下可以同时运行许多不同的程序
第四代大规模集成电路计算机	1971至今	采用大规模和超大规模集成电路，使计算机的体积和价格不断下降，而功能和可靠性不断增强	20世纪90年代诞生的因特网，标志着人类社会进入了以网络、信息为特征的数字化时代

图1-3　首台晶体管计算机"催迪克"　　图1-4　IBM 360成为首款使用集成电路的计算机

3. 计算机发展的未来

自 ENIAC 诞生以来，计算机的发展速度基本上一直遵循着由英特尔创始人之一——戈登·摩尔于 1965 年提出来的摩尔定律：当价格不变时，集成电路上可容纳的元器件的数目，每隔 18 ~ 24 个月便会增加一倍，性能也将提升一倍。这一定律揭示了信息技术进步的速度。例如，从图 1-5 显示的英特尔芯片的晶体管密度历年变化情况可知，尽管英特尔芯片制程工艺发布的时间跨度在变大，但晶体管密度仍旧保持在每两年提高约一倍，即摩尔定律一直在发挥着作用。尽管这种趋势已经持续超过半个世纪，但摩尔定律也预示着电子计算机的物理极限。因此，无论是从计算能力角度，还是从计算原理角度，亦或是从突破传统电子芯片物理极限角度出发，重新设计新型计算机开始逐渐走入人们的视线。

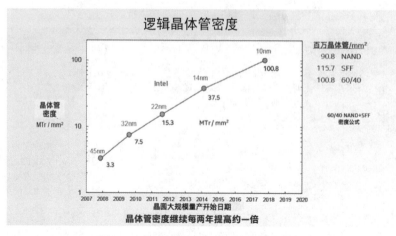

图1-5　英特尔芯片的发展符合摩尔定律

计算机的发展将在什么时候进入第五代？什么是第五代计算机？对于这样的问题，并没有一个明确统一的说法。通常认为，第五代计算机是指具有人工智能的新一代计算机，它具有推理、联想、判断、决策、学习等功能。基于集成电路的计算机短期内还不会退出历史舞台，但一些新的计算机正在跃跃欲试地加紧研究，这些计算机是：超导计算机、纳米计算机、光计算机、DNA 计算机、量子计算机等。在未来社会中，计算机、网络、通信技术将会三位一体，将人从重复、枯燥的信息处理中解脱出来，从而改变人们的工作、生活和学习方式，给人类和社会拓展更大的生存和发展空间。

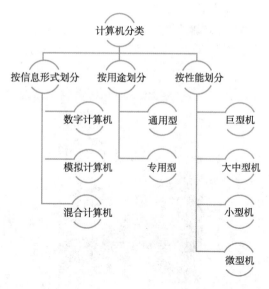

图1-6　计算机的不同分类

1.1.2　计算机的分类

计算机从 1946 年诞生并发展到今天，其种类繁多，可以从不同的角度对计算机进行分类，如图 1-6 所示。其中，微型机是人们最常使用的计算机类型。

微型计算机自产生以来，经过几十年的发展，已经应用到社会的各个领域，产生了运用于不同领域、适合不同目的的各种类型的计算机，如图 1-7 所示。

计算机的分类及其应用领域

（a）台式计算机

（b）笔记本式计算机

图1-7　各种类型的微型计算机

（c）嵌入式计算机　　　　　（d）平板计算机　　　　　（e）智能手机

图1-7　各种类型的微型计算机（续）

1.1.3　计算机的应用

计算机的应用领域已渗透到社会的各行各业，正在改变着人们传统的工作、学习和生活方式，推动着社会的发展。计算机的主要应用领域有科学计算、数据处理、计算机辅助技术、过程控制、网络应用等。

1. 科学计算

科学计算是指利用计算机来完成科学研究和工程技术中提出的数学问题的计算。在现代科学技术工作中，科学计算问题是大量的和复杂的。利用计算机的高速计算、大存储容量和连续运算能力，可以实现人工无法解决的各种科学计算问题。例如，建筑工程的结构设计中为了确定构件尺寸，通过弹性力学导出一系列复杂方程，长期以来由于计算方法跟不上而一直无法将其求解；而计算机不但能求解这类方程，还引起有关弹性理论的一次突破，出现了结构计算的有限元法。

2. 数据处理

数据处理是指对各种数据进行收集、存储、整理、分类、统计、加工、利用、传播等一系列活动的统称。据统计，80% 以上的计算机主要用于数据处理，这类工作量大且应用面宽，决定了计算机应用的主导方向。

目前，数据处理已广泛地应用于办公自动化、企事业计算机辅助管理与决策、情报检索、图书管理、电影电视动画设计、会计电算化等各行各业。信息正在形成独立的产业，多媒体技术使信息展现在人们面前的不仅是数字和文字，也有声情并茂的声音和图像信息。

3. 计算机辅助技术

计算机辅助技术包括计算机辅助设计、计算机辅助制造、计算机辅助教学等。

（1）计算机辅助设计（Computer Aided Design，CAD）

计算机辅助设计是利用计算机及其图形设备帮助设计人员进行设计工作，以实现最佳工程效果的一种技术。它已广泛地应用于飞机、汽车、机械、电子、建筑和轻工等领域。例如，在计算机类产品的设计过程中，利用 CAD 技术进行体系结构模拟、逻辑模拟、插件划分、自动布线等，从而大大提高了设计工作的自动化程度。又如，在建筑工程设计过程中，利用 CAD 系统可以进行力学计算、结构设计、数据统计、图纸绘制等，这样不但提高了设计速度，还可以提高设计质量。

（2）计算机辅助制造（Computer Aided Manufacturing，CAM）

计算机辅助制造是利用计算机系统进行生产设备的管理、控制和操作的过程。例如，在产品制造过程中，用计算机控制机器的运行、处理生产过程中所需的数据、控制和处理材料的流动以及对产品进行检测等。使用 CAM 技术可以提高产品质量、降低成本、缩短生产周期、提高生产率、改善劳动条件。

将 CAD 和 CAM 技术集成，实现设计和生产自动化的技术被称为计算机集成制造系统（Computer Intergrated Manufacturing System，CIMS）。它的实现将真正做到无人化工厂（或车间）。

（3）计算机辅助教学（Computer Aided Instruction，CAI）

计算机辅助教学是通过计算机系统使用课件来进行教学。课件可以用相关工具或高级语言来开发制作，它能引导学生循序渐进地学习，使学生轻松自如地从课件中学到所需要的知识。CAI 的主要特色是交互教育、个别指导和因人施教。

4. 过程控制

过程控制是利用计算机及时采集检测数据，按最优值迅速地对控制对象进行自动调节或自动控制。采用计算机进行过程控制，不仅可以大大提高控制的自动化水平，而且可以提高控制的及时性和准确性，从而改善劳动条件、提高产品质量及合格率。因此，计算机过程控制已在机械、冶金、石油、化工、纺织、水电、航天等行业得到广泛的应用。

例如，在汽车工业方面，利用计算机控制机床、控制整个装配流水线，不仅可以实现精度要求高、形状复杂的零件加工自动化，而且可以使整个车间或工厂实现生产自动化。

5. 网络应用

计算机技术与现代通信技术的结合构成了计算机网络。计算机网络的建立，不仅解决了一个单位、一个地区、一个国家中计算机与计算机之间的通信，各种软、硬件资源的共享，也大大促进了国际间的文字、图像、视频和声音等各类数据的传输与处理。

1.2 剖析冯·诺依曼结构

计算机模型的演变与发展

美籍匈牙利数学家冯·诺依曼（John von Neumann，1903—1957，见图 1-8）对研制计算机做出了重大贡献，常被称为"计算机之父"。现代计算机的基本架构和工作原理都是他奠定的。但他本人却并不这么认为，冯·诺依曼认为自己的学生——英国数学家艾伦·图灵（Alan Mathison Turing，1912—1954，见图 1-9）才称得上计算机之父。图灵提出了著名的理论计算机的抽象模型——"图灵机"，为计算理论的主要领域奠定了基础。这个理论在当时属于很超前、很大胆的假设。而后提出著名的"图灵测试"，指出如果第三者无法辨别人类与人工智能机器反应的差别，则可以论断该机器具备人工智能，为后来的人工智能科学提供了开创性的构思。

图1-8　冯·诺依曼　　图1-9　艾伦·图灵

1.2.1　图灵机

图灵机，又称图灵计算、图灵计算机，是由数学家艾伦·麦席森·图灵提出的一种抽象计算模型，即将人们使用纸笔进行数学运算的过程进行抽象，由一个虚拟的机器替代人们进行数学运算。

图灵机是指一个抽象的机器，如图 1–10 所示，它有一条无限长的纸带，纸带分成了一个一个的小方格，每个方格有不同的颜色。有一个机器头在纸带上移来移去。机器头有一组内部状态，还有一些固定的程序。在每个时刻，机器头都要从当前纸带上读入一个方格信息，然后结合自己的内部状态查找程序表，根据程序输出信息到纸带方格上，并转换自己的内部状态，然后进行移动。

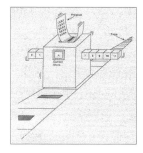

图1-10　图灵机

沿着图灵开辟的方向，计算科学理论在其后的几十年里得到迅速发展，有力地推动了计算科学的高速发展。直到今天，绝大多数关于计算科学理论和技术的研究仍然没有跳出图灵机所确定的范围。为纪念图灵对计算科学的巨大贡献，美国计算机协会在 1966 年设立了具有计算机界诺贝尔奖之称的"图灵奖"，以表彰在计算机科学领域中做出突出贡献的科学家。

1.2.2　冯·诺依曼结构

冯·诺依曼对研制计算机做出了重大贡献。他确定了计算机的体系结构由五部分组成，包括运算器、控制器、存储器、输入设备和输出设备；并提出了计算机的工作原理，即把程序和数据都以二进制的形式统一存放到存储器中，由机器自动执行，不同的程序解决不同的问题，实现了计算机通用计算的功能。

1.　冯氏计算机五大核心部件

时至今日，遍布世界各地大大小小的计算机仍然遵循着冯·诺依曼提出的计算机基本结构和工作原理，其内部的硬件结构都大同小异，统称为"冯·诺依曼体系结构"计算机（简称冯氏计算机）。冯氏计算机的五大核心部件各尽其职，协调工作，如图 1–11 所示。

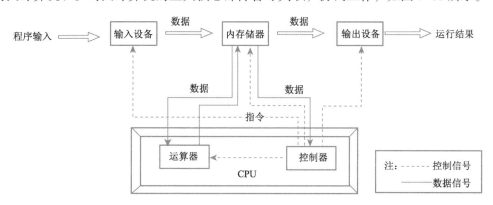

图1-11　计算机基本结构

五大核心部件的基本功能如下：

① 运算器（Arithmetic/Logic Unit，ALU）：是计算机实现数据处理功能的单元，如算

术运算（加、减、乘、除）、逻辑运算（与、或、非）。运算器会将存储在存储单元中的数据取出，在执行运算与逻辑判断后，将结果存回存储器中。

② 控制器（Control Unit，CU）：主要用于控制计算机的操作，如读取各种指令，并对指令进行分析，做出相应控制，协调输入/输出（Input/Output，I/O）操作和内存访问等工作。运算器与控制器组合起来成为计算机的核心——中央处理器（Central Processing Unit，CPU）。

③ 存储器（Memory Unit，MU）：可分为内存储器与外存储器两大类，是计算机专门用来存放数据与程序的地方。内存储器用来存放处理中的程序和数据；外存储器则用来存放暂时不使用的程序和数据，常见的有硬盘、光盘、闪存盘等。

④ 输入设备（Input Unit，IU）：向计算机输入数据和信息的设备，是计算机与用户或其他设备通信的桥梁。常见的输入设备有键盘、鼠标、扫描仪、光笔、手写输入板、游戏杆、语音输入装置等。

⑤ 输出设备（Output Unit，OU）：计算机用来输出已处理的数据的设备，如显示器、打印机、扬声器等。

2. 冯氏计算机的工作步骤

冯·诺依曼提出的"存储程序和程序控制"原理把程序本身当作数据来对待，程序和该程序处理的数据用同样的方式存储，并确定了计算机的五大组成部分和基本工作方法。其工作过程可分为如图 1-12 所示的 4 个步骤。

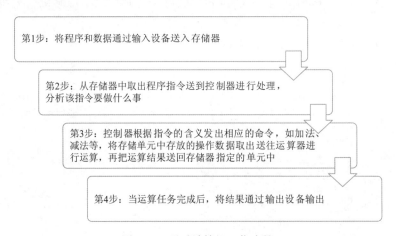

图1-12 冯氏计算机工作步骤

早期冯·诺依曼设想的控制器目前主要通过操作系统来实现，也就是由软件控制计算机；冯·诺依曼结构中的控制线和数据线，主要由计算机的总线（如 FSB 总线、PCI-E 总线、USB 总线等）和集成电路芯片（如南桥芯片等）实现，总线上传输的信号可以是地址、数据和指令。

3. 冯·诺依曼结构与哈佛结构

冯·诺依曼的主要贡献就是提出并实现了"存储程序"的概念。由于指令和数据都是二进制码，指令和操作数的地址又密切相关，因此，当初选择这种结构是自然的。

在冯·诺依曼计算机结构中，指令和数据共享同一存储器和同一传输总线，使得信息流的传输成为限制计算机性能的瓶颈，影响了数据处理速度的提高，甚至会造成指令与数据传输的冲突。例如，计算机在播放高清视频时，数据流巨大，而指令流很小，一旦数据流发生拥塞现象，则会导致指令无法传输。这种现象一旦发生在工业控制领域，将产生不可预计的后果。工业计算机系统需要较高的运算速度，为了提高数据吞吐量，在大部分工业计算机中和智能手机中会采用哈佛结构。

哈佛结构计算机的原理图如图 1-13 所示，它有两个明显的特点：一是使用两个独立的存储器模块，分别存储指令和数据；二是使用两条独立的总线，分别作为 CPU 与存储器之间的专用通信路径，这两条总线之间毫无关联，避免了指令传输与数据传输的冲突。

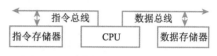

图1-13　哈佛结构计算机的原理图

在哈佛结构计算机中，CPU 首先到指令存储器中读取程序指令内容，解码后得到数据地址；再到相应的数据存储器中读取数据，并进行下一步的操作（通常是执行）。程序指令存储和数据存储分开，可以使指令和数据有不同的数据宽度。

采用哈佛结构的 CPU 和微处理器有：IBM 公司的 PowerPC 处理器，SUN 公司的 Ultra SPARC 系列处理器，MIPS 公司的 MIPS 系列处理器，ARM 公司的 ARM9、ARM10 和 ARM11 等。大部分 RISC（即精简指令系统，英文全称是 Reduced Instruction Set Computing）计算机都采用了哈佛结构。

1.3　购机前要了解的硬件知识

如何选择适合自己的计算机

随着信息时代的高速发展，计算机已经成为工作、学习、生活的必备装备之一，不管你是刚入学的大学生还是将要进入职场的新人，选购一台适合自己的计算机，能够很大程度地提高自己工作和学习的效率。对于商务人士、学生来说笔记本式计算机是首选，它体积小、携带方便，适用于应对移动场景。而办公场所、游戏网吧等场所则适合选用台式计算机，它性价比高、接口丰富、使用方便。无论是台式计算机还是笔记本式计算机，其主要配置都是 CPU、显卡、硬盘、内存条以及主板等零部件。因此，详细了解计算机的硬件组成，对如何选择最适合自己的计算机很有帮助。

从计算机外观可看到的设备都属于计算机的硬件部分。图 1-14 所示的显示器、键盘、鼠标等存在于主机箱外部的部件称为外部硬件，通常称为外围设备（简称外设）。而 CPU、硬盘、内存、显卡、网卡等安装在主机箱内部的部件称为内部硬件。其中，CPU 与内存构成计算机的主机。图 1-15 所示为台式计算机主机箱的内部和背部结构。

根据个人计算机（Personal Computer，PC）的特点，通常将其硬件分为主机和外围设备两部分。图 1-16 所示为个人计算机的硬件组成。

图1-14　台式计算机外观

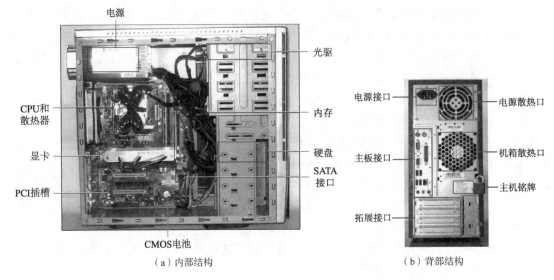

（a）内部结构 （b）背部结构

图1-15　台式计算机主机箱的内部和背部结构

图1-16　个人计算机的硬件组成

1.3.1　主板和CPU

1. 主板

主板（Mainboard）是计算机中最大的一块集成电路板，安装在机箱内，是计算机最基本的也是最重要的部件之一。主板采用开放式结构来连接各种计算机部件，包括CPU、内存、显卡、声卡、网卡、硬盘和光驱等。组装计算机时，把相应的部件插到主板上对应的插槽中即可。主板电路设置和功能如图1-17所示。

2. 中央处理器

中央处理器（Central Processing Unit，CPU）是计算机的心脏，起到控制整个计算机工作的作用，包括控制器与运算器两大模块。CPU主要的工作就是提取指令，将指令译码和执行。在指令执行之前，程序指令和数据必须先从输入设备或外存储设备放进内存中。

由于单核CPU芯片速度的提升会产生过多热量，且无法带来相应的性能改善，多内核CPU渐成主流，封装的内核数量不断增加，虽然从外观上看好像是一个CPU，如图1-18所示，实际上它是由多个CPU内核组成的。理论上，其性能会变成原来的数倍，但须搭配支持多CPU的操作系统和应用程序才能发挥其性能。

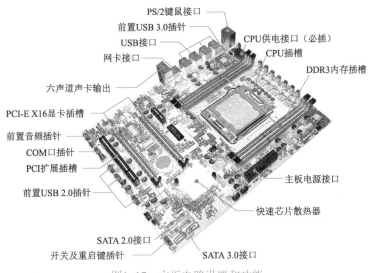

　　PS/2键鼠接口
　　前置USB 3.0插针
　　USB接口
　　网卡接口
　　六声道声卡输出
PCI-E X16显卡插槽
　　前置音频插针
　　COM口插针
　　PCI扩展插槽
　前置USB 2.0插针
　　CPU供电接口（必插）
　　CPU插槽
　　DDR3内存插槽
　　主板电源接口
　　快速芯片散热器
　　SATA 2.0接口
开关及重启键插针
　　SATA 3.0接口

图1-17　主板电路设置和功能

　　CPU 有两个重要的性能指标，即字长和主频。字长是计算机在单位时间内能一次处理的二进制数的位数。字长越长，计算精度越高，运算速度也越快。字长一般有 16 位、32 位或 64 位几种。主频就是 CPU 内核工作时的时钟频率，反映了计算机的工作速度。主频越高，计算机工作速度越快。

　　CPU 的安装过程如图 1-18 右图所示。

CPU安装

1.下压卡扣　　　　　　　2.打开主板底座盖板

3.取出CPU　　　　　　　4.对准防呆口放入CPU
　　　　　　　　　（注意主板针脚，一次性放下后不要挪动，避免碰弯主板针脚）

5.下压卡扣，盖板会自动弹起　　6.取下盖板，CPU安装完成

图1-18　酷睿i7-8700K处理器和CPU的安装

1.3.2 内存和外存的区别

大家都知道，因为有存储器，计算机才具有"记忆"能力，才能保证机器自动而快速地运算，向人们提供需要的数据或结果。存储器分为内存储器（简称内存）和外存储器（简称外存）两大类。内存用于暂时存放CPU中的运算数据，以及与硬盘等外存储器交换的数据；外存容量大，读取速度慢，断电后信息不丢失，可以长期保存程序和数据。常见的外存储器有硬盘、光盘、U盘等。

1. 内存储器

内存储器是外存与CPU进行沟通的桥梁。计算机中所有程序的运行都是在内存中进行的，因此内存的性能对计算机的影响非常大。内存按照自身特性可分为只读存储器（Read Only Memory，ROM）和随机存储器（Random Access Memory，RAM）。在计算机机箱内部使用的内存条属于随机存储器。

（1）ROM

ROM是指存储器在出厂时就由厂家采用掩模技术将存储内容一次性写入并永久保存下来，不会因断电而丢失数据。计算机在运行时仅能从中读取数据，而无法向其写入新的数据。例如存放基本输入/输出系统（Basic Input/Output System，BIOS）程序的内存，即内嵌式BIOS ROM芯片，如图1-19所示。

为便于使用和大批量生产，ROM进一步发展了可编程只读存储器（PROM）、可擦可编程只读存储器（EPROM）、电可擦可编程只读存储器（EEPROM）和快闪存储器（Flash ROM）

图1-19 BIOS芯片

 小知识

BIOS就是固化在主板上ROM芯片中的一组程序，为计算机提供最基层、最直接的硬件控制与支持，主要负责在开机时做硬件启动和检测等工作。进入BIOS设置界面的方法为：开机后屏幕还在黑屏状态下时，根据屏幕的提示按【Del】键或【F2】键，将打开如图1-20所示的BIOS设置界面。通过键盘操作可在BIOS中设置开机密码、启动顺序等，有时也可利用BIOS对硬件性能做些超频调校工作。由于硬件发展迅速，传统蓝屏界面的BIOS正在逐步淘汰。近几年出厂的计算机已陆续采用统一的可扩展固件接口UEFI技术。UEFI的启动速度比传统BIOS快，而且可以调用真正的图形交互界面，并支持鼠标操作，从而使开机程序化繁为简，节省时间。

图1-20 BIOS设置界面

（2）RAM

RAM具有既可以读出数据，也可以写入数据，断电后存储内容立即消失的特点。在

CPU 的快速运行过程中，需要 RAM 来暂时存放程序或数据。按照 RAM 是否需要周期性充电，可将 RAM 分为动态内存（Dynamic RAM，DRAM）和静态内存（Static RAM，SRAM）两种。

图1-21　DRAM（即内存条）

① DRAM：特点是集成度高，主要用于大容量内存储器，也就是平常说的内存条，如图 1-21 所示。每条容量一般在 2 ~ 16 GB 之间，这种存储器价格较低，集成度较高，升级灵活，但需要周期性的充电刷新，因此存取速度相对较慢。DRAM 常见的类型有 SDRAM、DDR SDRAM、DDR2、DDR3、DDR4 等几种。

② SRAM：采用系统时钟同步技术，利用双稳态的触发器来存储 "1" 和 "0"，不需要时常刷新，所以在存取速度和稳定性上均优于 DRAM，但是集成度较低，价格较高，主要用于要求速度快的高速缓冲存储器（简称高速缓存，Cache）。

2. 外存储器

外存储器（简称外存）又称辅助存储器，其容量相对较大，一般用来存储须长期保存或暂时不用的各种程序和信息。外存的信息需要先传送到内存后才能被 CPU 使用。常见的外存储器有硬盘、光盘、闪存盘及各种数码存储卡等。

（1）机械硬盘

硬盘全称为硬盘驱动器，是个人计算机必备的存储设备，由一个或者重叠的一组铝制或玻璃制的盘片组成。这些盘片外覆盖了铁磁性材料。绝大多数硬盘都是固定硬盘，被永久性地密封在硬盘驱动器中。图 1-22（a）所示为西部数据的 2 TB 硬盘的外观。

硬盘内部结构如图 1-22（b）所示。在磁盘上读取数据的零件是磁头臂，它会移动读 / 写磁头到某个磁道上，位于磁头臂末端的磁头并没有真正接触到磁盘的表面，而是在磁道的上方呈悬浮状态。如果磁头不小心接触到磁盘表面，会导致数据毁坏。常见的连接硬盘和主板的接口有 IDE、SATA 和 SCSI 3 种类型。

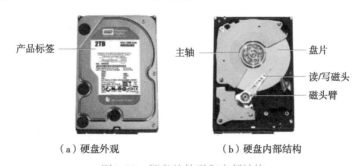

（a）硬盘外观　　　　　（b）硬盘内部结构

图1-22　硬盘的外观和内部结构

硬盘在格式化时盘片被划分成许多同心圆，即磁道。磁道从外向内从 0 开始顺序编号。多个盘面上具有相同编号的磁道形成一个圆柱，称为柱面。每个磁道被分为若干个弧段，即扇区。扇区是磁盘的最小组成单元，通常是 512 字节（由于不断提高磁盘的容量，部分厂商设定每个扇区的大小是 4 096 字节）。硬盘构造如图 1-23 所示。为了进一步提高硬盘容量，现代计算机采用等密度结构生产硬盘，称为等密度盘，如图 1-24 所示。等密度盘的外圈磁道的扇区比内圈磁道多，同时采取以扇区为单位的线性寻址。

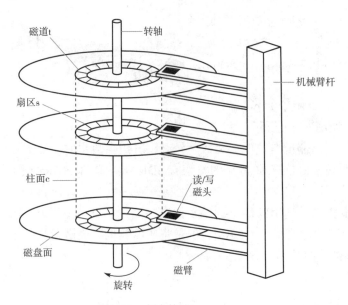

图1-23 硬盘构造

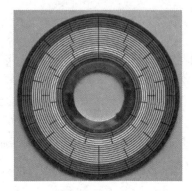

图1-24 等密度盘

硬盘在使用前要先分区，然后对每个分区进行格式化之后才能使用。硬盘的主要性能参数如表 1-3 所示。

表 1-3 硬盘的主要性能参数

参　　数	说　　明
容量	容量是硬盘最重要的性能指标。硬盘的容量=扇区数 × 扇区容量。目前硬盘的常见容量为160 ~ 6 TB，单碟容量为80 ~ 750 GB
转速	硬盘转速是硬盘内电动机主轴的旋转速度，以每分钟多少转来表示（r/min），转速越快，传输速度就越快。家用普通硬盘的转速一般有5 400 r/min、7 200 r/min两种；而对于笔记本式计算机，则以4 200 r/min、5 400 r/min为主
平均访问时间	指磁头从起始位置到达目标磁道位置，并且从目标磁道上找到要读/写的数据扇区所需的时间。平均访问时间=平均寻道时间+平均等待时间
传输速率	指硬盘读/写数据的速度，单位为兆字节每秒（MB/s）。硬盘数据传输速率包括内部数据传输速率和外部数据传输速率。内部传输速率主要依赖于硬盘的旋转速度，反映了硬盘缓冲区未用时的性能；外部传输速率是系统总线与硬盘缓冲区之间的数据传输速率，与硬盘接口类型和硬盘缓存的大小有关
缓存	缓存是硬盘控制器上的一块Cache内存芯片，具有极快的存取速度，它是硬盘内部存储和外界接口之间的缓冲器

 小知识

使用机械硬盘时必须避免碰撞、振动或拍打，也应避免瞬间开/关电源，因为硬盘在使用完毕后，必须先经过将读/写磁头退回原位，以及停止硬盘运转的停机操作，这需要约30 s的时间。若在硬盘停止运转之前又重新启动电源，会使读/写磁头因电动机瞬间加速而产生抖动，容易撞击到磁盘表面而导致损坏；另外，还要避免将硬盘靠近磁场，以防止硬盘中的数据因磁场的影响而被破坏。

（2）固态硬盘

近年来，市场上出现了一种运行速度较快的新型硬盘——固态硬盘（Solid State Disk，SSD），如图 1-25 所示。它是用固态电子存储芯片阵列制成的硬盘，由控制单元和存储单元组成，存储介质分为 Flash 芯片和 DRAM 芯片两种。固态硬盘的接口规范和定义、功能及使用方法与普通硬盘

图1-25　固态硬盘

完全相同。其芯片的工作温度范围很大（-40 ～ 85℃），成本较高。目前正在逐渐普及到笔记本式计算机和高端 PC 市场。

（3）光驱和光盘

光驱可以读取光盘，带刻录功能的光驱可以写光盘，如图 1-26 所示。光盘是一种在塑料片上加入一层金属薄膜，并利用激光来识别数据的存储设备。其轨道设计不同于一般磁盘的同心圆方式，它是以螺旋纹的方式设计的，称为光道。沿着光道从内到外压制有一连串的凹坑，通过激光的反射来读出其中存储的信息，如图 1-27 所示。通常 CD 可容纳 650 ～ 700 MB 的数据，DVD 能存储 4.7 ～ 30.0 GB 的数据。

图1-26　光驱

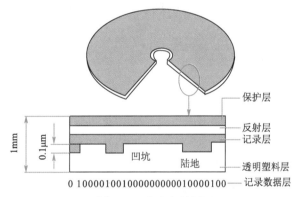

图1-27　光盘存储原理

（4）U 盘

U 盘是 USB（Universal Serial Bus）盘的简称，也称优盘或闪存盘，其特点是小巧玲珑、便于携带，如图 1-28 所示。U 盘与硬盘、光盘的最大区别是：它不需物理驱动器，即插即用，且存储容量超过光盘。目前 U 盘按传输速率高低可分为 3.0 和 2.0 两种规格。U 盘按功能分类有加密 U 盘、启动 U 盘、杀毒 U 盘、测温 U 盘以及音乐 U 盘等。其中，启动 U 盘加入了引导系统的功能，弥补了加密型及无驱型 U 盘不可启动系统的缺陷。

（a）计算机专用 U 盘

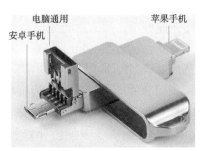

（b）计算机手机两用 U 盘

图1-28　U盘

1.3.3 I/O 设备

1. 输入设备

输入设备是将数据和信息输入计算机主机的设备，键盘、鼠标是最主要的输入设备，此外还有扫描仪、数码照相机、数码摄像机、摄像头、传声器、操纵杆、触摸屏、条形码阅读器、轨迹球、数位板、光笔、游戏杆、手写输入设备等，如图 1-29 所示。

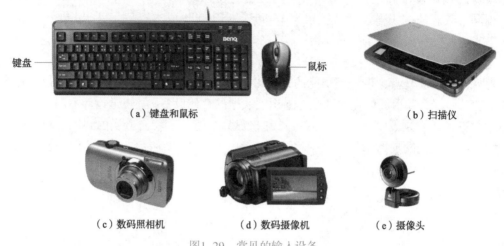

键盘　　　　　　　　　　　　鼠标

（a）键盘和鼠标　　　　　　　　　　　　　　　　　（b）扫描仪

（c）数码照相机　　　　（d）数码摄像机　　　　（e）摄像头

图1-29　常见的输入设备

2. 输出设备

顾名思义，输出设备就是将计算机中的数据输出的设备。常见的输出设备有显示器、打印机、绘图仪和扬声器等，如图 1-30 所示。

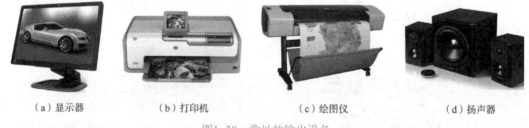

（a）显示器　　　　　（b）打印机　　　　　（c）绘图仪　　　　　（d）扬声器

图1-30　常见的输出设备

1.3.4　总线和接口

在主板上，可以看到印制电路板上有许多并排的金属线束，这就是总线（Bus）。如果把主板看作一座城市，那么总线就像是城市里的公共汽车（Bus），能按照固定行车路线，传输来回不停运作的比特（bit）信息。按照计算机所传输的信息种类，总线可以划分为数据总线、地址总线和控制总线。

计算机采用开放的系统结构，为了方便总线与电路板的连接，总线在主板上提供了多个插槽（插座），任何插入插槽的电路板（如显卡、声卡等）都可以通过总线与 CPU 连接，这为用户组装设备提供了方便。计算机常见接口包括：PCI 总线接口、USB 串行接口、VGA 接口、DVI 接口、HDMI 接口、RJ-45 接口、RS-232 串行接口等。主板各种常见接口如图 1-31 所示。

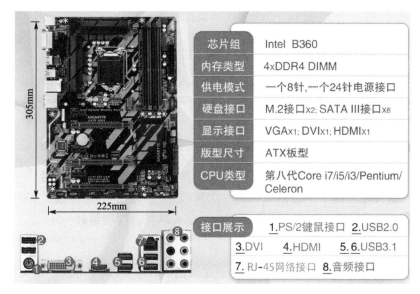

图1-31　主板各种接口

1.4　0 和 1 的世界

人们日常生活中经常使用的是十进制数，有些早期的计算机也是十进制机器，但是现代的计算机都是二进制机器，也就是说计算机中的信息都是用二进制形式表示的。之所以采用二进制，一个根本的原因是受制于组成计算机的基本元器件。二进制中的每个存储位可用两种状态表示，例如高电压和低电压这两种信号，高电压信号等同于 1，低电压信号等同于 0，如图 1-32 所示。

0 和 1 的世界

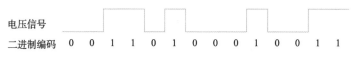

图1-32　电压的高低对应于1和0两个数码

1.4.1　二进制的计数单位

二进制系统中，信息单位分为以下三个层次。

1. 位

通常把二进制代码串中的每一个"0"或"1"称为"位"或者"比特"（bit），简写为小写 b，它是计算机信息表示的最小单位，每个"位"只能存放 1 位二进制数。

2. 字节

为了便于对存储器进行管理，人们习惯将 8 位称为 1 字节（简写为大写 B），记为 1 B，并以字节作为计算存储器容量的基本单位。除了字节外，存储器还有 KB、MB、GB、TB 等容量单位，它们之间的换算关系如表 1-4 所示，其中 $1\,024=2^{10}$。存储器所能容纳的数据总量称为存储容量。

表1-4　存储单位换算

单　　位	换 算 结 果	单　　位	换 算 结 果
1 B（1字节）	=8 bit	1 TB（1太字节）	=1024 GB =2^{40} B
1 KB（1千字节）	=1024 B=2^{10} B	1 PB（1拍字节）	=1024 TB =2^{50} B
1 MB（1兆字节）	=1024 KB =2^{20} B	1 EB（1艾字节）	=1024 PB =2^{60} B
1 GB（1吉字节）	=1024 MB =2^{30} B		

3. 字

字（Word）通常由一个或若干个字节组成，是计算机进行数据处理时，一次存取、加工和传送的数据长度。由于字长是计算机一次所能处理信息的实际位数，表明了机器处理的精度。字是衡量计算机性能的一个重要指标，字长越长，性能越好。

1.4.2　进制转换

每一种数制的进位都遵循一个规则，那就是 R 进制，逢 R 进一。例如，最常用的十进制，逢十进一。这里的 R 称为基数。例如，十进制的基数是10，二进制的基数是2。表1-5所示为计算机中常见的数制表示。表1-6所示为常用的几种数制之间的对应关系。

表1-5　常见数制的表示

进　　制	数　　　码	进位规则	基数	书 写 格 式
十进制	0，1，2，…，9	逢十进一	10	$(26)_{10}$或$26_{(10)}$或26
二进制	0，1	逢二进一	2	$(11010)_2$或$11010_{(2)}$
八进制	0，1，2，…，7	逢八进一	8	$(32)_8$或$32_{(8)}$
十六进制	0，1，2，…，9，A，B，…，F	逢十六进一	16	$(1A)_{16}$或$1A_{(16)}$或1AH或0x1A

表1-6　常用的几种数制之间的对应关系

十 进 制	二 进 制	八 进 制	十 六 进 制
0	0000	0	0
1	0001	1	1
2	0010	2	2
3	0011	3	3
4	0100	4	4
5	0101	5	5
6	0110	6	6
7	0111	7	7
8	1000	10	8
9	1001	11	9
10	1010	12	A
11	1011	13	B
12	1100	14	C
13	1101	15	D
14	1110	16	E
15	1111	17	F

对于任意一个 R 进制数 N 都可用多项式表示法表示为：

$$(N)_R = D_{n-1}R^{n-1} + D_{n-2}R^{n-2} + \cdots + D_0R^0 + D_{-1}R^{-1} + \cdots + D_{-m}R^{-m}$$

式中，N 为 R 进制数，D 为数码，R 为基数，R^i 是权，n 是整数位数，m 是小数位数。

例如，在十进制数中，326.5 用多项式表示法可表示为：

$$(326.5)_{10} = 3 \times 10^2 + 2 \times 10^1 + 6 \times 10^0 + 5 \times 10^{-1}$$

式中，10^i 称为第 i 项的权。如 10^2、10^1、100、10^{-1} 分别称为百位、十位、个位、十分位的权。

又如，二进制数 1011.1 用多项式表示法可表示为：

$$(1011.1)_2 = 1 \times 2^3 + 0 \times 2^2 + 1 \times 2^1 + 1 \times 2^0 + 1 \times 2^{-1}$$

八进制数 165.2 用多项式表示法可表示为：

$$(165.2)_8 = 1 \times 8^2 + 6 \times 8^1 + 5 \times 8^0 + 2 \times 8^{-1}$$

十六进制数 2A5 用多项式表示法可表示为：

$$(2A5)_{16} = 2 \times 16^2 + 10 \times 16^1 + 5 \times 16^0$$

计算机内部采用二进制存储和处理各种信息，由于二进制数阅读困难、辨识度较低、书写易出错，因此人们在描述一个二进制数值的大小的时候，习惯于使用十进制、八进制或十六进制去描述这个数值。下面介绍二进制与其他进制之间的转换方法。

1. 二（八、十六）进制数转换成十进制数

方法：将一个二（八、十六）进制数按位权展开成一个多项式，然后按十进制的运算规则求和，即可得到该二（八、十六）进制数等值的十进制数。

【例 1-1】将二进制数 10110011 转换成十进制数。

$$(10110011)_2 = 1 \times 2^7 + 0 \times 2^6 + 1 \times 2^5 + 1 \times 2^4 + 0 \times 2^3 + 0 \times 2^2 + 1 \times 2^1 + 1 \times 2^0$$

$$= 128 + 32 + 16 + 2 + 1 = (179)_{10}$$

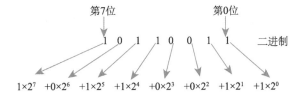

同理，八进制数和十六进制数用多项式表示法可有如下转换结果：

$$(75.3)_8 = 7 \times 8^1 + 5 \times 8^0 + 3 \times 8^{-1} = (61.375)_{10}$$

$$(CD8)_{16} = 12 \times 16^2 + 13 \times 16^1 + 8 \times 16^0 = (3288)_{10}$$

2. 十进制数转换成二（八、十六）进制数

由于整数的转换方法和小数的转换方法不一样，如果要转换的十进制数既有整数部分也有小数部分，则两部分需分开转换。

整数部分的转换采取"除 2（8，16）取余"法：将十进制整数除以基数 2（8，16），取余数，把得到的商再除以基数 2（8，16），取余数，……这个过程一直继续进行下去，直到商为 0，然后将所得余数以相反的次序排列，就得到对应的二（八、十六）进制数。

【例 1-2】把十进制数 56 转换成二进制数。

$$(56)_{10} = (111000)_2$$

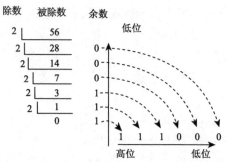

小数部分的转换采取"乘2（8，16）取整"法：将十进制小数不断地乘以2（8，16）取整数，直到小数部分为0或达到要求的精度为止，所得整数从小数点自左到右排列，取有效精度，首次取得的整数排在最左边。

【例1-3】把十进制数0.3125转换成二进制数。

$$0.3125 \times 2 = \boxed{0}.625$$
$$0.625 \ \times 2 = \boxed{1}.25$$
$$0.25 \ \ \times 2 = \boxed{0}.5$$
$$0.5 \ \ \ \times 2 = \boxed{1}.0$$

$$(0.3125)_{10} = (0.0101)_2$$

结合例2-2和例2-3可得：$(56.3125)_{10} = (111000.0101)_2$

同理，八进制数和十六进制数可有如下转换结果：

$$(234.25)_{10} = (352.2)_8$$
$$(234.5)_{10} = (EA.8)_{16}$$

3. 二进制数与八进制数互换

利用十进制作为中间数据，采用上述方法可以实现二进制数与八进制数的互换，但是步骤比较烦琐。其实，二进制数与八进制数是可以直接互换的。

方法：八进制的8个数码是0～7，分别对应于000～111。二进制转换为八进制时，可将二进制数以小数点为基准，向两边划分，每三位一组，不够三位的补零，每组转成一个八进制数码；八进制转换为二进制时，则将每个八进制数码各自拆分成三位二进制数即可。

【例1-4】将二进制数100101110111.0111转换成八进制数；将八进制数305.2转换成二进制数。

$$(100101110111.0111)_2 = (100\ 101\ 110\ 111.011\ 100)_2 = (4567.34)_8$$
$$(305.2)_8 = (011\ 000\ 101.010)_2 = (11000101.01)_2$$

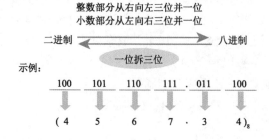

4．二进制数与十六进制数互换

同理，二进制数与十六进制数也是可以直接互换的。

方法：十六进制的 16 个数码为 0 ～ F，分别对应于 0000 ～ 1111，二进制转换为十六进制时，可将二进制数以小数点为基准，向两边划分，每四位一组，不够四位的补零，每组转成一个十六进制数码；十六进制转换为二进制时，则将每个十六进制数码各自拆分成四位二进制数即可。

【例 1-5】将二进制数 100010100101.1111 转换成十六进制数；将十六进制数 7B8.E 转换成二进制数。

$$(100010100101.1111)_2 = (1000\ 1010\ 0101.1111)_2 = (8A5.F)_{16}$$
$$(7B8.E)_{16} = (0111\ 1011\ 1000.1110)_2 = (11110111000.111)_2$$

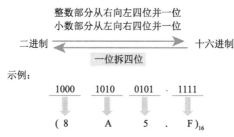

1.4.3　用 0 和 1 表示数值

本节的"数"指的是可以进行算术计算的数值。在二进制系统中进行编程时，"数"允许定义成有符号数和无符号数两种类型。有符号数将二进制数的最高位定义为符号位，而无符号数指的是全部二进制位均表示数值位，相当于数的绝对值。本节主要讨论有符号数。

1．数的正负表示

有符号数是有正负之分的，那么计算机中如何表示正负符号呢？计算机内只有 0 和 1 两种形式，因此正负号也用 0 和 1 表示。规定二进制数的最高位（最左边的）称为符号位，符号位为"0"表示该数为正数，符号位为"1"表示该数为负数。

例如，用有符号 8 位二进制数表示十进制的 +50 和 –50，如下所示：

$$(+50)_{10} = (00110010)_2 \qquad (-50)_{10} = (10110010)_2$$

如果数有小数点，那么计算机中如何表示小数点呢？可以用定点数和浮点数两种方法表示。

2．定点数

① 定点整数：小数点默认在二进制数的最后（小数点不占二进制位），符号位后的所有位表示的是一个整数。

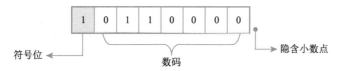

例如，八位的定点整数 $(10110000)_2 = (-110000)_2 = (-48)_{10}$。

② 定点小数：小数点默认在符号位之后（小数点不占二进制位），符号位右边的第一位是小数的最高位。

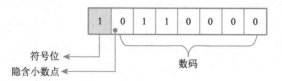

例如，8 位的定点小数 $(10110000)_2=(-0.011)_2=(-0.375)_{10}$。

3. 浮点数

浮点数是小数点位置不固定的数，通常既有整数部分又有小数部分。众所周知，十进制数可以采用科学表达式描述，如：$(-985000)_{10}= -0.985 \times 10^{+6}$，同理，二进制也可以采用类似的指数方式描述，如：$(+100000000.1)_2 = +0.1000000001 \times 2^{+1001}$（为了理解方便，二进制的基数用 2 表示）。也就是说，任何二进制数 P 可用下式表示：

$$P = \pm S \times 2^{\pm N}$$

式中，P、S、N 均为二进制数。S 称为 P 的尾数，一般以纯小数形式表示，N 称为 P 的阶码，阶码也就是多少次方的意思。计算机中表示一个浮点数的结构如下：

阶符 ±	阶码 N	尾符 ±	尾数 S

式中，N 和 S 的位数根据实际需要设定。例如，某计算机用 32 位二进制表示浮点数，设阶符和阶码占一个字节（8 位），尾符和尾数占 3 个字节（24 位），则 $256.5=(100000000.1)_2^2=0.1000000001 \times (2)^{+1001}$ 的浮点格式（32 位）为 00001001 01000000 00100000 00000000。

浮点表示中，尾数的大小和正负决定了所表示的数的有效数字和正负，阶码的大小和正负决定了小数点的位置，小数点的位置随阶码的变化而浮动。

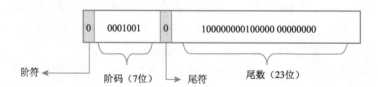

根据上述浮点数表示的基本原理，不同的厂商设计了细节不同的浮点数格式。格式的差异，带来了数据和程序移植时的格式转换问题。因此，20 世纪 70 年代后期，IEEE 成立了委员会着手制定统一的浮点数标准 IEEE 754，目前几乎所有的计算机 CPU 与浮点运算器都遵循该标准。随着工业界在 CPU 研发过程中遇到的新需求，IEEE 754 在这几十年间也不断更新和完善，其中一个比较重要的版本是 IEEE 754—2008。当字长一定时，浮点数表示法能表示的数的范围比定点数大，而且阶码部分占的位数越多，能表示的数的范围就越大。但是，由于浮点数的阶码部分占用了一些位数，使尾数部分的有效位数减少，数的精度降低。为了提高浮点数的精度，就要采用多字节形式。

1.4.4 二进制运算法则

1. 算术运算

数值的算术运算包括加、减、乘、除四则基本运算。

加法运算：0+0=0；0+1=1；1+0=1；1+1=10（向高位进位）。

减法运算：0-0= 0；10-1=1（向高位借位）；1-0=1；1-1=0。

乘法运算：0×0=0；0×1=0；1×0=0；1×1=1。

除法运算：0÷1=0；1÷1=1（0 不能为除数）。

其实，在计算机里面实现加、减、乘、除四则运算只用加法器足矣，减法可通过补码方式转换成加法，乘法可通过移位相加方式转换成加法，除法则通过移位减法方式转换成加法。这样一来，对简化 CPU 的设计非常有意义，CPU 里面只要有一个加法器就可以实现算术运算。

【例 1-6】加法运算 1101.01+1010.01= ？

$$1101.01$$
$$+1010.01$$
$$10111.10$$

答案是 1101.01+1010.01=10111.1。

2. 原码、反码和补码

为了叙述方便，以下所有数值默认采用有符号的 8 位二进制数表示。

有符号数在运算时会带来一些问题。例如，40-43=40+(-43)。但如果直接相加，结果可能不正确，如正数 $40=(00101000)_2$，负数 $(-43)=(10101011)_2$，若直接相加，结果为：

$$(00101000)_2+(10101011)_2=(11010011)_2=(-83)_{10}$$

显然计算结果不正确，因此引入原码、反码、补码来解决由正数与负数相加出错的问题。通过对负数的码型变换便可以在加法电路上实现减法运算，减少电路的复杂性。

（1）原码

一个二进制数同时包含符号和数值两部分，最高位表示符号，正为 0，负为 1，其余位表示数值，这种表示带符号数的方法为原码表示法。

（2）反码

反码是另一种表示有符号数的方法。对于正数，其反码与原码相同；对于负数，在求反码的时候，除了符号位外，其余各位按位取反，即 1 都换成 0，0 都换成 1。

（3）补码

补码是表示带符号数的最直接的方法。对于正数，其补码与原码相同；对于负数，则其补码为反码加 1。

$X = +1101$，则 $[X]_原= 00001101$，$[X]_反= 00001101$，$[X]_补= 00001101$

$X = -1101$，则 $[X]_原= 10001101$，$[X]_反= 11110010$，$[X]_补= 11110011$

利用补码可以解决两个正负数相加出错的问题：首先将数转成补码进行相加，计算结果再转成原码，由原码得到相应的数就是运算结果。相加后如果超过规定的 8 位，则最左边的超出位数做溢出处理。

【例 1-7】利用补码实现下面的减法运算。

40-43=40 + (-43)　　　　　　　　　6-4=6 + (-4)

　=$[00101000]_补$+ $[11010101]_补$　　　　=$[00000110]_补$+ $[11111100]_补$

　=$[11111101]_补$　　　　　　　　　　=$[100000010]_{溢出前}$

$$=[11111100]_{反}$$
$$=[10000011]_{原}$$
$$=(-3)_{10}$$

$$=[00000010]_{溢出后}$$
$$=[00000010]_{反}$$
$$=[00000010]_{原}$$
$$=(2)_{10}$$

3. 逻辑运算

计算机需要处理很多非数值的数据。例如，员工招聘考试通过的条件要求笔试和面试成绩同时为 60 分以上，如何表达笔试和面试成绩同时 60 分以上这个条件呢？这就要用到逻辑运算。

逻辑运算的结果并不表示数值大小，而是表示一种逻辑概念。若成立用真或 1 表示，若不成立用假或 0 表示。常用的基本逻辑运算有以下几种：

（1）与运算

运算符为 AND，运算规则如下：

    0 AND 0 = 0   0 AND 1 = 0   1 AND 0 = 0   1 AND 1 = 1

即两个参与运算的数若有一个数为 0，则运算结果为 0；若都为 1，则运算结果为 1。

例如：招聘考试通过的条件（即笔试成绩和面试成绩都是 60 分以上）可以这样表示：笔试成绩 ≥ 60 AND 面试成绩 ≥ 60。

（2）或运算

运算符为 OR，运算规则如下：

    0 OR 0 = 0   0 OR 1 = 1   1 OR 0 = 1   1 OR 1 = 1

即两个参与运算的数若有一个数为 1，则运算结果为 1；若都为 0，则运算结果为 0。

例如：招聘考试不通过（即笔试成绩和面试成绩有一个是 60 分以下）的条件可以这样表示：笔试成绩 <60 OR 面试成绩 <60。

（3）非运算

运算符为 NOT，运算规则如下：

    NOT 0 = 1   NOT 1 = 0

非运算实现逻辑否定，即进行求反运算。

例如：笔试成绩 60 分以上（含）可以这样表示：NOT(笔试成绩 <60)。

当一个表达式包含多个逻辑运算符的时候，必须按一定的顺序进行计算。逻辑运算符的优先顺序为 NOT>AND>OR。

1.5 计算机存储文字

计算机处理的数据不仅有数字，还有字符。要在计算机中实现字符的存储和传输，必须将字符转换为二进制编码，即用一串二进制代码表示每一个字符。

1.5.1 英文编码

字符编码的方式很多，现今国际上最通用的单字节编码系统是美国信息交换标准代码（American Standard Code for Information Interchange，ASCII）。ASCII 码已被国际标准化组织（ISO）认定为国际标准，并在世界范围内通用。它定义了 128 个字符，其中通用控制字符 34 个，阿拉伯数字 10 个，大、小写英文字母 52 个，各种标点符号和运算符号 32 个，具体如表 1-7 所示。

表 1-7　ASCII 码表

$d_3d_2d_1d_0$ ＼ $d_6d_5d_4$	000	001	010	011	100	101	110	111
0000	NUL	DLE	SP	0	@	P	`	p
0001	SOH	DC1	!	1	A	Q	a	q
0010	STX	DC2	"	2	B	R	b	r
0011	EXT	DC3	#	3	C	S	c	s
0100	EOT	DC4	$	4	D	T	d	t
0101	ENQ	NAK	%	5	E	U	e	u
0110	ACK	SYN	&	6	F	V	f	v
0111	BEL	ETB	'	7	G	W	g	w
1000	BS	CAN	(	8	H	X	h	x
1001	HT	EM	)	9	I	Y	i	y
1010	LF	SUB	*	:	J	Z	j	z
1011	VT	ESC	+	;	K	[	k	{
1100	FF	FS	,	<	L	\	l	|
1101	CR	GS	–	=	M	]	m	}
1110	SO	RS	.	>	N	^	n	~
1111	SI	US	/	?	O	_	o	DEL

常用的控制字符的作用如下：

BS（Backspace）：退格　　　　　　　　HT（Horizontal Table）：水平制表

LF（Line Feed）：换行　　　　　　　　VT（Vertical Table）：垂直制表

FF（Form Feed）：换页　　　　　　　　CR（Carriage Return）：回车

CAN（Cancel）：作废　　　　　　　　　ESC（Escape）：换码

SP（Space）：空格　　　　　　　　　　DEL（Delete）：删除

ASCII 码用 7 位二进制数表示一个字符。由于 $2^7=128$，所以共有 128 种不同的组合，可以表示 128 个不同的字符。通过查 ASCII 码表可得到每一个字符的 ASCII 码值，例如，大写字母 A 的 ASCII 码值为 1000001，转换成十进制为 65。在计算机内，每个字符的 ASCII 码用 1 个字节（8 位）来存放，字节的最高位为校验位，通常用"0"填充，后 7 位为编码值。例如，大写字母 A 在计算机内存储时的代码为 01000001。

1.5.2　中文编码

计算机中汉字的表示也是用二进制编码，同样是人为编码。汉字种类繁多，编码比英文字符复杂，从汉字的输入、处理到输出，不同的阶段要采用不同的编码，包括外码、交换码、汉字机内码和字形码。

1. 外码（汉字输入码）

汉字输入码所解决的问题是如何使用西文标准键盘把汉字输入到计算机内。汉字输入法编码主要包括音码、形码、音形码、无理码，以及手写、语音录入等方法。目前流行的汉字输入法软件有搜狗拼音输入法、谷歌拼音输入法、QQ 拼音输入法、搜狗五笔输入法、QQ 五笔输入法、极点五笔输入法、百度语音输入法、讯飞语音输入法、百度手写输入法等，如图 1-33 所示。

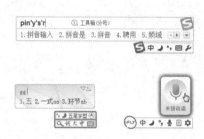

图1-33　各种输入法

2. 交换码（国标码）

1980 年，为了使每个汉字有一个全国统一的代码，我国颁布了国家标准《信息交换用汉字编码字符集　基本集》，标准号为 GB 2312—1980，它规定每个汉字用两个字节来表示，每个字节只用后 7 位，因此可以表示的汉字数为 2^{14}=16 384 个。图 1-34 是国标码 GB 2312 局部图。

我国台湾省、香港特别行政区普遍使用 BIG5 字符集的汉字编码。这是一种繁体汉字的编码标准，包括 440 个符号，一级汉字 5 401 个，二级汉字 7 652 个，共计 13 060 个汉字。

第二字节		位	1	2	3	4	5	6	7	8
第一字节 $b_7b_6b_5b_4b_3b_2b_1$	区									
0110000	16		啊	阿	埃	挨	哎	唉	哀	皑
0110001	17		薄	雹	保	堡	饱	宝	抱	报
0110010	18		病	并	玻	菠	播	拔	钵	波
0110011	19		场	尝	常	长	偿	肠	厂	敞

图1-34　国标码 GB 2312 局部图

3. 汉字机内码

汉字无论使用何种输入码，进入计算机后就立即被转换为机内码。汉字机内码占两个字节，规则是将国标码每个字节的最高位设为"1"后就是汉字机内码。图 1-35 描述了"计"字的国标码和机内码表示方式。字节最高位的"1"作为识别汉字的标志，计算机在处理最高位是"1"的代码时把它理解为汉字，是"0"时把它理解为 ASCII 码字符。

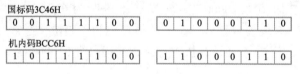

图1-35　"计"字的国标码和机内码

1.5.3　Unicode 编码

Unicode 是国际组织制定的可以容纳世界上所有文字和符号的字符编码方案。Unicode 用数字 0 ~ 0x10FFFF 来映射这些字符，最多可以容纳 1 114 112 个字符。Unicode 字符集为每一个字符分配一个码位，例如 "A" 的码位为 41H，记作 U+0041H；例如"知"的码位是 77E5H，记作 U+77E5H。Unicode 字符集有多种编码形式，如 UTF-8、UTF-16、UTF-32 等，编码之间可以按照规范进行转换。

UTF-8 是 Unicode 中使用比较广泛的编码格式，又称万国码。它是一种可变长度字符编码，把一个 Unicode 字符根据不同的数字大小编码成 1 ~ 6 个字节，常用的英文字母被编码成 1 个字节，汉字通常是 3 个字节，只有很生僻的字符才会被编码成 4 ~ 6 个字节。如果要传输的文本包含大量英文字符，用 UTF-8 编码就能节省空间。

　　表 1-8 所示为 ASCII、Unicode、UTF-8 编码对比。

表 1-8　ASCII、Unicode 和 UTF-8 编码对比

字符	ASCII	Unicode	UTF-8
A	01000001	00000000 01000001	01000001
中		01001110 00101101	11100100 10111000 10101101

　　从表 1-8 可以发现 UTF-8 编码一个额外的好处，就是 ASCII 编码实际上可以被看成是 UTF-8 编码的一部分，所以，大量只支持 ASCII 编码的历史遗留软件可以在 UTF-8 编码下继续工作。

　　目前，Unicode 已经获得了网络、操作系统、编程语言等领域的广泛的支持。当前的所有主流操作系统如 Windows 和 Linux 等都支持 Unicode。

1.5.4　文本编码

　　如何得知一个字符串所使用的空间是何种编码呢？如果是一份电子邮件，可能在邮件格式的头部有类似如下语句：Content-Type: text/plain; charset="UTF-8"，表示该邮件采用 UTF-8 编码规则。

　　对于 IE 浏览器，在网页中右击，在弹出的快捷菜单中选择"查看源文件"命令，查看网页头部可能有类似如下语句：<meta http-equiv="Content-Type" content="text/html; charset= gb2312" />。该语句表示该网页采用 GB 2312 编码规则；有类似 <meta charset="UTF-8" /> 的语句，表示该网页使用 UTF-8 编码。网页中的 meta 标签必须在 head 部分第一个出现，一旦浏览器读取到这个标签就会马上停止解析页面，然后使用这个标签中给出的编码从头开始重新解析整个页面。

　　有些程序在保存 Unicode 文本时，不使用位于开头的字符集标记。这时，软件可能采取一种比较安全的方式来决定字符集及其编码，比如弹出一个对话框来提示用户。例如，在"记事本"程序中输入一些中文字符后，选择"文件"→"另存为"命令，这时会看到在最后一个"编码"下拉框中显示有 ANSI、Unicode、UTF-8 等编码，如图 1-36 所示。值得注意的是，Windows 取消了单独的 ASCII 文本存储，转而采用与之兼容的 Unicode 编码。

图 1-36　文本文档保存时的编码选择

1.5.5　文字输出的字形码

　　字形码又称字模，用于文字在显示屏或打印机上输出。字形码通常有两种表示方式：点阵表示方式和矢量表示方式。

1. 点阵表示方式

　　点阵表示方式就是将汉字看成是由一个矩形框内的许多点构成的，有笔画的位置用黑点表示，没笔画的位置用白点表示。图 1-37 所示是"啊"字的点阵图。可用一组二进制数

表示点阵，用 0 表示白点，用 1 表示黑点。根据输出文字的要求不同，点阵的大小也不同。简易型汉字为 16×16 点阵，提高型汉字为 24×24 点阵、32×32 点阵等。点阵数越多，字形越美观，所占存储空间也越大。

已知文字点阵的大小，就可以计算出存储一个文字所需占用的字节空间，即字节数 = 点阵行数 × 点阵列数 /8。图 1-37 所示的 16×16 点阵汉字"啊"所需的存储字节数为：16×16/8 B=32 B。

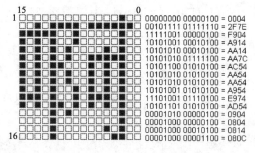

图1-37　"啊"字的16×16点阵字形和编码

2. 矢量表示方式

矢量表示方式是把每个字符的笔画分解成各种直线和曲线线条，然后记下这些直线和曲线的参数。在显示的时候，再根据具体的尺寸大小，画出这些线条，就还原了原来的字符。它的好处是可以随意放大或缩小而不失真，而且所需存储空间和字符大小无关。图 1-38 所示为微软 Windows 系统中 Arial 矢量字库中存储的字形 R 和 S，可以看到这些字形由多个直线方程参数点和 Bezier3（三次贝塞尔曲线）点组成。在字形 S 中，点 41 是锚点，用来控制曲线的张力；点 40 和点 42 是控制点，用来控制字形外形轮廓曲线的圆滑度。

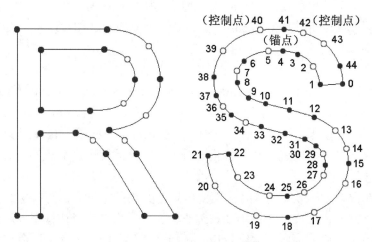

图1-38　微软Arial矢量字库中R、S字形的曲线

1.6　多媒体信息数字化

在计算机中所处理的对象除了数值和字符以外还包含大量的图形、图像、声音和视频等多媒体数据，要使计算机能够处理这些多媒体数据，必须先将它们转换成二进制形式，即数字化。

1.6.1　图形图像的数字化

本节讨论的图像编码包括图形图像表示法及其压缩方法，编码的目的是在满足一定质量（信噪比的要求或主观评价得分）的条件下，以较少比

多媒体信息
如何数字化

特数表示图形图像中所包含的信息。在讨论编码前，先介绍一些图形图像的基础知识。

1. 图像和图形的概念

（1）图像（点阵图）

图像又称点阵图像或位图图像，由许多点组成，这些点称为像素（Pixel）。当许多不同颜色的点组合在一起便构成了一幅完整的图像。位图的清晰度与像素点的多少有关，单位面积内像素点数目越多则图像越清晰，否则越模糊。位图放大后会失真变模糊，如图 1–39（a）、（c）所示。比较流行的位图格式有 BMP、GIF、JPEG、PNG 等。

（a）点阵图　　　　（b）矢量图

（c）放大后的点阵图　　（d）放大后的矢量图

图1–39　点阵图和矢量图的区别

（2）图形（矢量图）

图形又称矢量图，与位图不同，矢量图没有分辨率，也不使用像素。通常，它的图形形状主要由点和线段组成。矢量图是用一系列计算机指令来描述和记录一幅图，如画点、画线、画曲线、画圆、画矩形等，分别对应不同的画图指令。矢量图放大后不会失真，如图 1–39（b）、（d）所示。最大的缺点是难以表现色彩层次丰富的逼真照片效果。常见的矢量图格式有 CDR、AI、WMF、EPS 等。

2. 图像的分辨率、色彩深度和色彩模式

（1）图像尺寸

图像尺寸是指组成一幅图像的像素个数，用"水平像素数 × 垂直像素数"表示。例如，用 500 万像素数码照相机拍的一幅照片，其分辨率为 2 560 × 1 920=4 915 200 ≈ 500 万像素。图像像素点越多，图像的尺寸和面积也越大。

（2）图像分辨率

图像分辨率是指每英寸图像内有多少个像素点，分辨率的单位为 PPI（Pixels Per Inch）或者 DPI（Dots Per Inch），通常称为像素每英寸。在图像处理中可通过改变图像分辨率，进而调整图像的清晰度。

（3）色彩深度

色彩深度是指存储每个像素点所用的位数，它决定了彩色图像的每个像素可能有的颜色数。例如，24 位色彩表示一个像素点上有 2^{24} 种颜色。

在图像文件上右击，在弹出的快捷菜单中选择"属性"命令可查看图像的各项参数，如图 1–40 所示。

（4）色彩模式

色彩模式是用数值方法指定颜色的一套规则和定义，常用的色彩模式有 RGB 模式、CMYK 模式、HSB 模式等。

RGB 模式：用红（R）、绿（G）、蓝（B）3 个基色来描述颜色的方式称为 RGB 模式。用 0 ~ 255 之间的数字表示每一种基色的份额，0 表示这种基色没有参与，255 表示完全参与其中，如图 1–41 所示。例如，RGB 值（255，255，0）最大化了红色和绿色的份额，最小化了蓝色的份额，结果生成的是嫩黄色。

图1-40　图像的各项参数

CMYK 模式：该模式是一种基于四色印刷的印刷模式，是相减混色模式。C 表示青色，M 表示品红色，Y 表示黄色，K 表示黑色。

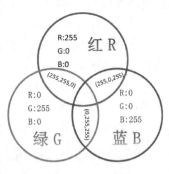

图1-41　RGB模式

HSB 模式：是基于人眼的一种颜色模式，也是普及型设计软件中常见的色彩模式。其中 H 代表色相；S 代表饱和度；B 代表亮度。

3. 图像压缩编码

除了一些管理细节之外，图像文件的存储只包括图像的像素颜色值，按照从左到右从上到下的顺序存放。

（1）图像数据容量

图像数据容量是指磁盘上存储整幅图像所需的存储空间大小，对于未经压缩的图像而言，其计算表达式为：

$$图像数据容量 = 图像分辨率 \times 图像色彩深度 /8$$

例如，一幅 640×480 真彩色（24 位）的图像，其文件大小为：

$$640 \times 480 \times 24/8 \text{ B} = 921\ 600 \text{ B} = 0.88 \text{ MB}$$

（2）图像压缩

一幅图像数据量通常很大，对存储、处理和传输带来很大影响，必须进行压缩。图像压缩分为无损压缩和有损压缩两种。无损压缩指的是进行图像还原（也称为解压缩）时，重建的图像与原始图像完全相同。有损压缩指的是使用压缩后的数据进行图像重建时，重建后的图像与原始图像虽有一定的误差，但不影响人们对图像含义的正确理解。图像压缩的主要参数是压缩率，或称为压缩比，定义如下：

$$图像数据压缩率（比）= 压缩前的图像数据量 / 压缩后的图像数据量$$

例如一幅图像，压缩前大小为 10 MB，压缩后为 5 MB，则压缩比为 10/5=2∶1。

1.6.2　数字化音频

音频（Audio）又称为"声音"，包括音乐、话语，以及各种动物和自然界（如风、雨、雷等）发出的各种声音。当一系列空气压缩振动耳膜时，给大脑发送了一个信号，人们就感觉到了声音，因此，声音实际上是由于耳膜交互的声波定义的。要表示声音，必须正确地表示声波。

1. 音频的数字化

音频信号是一种连续变化的模拟信号，而计算机只能处理和记录二进制的数字信号，因此，音频信号必须经过一定的变化和处理，转化成二进制数据后才能送到计算机进行编辑和存储。该过程称为音频信号的数字化。音频信号的数字化由声卡内的 A/D（模／数）转换器来完成。

对模拟音频信号进行采样、量化和编码后，得到数字音频，如图 1-42 所示。数字音频的质量取决于采样频率、量化位数和声道数 3 个因素。

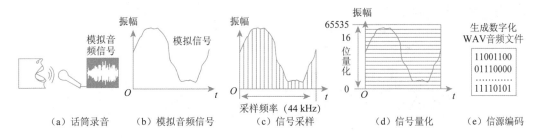

图 1-42　音频的数字化

（1）采样

采样是指按照固定的时间间隔截取声音信号的幅度值，把时间连续的模拟信号转换成时间离散、幅度连续的采样信号。采样频率是指一秒内采样的次数。采样频率越高，在一定的时间间隔内采集的样本数越多，音质就越好，但数据量也会越大。在如图 1-43 所示的音频采样过程当中，如果采样频率过低，会造成某些数据丢失，波形还原失真。一般来说，声音的采样频率通常有 3 种：11.025 kHz（语音效果）、22.05 kHz（音乐效果）、44.1 kHz（高保真效果）。常见的 CD 唱片的采样频率为 44.1 kHz。

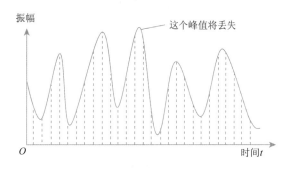

图 1-43　音频信号的采样

（2）量化

量化是将每个采样点得到的以模拟量表示的音频信号转换成由二进制数字组成的数字音频信号。通常用 8 位、16 位或 24 位二进制来表示每一个采样值，例如声卡采样位数为 16 位，就有 2^{16}=65 536 种采样等级。显然，在采样频率相同的情况下，量化位数越多，采样精度越高，声音的质量也越好，但需要的存储空间也会越大。例如，CD 唱片记录的音频量化位数为 16 位。

（3）编码

对模拟音频采样量化完成后，计算机得到了一大批原始音频数据，将这些数据按照文件类型（如 WAV、MP3 等）规定编码后，再加上音频文件格式的头部，就得到了一个数字音频文件。常见的音频格式包括 WAV、MIDI、MP3、WMA、OGG、RealAudio、APE 和 FLAC 等。

数字音频的质量取决于采样频率、量化数、声道数 3 个因素。声音通道的个数称为声道数，是指一次采样所记录产生的声音波形个数。记录声音时，如果每次生成一个声波数据，称为单声道；每次生成如图 1-44 所示的两个声波数据，称为双声道（立体声）。双声道立体声听起来要比单声道丰满优美，但其存储空间是单声道的两倍。声音被数字化后形成的音频文件的存储空间（单位为 B）为：

$$采样频率（Hz）\times 量化位数 \times 声道数 \times 时间（s）/8$$

例如，用 44.1 kHz 的采样频率进行采样，量化位数 16 位，则录制 1 s 的立体声节目，其波形文件所需的存储量为：$44\,100 \times 16 \times 2 \times 1/8$ B=176 400 B。

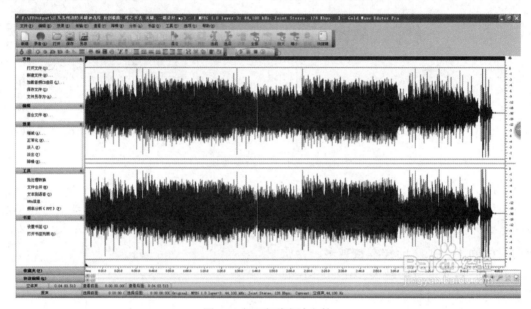

图1-44　双声道声波文件

2. 音频压缩

音频压缩技术指的是对原始数字音频信号流，运用适当的数字信号处理技术，在不损失有用信息量，或所引入损失可忽略的条件下，降低（压缩）其码率，也称为压缩编码。编码方式有很多种，包括无损压缩编码和有损压缩编码。不同的编码方式得到的文件格式不同，如 WAV 格式是无损的格式，声音文件质量和 CD 相当。而 MP3 属于有损压缩编码，可以将声音用 1：10 甚至 1：12 的压缩率进行压缩，牺牲音乐文件的质量以换取较小的文件体积。

未经压缩的声音文件占用存储空间很大，比如一个 5 min 的波形文件（扩展名为 WAV 的文件）占用存储空间约 50 MB，如果压缩成 MP3 格式的文件，大小只有 5 MB 左右。

1.6.3　视频和动画

1. 视频基础

视频（Video）是由一幅幅内容连续的图像所组成的，每一幅单独的图像就是视频的一帧。当连续的图像按照一定的速度快速播放时（24 帧/s ~ 30 帧/s），由于人眼的视觉暂留现象，就会产生连续的动态画面效果，也就是视频。

视频分为模拟视频和数字视频两大类。

模拟视频是指每一帧图像是实时获取的自然景物的真实图像信号，由电视摄像机通过电子扫描将所描述的景物进行光电转换后，得到连续变化的电信号。普通广播电视信号是一种典型的模拟视频信号。

数字视频是用二进制数字来记录视频信息，是离散的电信号。与模拟视频相比，数字视频具有更易于创造性的编辑与合成，不失真地进行多次复制，在网络环境下容易实现资源共享等优点。视频信号的数字化包括位置的离散化（抽样）、所得量值的离散化（量化）以及 PCM 编码这 3 个过程。

 小知识

> 世界上使用的电视广播制式有 PAL、NTSC、SECAM 三种，中国使用 PAL 制式，日本、韩国及东南亚地区与美国等欧美国家使用 NTSC 制式，俄罗斯则使用 SECAM 制式。

2. 视频压缩

数字视频每秒要记录几十幅图像，产生的数据量相当大。据计算，720P 高清视频（即分辨率为 $1\,280 \times 720$）每秒产生的原始数据约为 264 MB，则一个小时的视频数据量就是 $264 \times 3\,600 \approx 928\,GB$，这是非常巨大的数据。原始视频的数据量很大，不可能直接进行实时网络传输，甚至连存储的代价都非常大。所以必须进行视频压缩，现有的绝大多数视频压缩标准都是有损压缩。

视频压缩编码标准种类繁多，其中 ITU（国际电信联盟）下主导的 H.26x 系列和 ISO（国际标准化组织）主导的 MPEG 系列影响最大，应用最为广泛。常见的视频文件格式有 WMV、ASF、ASX、RM、RMVB、MP4、3GP、MOV、M4V、AVI、DAT、MKV、FLV、VOB 等。

3. 动画

同样作为多媒体技术中重要的媒体形式，动画与视频具有很深的渊源。动画对应于英文中的"Animation"，而视频对应于英文中的"Video"。动画和视频经常被认为是同一个东西，主要是缘于它们都属于"动态图像"的范畴。动态图像是连续渐变的静态图像或者图形序列，沿时间轴顺次更换显示，从而产生运动视觉感受的媒体形式。然而，动画和视频事实上是两个不同的概念。

动画的每帧图像都是由人工或计算机产生的。根据人眼的特性，用 15 帧 /s ~ 20 帧 /s 的速度顺序地播放静止图像帧，就会产生运动的感觉。视频的每帧图像都是通过实时摄取自然景象或者活动对象获得的。视频信号可以通过摄像机、录像机等连续图像信号输入设备来产生。

可以这样认为，若干幅"图像"快速地连续播放就构成了"视频"，而"图形"连续变化就构成了一个"动画"。如果把这组概念用一个图形说一下，可以参见图 1-45。

最后要说的就是，在实际工作中，这两个词语有时并不是严格区分的，比如说如果用 Flash 制作的动画通常不会说是视频，

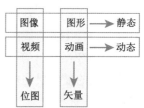

图1-45　视频和动画

但是如果使用 3ds Max 等软件制作出的三维动画，实际上并不是矢量的，而是已经逐帧渲染为位图了，但是通常不会把它称为"三维视频"，而称为"三维动画"。如果从原理上理解这里面的含义，叫什么名字其实也就没有太大关系了。

1.7 软 件

硬件有形而软件无形，没有软件的计算机，也称"裸机"，可以说是废铁一堆。软件是人开发的，是人的智力的高度发挥。软件的正确与否，是好是坏，要等程序在机器上运行才能知道，这就给软件的开发带来许多困难。软件开发是一项包括需求捕捉、分析、设计、实现和测试的系统工程，涉及许多相关知识。

1.7.1 指令

为了实现程序存储的概念，CPU 需要识别二进制编码的机器指令。从设计的角度来看，指令系统是 CPU 设计的依据，即设计 CPU 时，要先设计指令系统。

1. 指令格式和分类

指令就是指示计算机执行某种操作的命令，如加、减、乘、除和逻辑运算等。一条指令就是机器语言的一条语句，它是一组有意义的二进制代码。指令要指出操作数据的来源、操作结果的去向及所执行的操作，因此它由操作码和操作数地址码两部分构成，如表 1-9 所示。

表 1-9 指令的构成

名　称	功 能 说 明
操作码	规定计算机进行何种操作，如加、减、乘、除、数据传送等
操作数地址码	指出参与操作的数据放在哪里，操作的结果保存在哪里

计算机的指令格式与机器的字长、存储器的容量及指令的功能都有很大的关系。如何合理、科学地设计指令格式，使指令既能给出足够的信息，又使其长度尽可能地与机器的字长相匹配，以节省存储空间、缩短取指令时间，从而提高机器性能，这是指令格式设计中的一个重要问题。

2. 指令系统

指令系统是指计算机所能执行的全部指令的集合，它描述了计算机内全部的控制信息和逻辑判断能力。指令系统是根据计算机使用要求设计的，不同计算机的指令系统包含的指令种类和数目也不同。

在计算机指令系统的优化发展过程中，出现过两个截然不同的优化方向：CISC 技术和 RISC 技术。CISC 是指复杂指令系统计算机（Complex Instruction Set Computer）；RISC 是指精简指令系统计算机（Reduced Instruction Set Computer）。这里的计算机指令系统指的是计算机的最低层的机器指令，也就是 CPU 能够直接识别的指令。CISC 和 RISC 特点对比如表 1-10 所示。

表 1-10　复杂指令系统 CISC 和精简指令系统 RISC 特点对比

CISC	RISC
① 指令系统庞大，指令功能复杂，指令格式、寻址方式多； ② 执行速度慢； ③ 各种指令都可以访问存储器； ④ 难以优化编译，编译程序复杂； ⑤ 80%的指令在20%的运行时间使用，无法并行，无法兼容； ⑥ CISC强调完善的中断控制，势必导致动作繁多，设计复杂，研制周期长； ⑦ CISC给芯片设计带来很多困难，使芯片种类增多，出错概率增大，成本提高而成品率降低	① 简单而统一格式的指令译码； ② 大部分指令可以单周期执行完成； ③ 只有LOAD和STORE指令可以访问存储器； ④ 简单的寻址方式； ⑤ 采用延迟转移技术； ⑥ 采用LOAD延迟技术； ⑦ 采用三地址、对称的指令格式； ⑧ 较多的寄存器； ⑨ 指令编译后生成的目标代码较长

1.7.2　软件的分类

计算机软件是指计算机系统中的程序及其文档，程序是计算任务的处理对象和处理规则的描述，必须装入机器内部才能工作；文档是为了便于了解程序所需的阐明性资料。按照不同的原则和标准，可以将软件划分为不同的种类。

1. 系统软件和应用软件

按照软件的功能和用途划分，现代软件可以分为两类：应用软件和系统软件，如图 1-46 所示。应用软件是为了满足特定需要，解决真实世界中的问题而编写的。系统软件负责在基础层上管理计算机系统，为创建和运行应用软件提供工具和环境，例如操作系统。系统软件通常直接与硬件交互，提供的功能比硬件自身提供的更多。

目前有一类称为"中间件"（Middleware）的软件，它们作为应用软件与各种系统软件之间使用的标准化编程接口和协议，可以起承上启下的作用，使应用软件的开发相对独立于计算机硬件和操作系统，并能在不同的系统上运行，实现相同的应用功能。

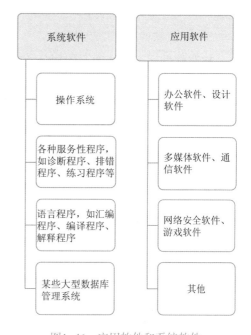

图1-46　应用软件和系统软件

2. 商品软件、共享软件、免费软件和自由软件

按照软件的发行方式划分，软件可分为商品软件、共享软件、免费软件和自由软件。

（1）商品软件

用户需要付费才能得到商品软件的使用权。它除了受版权保护之外，通常还受到软件许可证的保护。例如，版权法规定将一个软件复制到其他机器去使用是非法的，但是软件许可证允许用户购买一份软件而同时安装在本单位的若干台计算机上使用，或者允许所安装的一份软件同时被若干个用户使用。

（2）共享软件

共享软件是一种"买前免费试用"的具有版权的软件，它通常允许用户试用一段时间，也允许用户进行复制和散发，但过了试用期后若还想继续使用，就得交一笔注册费，成为注册用户才能继续使用。

（3）免费软件

免费软件是一种"免费使用"的具有版权的软件，用户可以免费自用并复制给它人，使用上不会出现日期限制，而且不必支付任何费用，但不允许转为其他商业用途。

（4）自由软件

自由软件又称"开放源代码软件"。自由软件的本质不是免费，目的就是要打破商业软件占主导地位的格局。自由软件有利于软件共享和技术创新，它的出现成就了 TCP/IP 协议、Apache 服务器软件和 Linux 操作系统等一大批软件精品的产生。其特点包括：①提供源代码，允许修改完善。②可以散发，并且散发对象享有的权利不受限制。③不提供担保。

3. 桌面软件和移动软件

按照软件运行载体的不同划分，软件可分为桌面软件和移动软件。桌面软件运行在台式计算机或笔记本式计算机上，功能一般较复杂，支持多种输入与输出。移动软件运行在移动设备上，如智能手机、平板电脑等，通过手指触控的方式使用软件，如手机上运行的学习强国 App（见图 1-47）、支付宝、微信等。随着移动设备性能的不断提高，桌面软件和移动软件在功能上的差距也在逐渐缩小。

图1-47　学习强国App

4. 本地软件和云软件

按照软件运行地点的不同划分，软件可以分为本地软件和云软件。本地软件安装在本地计算机中，运行时利用本地计算机资源进行运算与处理。云软件也称云应用，利用因特网上大量的计算资源进行管理和调度，在云端运行。例如华为云电脑允许用户在手机上使用 Windows 电脑以及各种应用软件，如图 1-48 所示。云软件便于使用，无须下载安装，且可在多种操作系统上使用，可以帮助用户大大降低使用成本并提高工作效率。

图1-48　华为云电脑

1.7.3　编程语言的发展历程

编程是编写程序的简称，是让计算机代为解决某个问题，对某个计算体系规定一定的运算方式，使计算体系按照该运算方式运行，并最终得到相应结果的过程。程序（Programming）是能够实现特定功能的一组指令序列的集合。编程语言是一组用来定义计算机程序的语法规则。它是一种被标准化的交流技巧，用来向计算机发出指令。

自 20 世纪 60 年代以来，世界上公布的程序设计语言已有上千种之多，但是只有很小一部分得到了广泛的应用。从发展历程来看，编程语言可以分为 3 代。

1. 第一代：机器语言

机器语言可以认为是计算机最基本的语言，编码直接由 0 和 1 组成，无须翻译，具有能够被计算机直接识别、快速执行等优点。但是编出的程序不仅直观性差，容易出错，还很难进行修改和维护，因此机器语言难以适用于人工编程。

以下是一个用机器语言编写的，用于完成加法运算 5+6 的简单程序。

```
10110000 ┐
00000101 ┘把加数 5 送到累加器 AL 中
00000100 ┐
00000110 ┘把累加器 AL 中的内容与另一个加数 6 相加，结果仍然放在 AL 中
11110100— 停止操作
```

2. 第二代：汇编语言

为了避开机器语言的各种缺点，便于编写程序，人们开始用容易记忆和辨别的、有意义的符号代替机器指令，使人工编程真正成为可能，这就产生了汇编语言，亦称符号语言。在汇编语言中，用助记符代替机器指令的操作码，用地址符号或标号代替机器语言的指令地址或操作数的地址。以下是一个用汇编语言编写的程序，用于实现上述 5+6 加法运算例子。

```
MOV AL,5    把加数 5 送到累加器 AL 中
ADD AL,6    把累加器 AL 中的内容与另一个加数 6 相加，结果仍然放在 AL 中
HLT         停止操作
```

汇编语言在今天的实际应用中，通常被应用在底层与硬件操作结合紧密或高要求的程序优化的场合，如硬件的驱动程序、操作系统等。

3. 第三代：高级语言

机器语言和汇编语言，属于面向机器的低级语言，难编、难读、易出错。为了从根本上改变语言体系，使程序设计语言更接近于人类自然语言，20 世纪 50 年代末，终于创造出独立于机型的容易学习使用的高级语言。高级语言的出现大大提高了编程的效率，有易学、易用、可读性好、可维护性强等特点，它的产生大大促进了计算机软件技术的发展。

高级语言发展到现在已经有一千多种，如 C、C#、C++、Java、ASP.NET、Perl、PHP、VB、Python、Scratch 等都是常见的计算机高级语言。

以下是一个用 C 语言编写的程序，用于实现上述 5+6 加法运算例子。

```
main()
{
    int AL;   /*定义整型变量 AL*/
    AL=5+6;   /*把 5 和 6 相加后，赋值给 AL*/
}
```

使用高级语言编程，程序设计者可以不必关心机器的内部结构和工作原理，而把主要精力集中在解决问题的思路和方法上。但高级语言编译生成的程序代码一般比用汇编程序语言设计的程序代码要长，执行的速度也相对较慢。

小知识

需要指出的是，程序设计语言的分代问题比较复杂。以上介绍的只是观点之一：将程序设计语言分为 3 代。目前，已经有人提出将 RPG、APT、GPSS、DYN-AMO、LISP 等面向问题、非过程化的语言划分为第四代语言；将基于人工智能的比第四代语言更接近自然语言更简单易用的语言划分为第五代语言。

1.7.4 从编程到执行

程序里的指令都是基于机器语言的。编程人员通常首先用一种计算机程序设计语言编写源程序，然后通过"翻译程序"翻译成机器语言，进而实现程序的执行，得出所需结果。

源程序是指未经编译的，按照一定的程序设计语言规范书写的、人类可读的文本文件，可由汇编语言或高级语言编写。计算机并不能直接地接受和执行源程序，源程序在输入计算机时，需要用语言处理系统软件翻译成机器语言形式，计算机才能识别和执行。这种"翻译"通常有 3 种方式，即汇编方式、编译方式和解释方式，其工作流程如图 1-49 所示。

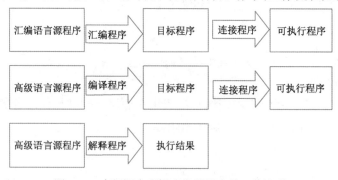

图1-49　高级语言翻译成机器语言的工作流程

1. 汇编方式

汇编方式是将汇编语言书写的源程序翻译成目标程序，把汇编的指令符号替换成机器码。当目标程序被安置在内存的预定位置之后，就能被 CPU 处理和执行。可用于计算机的汇编语言编译器有 MASM、NASM、TASM、GAS、FASM、RADASM 等。

2. 编译方式

编译方式是指利用事先编好的一个称为编译程序的机器语言程序，作为系统软件存放在计算机内，当用户将高级语言编写的源程序输入计算机后，编译程序便将它整个地翻译成二进制目标程序，然后使用连接程序把目标程序与库文件和其他目标程序（如别人编好的程序段）连接在一起，形成计算机可以执行的程序。计算机再执行该目标程序，以完成源程序要处理的运算并取得结果。如 C/C++、Pascal、Delphi、FORTRAN、COBOL 等都是编译型程序设计语言。

3. 解释方式

解释方式是指高级语言编写的源程序进入计算机后，解释程序边扫描边解释，逐句输入逐句翻译，计算机一句句执行，并不产生目标程序。如 Python、JavaScript、Perl、Shell、Ruby、MATLAB 等都是解释型语言。编译程序与解释程序最大的区别之一在于前者生成目标代码，而后者不生成。

下面是一个编译程序和解释程序的执行过程示例。

以在安装了 Visual Studio 的 Windows 中编译运行 C 语言程序为例，其执行过程如图 1-50 所示。

hello.c ⟶ hello.obj ⟶ hello.exe ⟶ 运行 hello.exe
　　　用编译器c1编译为　　调用linke连接为

图1-50　编译运行C语言程序的过程

以在安装了 Python 的 Windows 中解释运行 Python 程序为例，其执行过程如图 1-51 所示。

hello.py ⟶ 运行 hello.py
直接在有Python解析器的环境中

图1-51　解释运行Python程序的过程

本章小结

计算机从 1946 年的 ENIAC 诞生发展到今天，一共经历了四个时代，未来将重点发展具有人工智能的新一代计算机。目前的计算机仍然遵循着冯·诺依曼提出的计算机基本结构和工作原理，冯氏计算机五大核心部件包括运算器、控制器、存储器、输入设备和输出设备，其工作原理是把程序和数据都以二进制的形式存放到存储器中，由机器自动执行。计算机可处理的数据包括数值、文字、图像、声音等多种媒体信息，在计算机内部主要通过二进制编码方式实现信息数字化。计算机硬件有形而软件无形，软硬件需合理搭配才能协调工作。计算机软件是指计算机系统中的程序及其文档。按功能和用途划分，现代软件可以分为两类：应用软件和系统软件。现代人大多使用高级语言编程，程序设计者可以不必关心机器的内部结构和工作原理，而把主要精力集中在解决问题的思路和方法上。

工匠精神

2000年图灵奖获得者：姚期智

阿兰·麦席森·图灵（Alan Mathison Turing，1912—1954）是一个著名的神童和"怪才"，他是英国数学家、逻辑学家，被称为"人工智能之父"。如今，剑桥大学国王学院的计算机房以图灵的名字命名，此外，美国计算机协会（Association for Computer Machinery，ACM）还在 1966 年设立了"图灵奖"，奖励那些对计算机科学研究与推动计算机技术发展有卓越贡献的杰出科学家。图灵奖是计算

姚期智教授在授课

机界最负盛名的奖项，有"计算机界诺贝尔奖"之称。图灵奖对获奖者的要求极高，评奖程序也极严，一般每年只奖励一名计算机科学家，目前由英特尔公司赞助，奖金为 100 000 美元。迄今为止，获此殊荣的华人仅有一位，就是 2000 年图灵奖得主姚期智。

姚期智，1946 年 12 月 24 日出生于中国上海，世界著名计算机学家，美国国家科学院院士、美国艺术与科学学院院士、中国科学院院士、香港科学院创院院士，清华大学高等研究中心教授，香港中文大学计算机科学与工程学系教授，清华大学—麻省理工学院—香港中文大学理论计算机科学研究中心主任，清华大学金融科技研究院管委会主任，清华大学人工智能学堂班教授。

1967 年姚期智获得台湾大学物理学士学位；1972 年获得哈佛大学物理博士学位；1975 年获得伊利诺依大学计算机科学博士学位，之后先后在美国麻省理工学院数学系、斯坦福大学计算机系、加州大学伯克利分校计算机系任助理教授、教授；1998 年当选为美国国家科学院院士；2000 年获得图灵奖，是唯一获得该奖的华人学者（截止到 2020 年）；2004 年起在清华大学任全职教授，同年当选为中国科学院外籍院士；2005 年出任香港中文大学博文讲座教授；2011 年担任清华大学交叉信息研究院院长；2017 年 2 月姚期智放弃美国国籍成为中国公民，正式转为中国科学院院士，加入中国科学院信息技术科学部。同年 11 月，加盟中国人工智能企业旷视科技 Face++，出任旷视学术委员会首席顾问，推动产学研的本质创新。同年 12 月，任清华大学金融科技研究院管委会主任。

图灵奖得主姚期智

1993 年，姚期智最先提出量子通信复杂性，基本上完成了量子计算机的理论基础。1995 年，提出分布式量子计算模式，后来成为分布式量子算法和量子通信协议安全性的基础。因为对计算理论包括伪随机数生成、密码学与通信复杂度的突出贡献，故美国计算机协会（ACM）授予他 2000 年度的图灵奖。

姚期智的研究方向包括计算理论及其在密码学和量子计算中的应用。在三大方面具有突出贡献：①创建理论计算机科学的重要领域：通信复杂度和伪随机数生成计算理论；②奠定现代密码学基础，在基于复杂性的密码学和安全形式化方法方面有根本性贡献；③解决线路复杂性、计算几何、数据结构及量子计算等领域的开放性问题并建立全新典范。

名师寄语之清华大学教授姚期智：

人生是为一场大事而来的，愿同学们能用自己的智慧为人类文明探索世界的真谛，用自己的双手为苍生铸就富平的天下，苟利国家，俯仰无愧。

资料来源：

[1] 光明网 . 名师寄语 [EB/OL].https://news.gmw.cn/2020-07/03/content_33961876.htm，2020-07-03.

[2] 百度百科 . 姚期智 [EB/OL].https://baike.baidu.com/item/%E5%A7%9A%E6%9C%9F%E6%99%BA/10170340?fr=aladdin，2020-08-01.

[3] 解启扬 . 图灵 [EB/OL].https://www.xuexi.cn/lgpage/detail/index.html?id=2729128405625741064，2019-07-25.

第2章 初识网络

◎ 网络的组成、分类和拓扑结构

◎ OSI 参考模型和 TCP/IP 协议

◎ Internet 的联网方式

◎ 物理地址、IP 地址和域名的作用

◎ 搜索引擎的使用技巧

◎ 收发电子邮件

◎ 信息安全防护

你是否问过自己这样一个问题：如果没有计算机网络，你将如何生活下去？在网络世界里，相识或不相识的人可以十分自由、方便地相互交流；远程教育让更多山区孩子有机会接触到外面的多彩世界；远程医疗让老百姓足不出户就能享受到优质医疗资源；日常的扫码乘车、人脸识别、自助开具发票、购物点餐……这些都是互联网＋在生活中的运用。

计算机网络是计算机技术和通信技术两大现代技术密切结合的产物。在当今万物互联的网络时代，网络就如同吃饭睡觉一样，成为人们的一种习惯，同时也改变了我们的工作生活方式。计算机网络将注定成为 21 世纪全球信息社会最重要的基础设施。

2.1 网 络

计算机网络是指将地理位置不同的具有独立功能的多台计算机及其外围设备，通过通信线路连接起来，在网络操作系统、网络管理软件及网络通信协议的管理和协调下，实现资源共享和信息传递的计算机系统。

什么是网络

2.1.1 网络的组成

一个完整的网络系统是由网络硬件和网络软件所组成的。网络硬件是计算机网络系统的物理实现，对网络起着决定性作用。网络软件为网络提供技术支持，挖掘网络潜力。

要构成计算机网络系统，首先要将各网络硬件连接起来，实现物理连接，例如图 2-1 所示的小型网络连接。常见的网络硬件有计算机、网络适配器、传输介质、网络互连设备、共享的外围设备和网络通信设备等。

1. 计算机

在网络环境中，根据计算机在网络中的服务性质，可以将其划分为服务器和工作站两种。

（1）服务器

服务器（Server）是网络环境中高性能的计算机，担负一定的数据处理任务并向网络用户提供资源。除对等网络外，每个独立的计算机网络系统中至少要有一台服务器。服务器的分类见表 2-1。

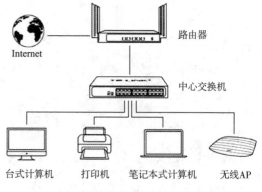

图2-1　小型网络连接示例图

表 2-1　服务器的分类

分类方法	服 务 器 类 型
根据担负的网络功能	可分为Web服务器、邮件服务器、域名服务器、应用服务器、文件服务器、通信服务器、备份服务器和打印服务器等
根据网络规模	可分为工作组级服务器、部门级服务器和企业级服务器
按外观类型	可分为塔式服务器、机架式服务器和刀片式服务器
按服务器的架构	分为CISC架构服务器（主要指的是采用英特尔架构技术的服务器）和RISC架构服务器（指的是采用非英特尔架构技术的服务器，如使用Power PC、Alpha、PA-RISC、Sparc等RISC CPU的服务器）

（2）工作站

工作站（Workstation）是指连接到网络上的计算机，它可作为独立的计算机被用户使用，同时又可以访问服务器。工作站只是一个接入网络的设备，它的接入和离开不会对网络系统产生影响。在不同网络中，工作站有时也称为"客户机（Client）"。

服务器与客户机之间的连接大多采用客户机/服务器结构。服务器专门提供网络服务，客户机协助用户使用网络服务，如图 2-2 所示。

网络也可采用对等结构，即没有专用服务器，每一台计算机的地位平等，在网上的每一台计算机既可以充当服务器，又可以充当客户机，彼此之间进行互相访问，平等地进行通信。

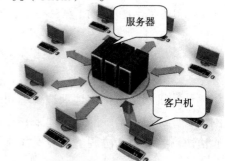

图2-2　客户机/服务器结构

2. 网卡

网卡（Net Interface Card，NIC）又称网络适配器，是计算机与传输介质进行数据交互的中间部件，可进行编码转换和收发信息。网卡可插到机箱的总线插槽内，或连接到某个外部接口上，目前计算机主板大多集成了网卡功能，以网卡芯片的形式存在。不同的网络使用不同类型的网卡，在接入网络时需要知道网络的类型，从而购买适合的网卡。图 2-3 所示为各种类型的网卡。

3. 传输介质

传输介质（Transmission Medium）是传输信息的载体，即将信息从一个结点向另一个

结点传送的连接线路。常用的传输介质可分为有线介质及无线介质两种，有线介质包括同
轴电缆、双绞线、光纤等，如图 2-4 所示。无线介质包括无线电波、微波、红外线、蓝牙、
可见光等。

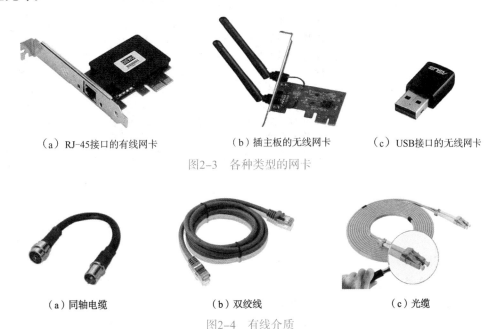

（a）RJ-45接口的有线网卡　　　　（b）插主板的无线网卡　　　　（c）USB接口的无线网卡

图2-3　各种类型的网卡

（a）同轴电缆　　　　　　　（b）双绞线　　　　　　　（c）光缆

图2-4　有线介质

无线局域网通常采用无线电波、微波和红外线作为传输媒体。采用无线电波的通信速
率可达千兆 bit/s，传输范围可达数十千米。当两点间直线距离内无障碍时就可以使用微波
传送，利用微波进行通信具有容量大、质量好的优点，并通过微波中继可传至很远的距离，
普遍应用于国家的各种专用通信网。红外线主要用于室内短距离的通信，其保密性、抗干
扰性强。使用最广泛的是无线电。无线电的频率范围在 $10 \sim 16\,\mathrm{kHz}$ 之间，但大部分无线电
频率范围已经被电视、广播以及重要的政府和军队系统占用，所以可供民用的电磁波频率
的范围（频谱）是相当有限的。无线电波可以穿透墙壁，也可以到达普通网络线缆无法到
达的地方。

4. 网络互联设备

要将多台计算机连接成网络，除了需要网卡、传输介质外，根据不同的使用场合，还
需要中继器、集线器、路由器、网桥、网络交换机、网关等网络互联设备，这些设备的外
观如图 2-5 所示，主要功能见表 2-2。

（a）Wi-Fi信号中继器　　　（b）家用Wi-Fi路由器　　　　（c）网络交换机

图2-5　常见网络互联设备

表 2-2　常见网络互联设备功能简介

设备名称	功能简介
中继器 （RP repeater）	工作在OSI体系结构中的物理层。它接收并识别网络信号，然后再生信号并将其发送到网络的其他分支上。作用是放大信号，补偿信号衰减，支持远距离的通信
集线器（HUB）	工作在OSI体系结构中的物理层。将多条以太网双绞线或光纤集合连接在同一段物理介质下的设备。它可以视作多端口的中继器，若侦测到碰撞，它会提交阻塞信号
网桥（Bridge）	工作在OSI体系结构中的数据链路层。是一个局域网与另一个局域网之间建立连接的桥梁。作用是扩展网络和通信手段，在各种传输介质中转发数据信号，扩展网络的距离
路由器（Router）	工作在OSI体系结构中的网际层，主要功能是实现信息的转送。在路由器中，通常存在着一张路由表。根据传送网站传送的信息的最终地址，寻找下一转发地址，判断应该是哪个网络
交换机（Switch）	工作在OSI体系结构中的数据链路层。交换机有多个端口，每个端口都具有桥接功能，可以连接一个局域网或一台高性能服务器或工作站。实际上，交换机有时被称为多端口网桥
网关（Gateway）	又称网间连接器、协议转换器。网关在网际层以上实现网络互连，是复杂的网络互连设备，仅用于两个高层协议不同的网络互连。网关是一种充当转换重任的计算机系统或设备，使用在不同的通信协议、数据格式或语言，甚至体系结构完全不同的两种系统之间，是一个翻译器

 小知识

现实中常听到的"无线AP"是什么意思呢？

无线 AP（Access Point），即无线接入点，是一个包含很广的名称，它不仅包含单纯性无线接入点（无线 AP），同样也是无线路由器、无线网关、无线网桥等设备的统称。

5. 网络软件

网络软件一般是指系统的网络操作系统、网络通信协议和应用级的提供网络服务功能的专用软件。其中，网络操作系统是用于管理网络软、硬资源，提供简单网络管理的系统软件。常见的网络操作系统有 UNIX、Netware、Windows、Linux 等。随着网络的广泛应用，现在的网络操作系统都综合了大量的 Internet 综合应用技术。除了基本的文件服务、打印服务等标准服务外，全新的 Internet 服务不断出现，如增强的目录服务与内容服务。几乎所有的网络操作系统都支持多用户、多任务、多进程、多线程，支持抢先式多任务，也支持对称多处理技术。

2.1.2　网络的分类

计算机网络有多种分类方法，如图 2-6 所示。这些分类方法从不同角度体现了计算机网络的特点。

1. 局域网

局域网（Local Area Network，LAN）是指在有限的地理区域内构成的计算机网络。例如，把一个宿舍、一个实验室、一座楼、一个单位或部门的多台计算机连接成一个计算机网络。局域网的覆盖范围一般不超过 10 km，拥有较高的数据传输速率。

2. 城域网

城域网（Metropolitan Area Network，MAN）是指在整个城市范围内创建的计算机网络，通常采用与局域网相似的技术，大多数情况下，两者通称为局域网。例如，一所学校有多个校区分布在城市的几个城区，每个校区都有自己的校园网，这些网络连接起来就形成一个城域网。

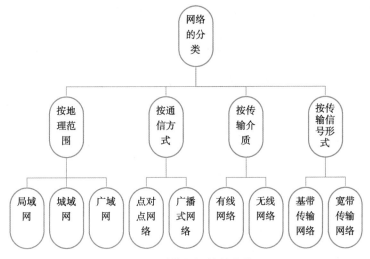

图2-6　计算机网络的分类

3. 广域网

广域网（Wide Area Network，WAN）是覆盖面积广阔的计算机网络，可由在不同城市之间的局域网或者城域网互连而成。广域网覆盖的范围较大，几百千米到几万千米不等。广域网用于通信的传输装置和介质，一般由电信部门提供，能实现大范围内的资源共享。Internet 就是全球最大的广域网。

4. 点对点网络和广播式网络

点对点网络中的数据以一条专用的通信信道传输，而广播式网络中的数据在公用信道中传播，计算机根据收到数据包含的目的地址来判断，如果是发给自己的则接收数据，否则便丢弃数据。

5. 基带传输网络和宽带传输网络

基带传输用于数字传输。信号源产生的原始电信号称为基带信号，将数字数据 0、1 直接用两种不同的电压表示，然后送到线路上去传输。

宽带传输常用于有线电视网。它将基带信号进行调制后形成模拟信号，然后采用频分复用技术实现宽带传输，传输距离比基带传输远，可达上百公里。宽带系统可分为多个信道，所以模拟和数字数据可混合使用，但通常需解决双向传输的问题。

2.1.3　网络的拓扑结构

计算机网络的拓扑结构是指网络中的通信链路（Link）和结点（Node）之间的几何结构。结点是网络中计算机、打印机或网络连接设备等的抽象描述。链路是指两个结点间承载信息流的线路或信道。网络的基本拓扑结构有总线、星状、环状、树状和网状五大类，如图 2-7 所示。现实中计算机网络的拓扑结构通常是基本拓扑结构的混合和扩展。

拓扑结构用于表示网络的整体构成及各模块之间的连接关系，影响着整个网络的设计、功能、可靠性和通信费用，是设计计算机网络时值得注意的问题。表 2-3 列出了五大类基本拓扑结构特征对比。其中，总线、星状、环状、树状这几种网络拓扑结构主要用于构建小型的局域网性质的网络。当面对一些大型网络或 Internet 主干网的构建时，一般采用的就是网状拓扑结构了。在实际应用中，可根据需要综合使用多种拓扑结构。

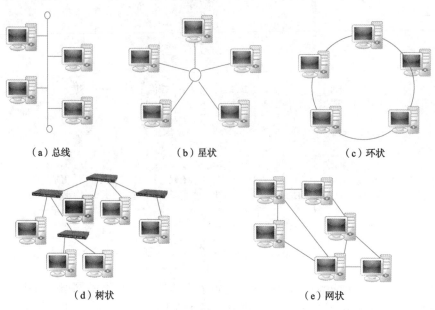

（a）总线　　　　　　　　（b）星状　　　　　　　　（c）环状

（d）树状　　　　　　　　　　　　　（e）网状

图2-7　网络的基本拓扑结构

表 2-3　五大类基本拓扑结构特征对比

名　称	特　征
总线	所有的计算机网络都连在一条线上。这个结构所需要的电线短且少；但是当这个结构出现故障后很难找到故障问题
星状	以一个中心节点为中心，向四周分散开。这个结构简单，扩展性大，传输时间少。但是当中心部分出现错误后，全部的网络都会瘫痪
环状	所有的网络形成一个环状结构。这个结构可以节约设备，但是当其中网络出现问题的时候不容易找到故障的设备
树状	以一个中心开始向下面发展，像一棵树的形状。这样的结构扩展性强，分支多，但是当顶端网络出现错误的时候整个网络都容易瘫痪
网状	所有的网络连接构成一个网状。这个结构应用广泛，利用性强，而且当一个网络出现错误的时候其他结构仍然可以使用，但是网状结构复杂，成本高

2.1.4　OSI 参考模型

计算机网络的各个功能层和在各层上使用的全部协议统称为体系结构。网络协议是计算机网络工作的基础，两台计算机通信时必须使用相同的网络协议。世界著名的两大网络体系结构是 OSI 参考模型和 TCP/IP 体系结构。

OSI（Open System Interconnection）参考模型是由国际标准化组织 ISO 提出的用于计算机互连的国际标准。OSI 参考模型分为 7 层，从下至上分别是物理层、数据链路层、网际层、传输层、会话层、表示层、应用层。其结构如图 2-8 所示。

按照 OSI 参考模型，网络中各结点都有相同的功能层次，在同一结点内相邻功能层之间通过接口通信。每一层可以使用下层提供的服务，并向其上层提供服务；不同结点的对等层依照协议实现对等层之间的通信。OSI 各个功能层的基本功能介绍见表 2-4。

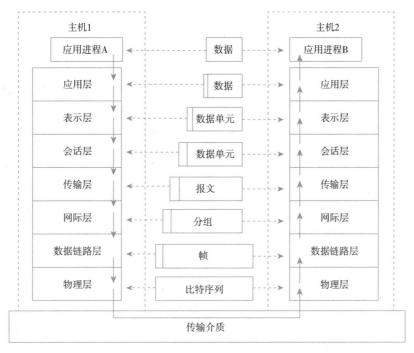

图2-8　OSI参考模型

表 2-4　OSI 各个功能层及基本功能

层次	功能层	基 本 功 能
1	物理层	物理层是最低层，处于传输介质之上，规定在一个结点内如何把计算机连接到传输介质上，规定了机械的、电气的功能。该层负责建立、保持和拆除物理链路；规定如何在此链路上传送原始比特流，比特如何编码，使用的电平、极性，连接插头、插座的插脚如何分配等。物理接口标准定义了物理层与物理传输介质之间的边界与接口，常用的有EIA-232-C、EIARS-449和CCITT X2.1。在物理层数据的传送单位是比特（bit）
2	数据链路层	在物理层提供比特流服务的基础上，建立相邻结点之间的数据链路，通过差错控制提供数据帧（Frame）在信道上无差错地传输，并进行各电路上的动作系列。该层的作用包括物理地址寻址、数据的成帧、流量控制、数据的检错、重发等
3	网际层	选择合适的网间路由和交换结点，确保由数据链路层提供的帧封装的数据包及时传送。该层的作用包括地址解析、路由、拥塞控制、网际互连等。传送的信息单位是分组或包（Packet）
4	传输层	为源主机与目的主机的进程之间提供可靠的、透明的数据传输，并给端到端数据通信提供最佳性能。传输层传送的信息单位是报文（Message）
5	会话层	提供包括访问验证和会话管理在内的建立且维护应用之间通信的机制。如服务器验证用户登录便是由会话层完成的
6	表示层	主要解决用户信息的语法表示问题，即提供格式化的表示和转换数据服务。如数据的压缩和解压缩、加密和解密等工作都由表示层负责
7	应用层	处理用户的数据和信息，由用户程序（应用程序）组成，完成用户所希望的实际任务

　　从 7 层的功能描述可见，1 ~ 3 层主要是完成数据交换和数据传输，称之为网络低层，即通信子网；5 ~ 7 层主要是完成信息处理服务的功能，称之为网络高层；低层与高层之间由第 4 层衔接。

　　根据 OSI 模型，在通信过程中各结点之间的数据传送过程如下：发送方的各层从上到下逐步加上各层的控制信息构成的比特流传递到物理信道（此为封装过程），然后再传输至接收方的物理层（此为传递过程），经过从下至上逐层去掉相应层的控制信息得到的数据最终传送到应用层的进程（此为拆封过程）。

2.1.5 TCP/IP 协议

虽然 OSI 参考模型概念清楚，理论较完整，为网络体系结构与协议的发展提供了一种国际标准，但其具体应用尚未协调好，妨碍了第三方厂家开发相应的软、硬件，所以当前只是作为网络的理论模型，很少有网络系统能完全遵循它。事实上的网络体系结构的国际标准是 Internet 采用的 TCP/IP 体系结构。

TCP/IP 体系结构的功能层分为 4 层，从下至上依次是网络接口层、网际层、传输层和应用层。它与 OSI 参考模型在网际层上并不完全对应，但是在概念和功能上基本相同。两者的对照关系如图 2-9 所示。

TCP/IP 体系结构有 100 多个网络协议，其中最主要的是传输控制协议（Transmission Control Protocol，TCP）和网际协议（Internet Protocol，IP）。IP 负责将信息送达目的地，传输时为其

OSI参考模型		TCP/IP体系结构
应用层		应用层（有TELNET、FTP、SMTP等协议）
表示层		
会话层		
传输层		传输层（TCP或UDP协议）
网际层		网际层（IP协议）
数据链路层		网络接口层
物理层		

图2-9　OSI参考模型与TCP/IP体系结构对照

选择最佳传输路径，但接收时不进行差错纠正，即提供的是不可靠交付服务。而 TCP 用于提供可靠通信，保证被传送信息的完整性，但传输性能较低。

2.2 连接互联网

2.2.1 Internet 的来历

1969 年，美国国防部高级研究计划局开始建立一个命名为 ARPANET（阿帕网）的网络。当时建立这个网络的目的是出于军事需要，计划建立一个计算机网络，当网络中的一部分被破坏时，其余网络部分会很快建立起新的联系。1969 年 6 月完成第一阶段的工作，将美国西南部的加州大学洛杉矶分校、斯坦福大学研究学院、加州大学圣巴巴拉分校和犹他州大学的 4 台主要计算机连接起来，组成了如图 2-10 所示的 4 个结点的试验性网络。人们普遍认为这就是 Internet 的雏形。

进入 20 世纪 80 年代，计算机局域网得到了迅速发展。这些局域网依靠 TCP/IP，可以通过 ARPANET 互联，使 TCP/IP 互联网络的规模迅速扩大。除了美国，世界上许多国家或地区通过远程通信将本地的计算机和网络接入 ARPANET。后来随

如何连接互联网

图2-10　阿帕网连接方式

着许多商业部门和机构的加入，Internet 迅速发展，最终发展成当今世界范围内以信息资源共享及学术交流为目的的国际互联网，成为事实上的全球电子信息的"信息高速公路"。

Internet 经过多年的发展，已成为人类工作和生活中不可缺少的媒体及工具。由于用户数量的剧增和自身技术的限制，Internet 无法满足高带宽占用型应用的需要。为此，许多国家都在研究、开发和应用采用新技术的下一代宽带 Internet，学术界称其为第二代互联网。

第二代互联网与传统的第一代互联网的区别在于它更大、更快、更安全、更及时以及更方便。第二代互联网使用 IPv6，网络速度大幅度提高，远程教育、远程医疗等成为最普遍的网络应用。2004 年 1 月 15 日，Internet 2、GEANT 网和 CERNET 2 这 3 个全球最大的学术互联网同时开通了全球 IPv6 互联网服务。

近年，IT 业界提出了第三代互联网的概念，从第二代向第三代的发展是一场由新技术引发的，以改变与融合为主题的网络革新，是一个永远在线的网络时代。目前还没有具体的标准，第三代互联网的变化并不局限于 IT 业界与互联网用户，每个人、每个企业在现实生活、商业活动中，都会面对并感受到其变化。

2.2.2　我国的互联网现状

中关村地区教育与科研示范网络（中国科技网的前身）代表中国于 1994 年 4 月正式接入 Internet，并于当年 5 月建立 CN 主域名服务器设置，可全功能访问 Internet。2004 年 12 月，我国国家顶级域名 cn 服务器的 IPv6 地址成功登录到全球域名根服务器。

目前中国计算机互联网已形成主干网、大区网和省市网的 3 级体系结构。主干网是国家批准的可以直接和国外连接的互联网。任何部门和个人如果要接入 Internet，都必须通过主干网连接。我国拥有九大主干网：

- 中国公用计算机互联网（CHINANET）；
- 中国金桥信息网（CHINAGBN）；
- 中国联通计算机互联网（UNINET）；
- 中国网通公用互联网（CNCNET）；
- 中国移动互联网（CMNET）；
- 中国教育和科研计算机网（CERNET）；
- 中国科技网（CSTNET）；
- 中国长城互联网（CGWNET）；
- 中国国际经济贸易互联网（CIETNET）。

我国在实施国家基础设施建设计划的同时，也积极参与第二代互联网的研究与建设。以现有网络设施为依托，建设并开通了基于 IPv6 的中国第一个下一代互联网示范工程（CNGI）核心网之一的 CERNET 2 主干网，如图 2-11 所示，并于 2004 年 3 月正式向用户提供 IPv6 下一代互联网服务。目前 CERNET2 已经初具规模，接入北京大学、清华大学、复旦大学、上海交通大学、浙江大学等上百所国内高校，并与谷歌实现基于 IPv6 的 1Gbit/s 高速互联。截至 2019 年 6 月，我国 IPv6 地址数量已跃居全球第一位，IPv6 活跃用户数达 1.3 亿户。

目前，我国的互联网普及率已超六成，国家大力发展互联网＋，创业热潮不断被推动，尤其是互联网企业的数量增多，对互联网人才数量的需求也在持续增加。互联网进入中国虽然只有短短二十多年的时间，但是已经成为整个社会和经济的底层架构和标配。

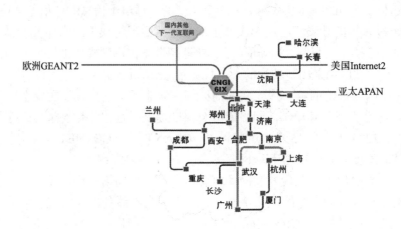

图2-11　CERNET2主干网

2.2.3　ISP

由于接轨国际互联网需要租用国际信道，其成本对于一般用户是无法承担的。互联网服务提供商（Internet Service Provider，ISP）是全世界数以亿计普通用户通往 Internet 的必经之路。ISP 指的是面向公众提供下列信息服务的经营者：

①接入服务，即帮助用户接入 Internet。

②导航服务，即帮助用户在 Internet 上找到所需要的信息。

③信息服务，即建立数据服务系统，收集、加工、存储信息，定期维护更新，并通过网络向用户提供信息内容服务。

用户若要连接到 Internet，可采用某种方式与 ISP 提供的某台服务器连接起来，就能享受由 ISP 提供的各种上网服务。目前，我国的九大主干网，各自拥有自己的国际信道和基本用户群，其他的 Internet 服务提供商属于二级 ISP。这些 ISP 为众多企业和个人用户提供接入 Internet 的服务，如图 2-12 所示。

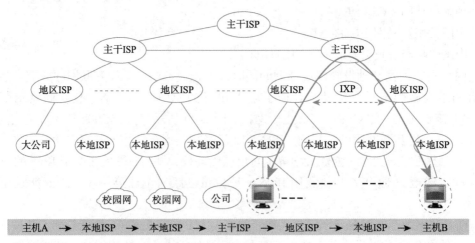

图2-12　多层次ISP结构的互联网

2.2.4　上网的各种方式

Internet 服务提供商为公众提供多种接入方式，以满足用户的不同需求。早期多数采用调制解调器接入和 ISDN 方式，目前主要通过 ADSL、Cable Modem、无线接入和局域网接入等方式接入。

1. ADSL 接入技术

非对称数字用户线路（Asymmetric Digital Subscriber Line，ADSL）是基于公众电话网提供宽带数据业务的技术，因上行和下行带宽不对称而得名。它采用频分复用技术把普通的电话线分成了电话、上行和下行 3 个相对独立的信道，从而避免了相互之间的干扰。目前使用的第二代的 ADSL2+ 技术可以提供最高 24 Mbit/s 的下行速率。

接入互联网时，用户需要配置一个网卡及专用的 ADSL modem，根据实际情况选择采用专线入网方式（即拥有固定的静态 IP）或虚拟拨号方式（不是真正的电话拨号，而是用户输入账号、密码，通过身份验证，动态获得一个 IP 地址）。在我国部分经济不发达地区，ADSL 仍是家庭常用的接入方式。

2. Cable Modem 接入技术

电缆调制解调器（Cable Modem）又名线缆调制解调器，利用有线电视线路接入互联网，接入速率可以高达 10 ～ 40 Mbit/s，可以实现视频点播、互动游戏等大容量数据的传输。它的特点是带宽高、速度快、成本低、不受连接距离的限制、不占用电话线、不影响收看电视节目，所以在有线电视网上开展网络数据业务有着广阔的前景。

3. 无线接入

用户不仅可以通过有线设备接入互联网，也可以通过无线设备接入互联网。目前常见的无线接入方式主要分为无线局域网接入和 3G/4G/5G 接入两类。

（1）无线局域网接入

无线局域网（WLAN）是利用射频无线点播通信技术构建的局域网，其主流技术包括红外、蓝牙、Wi-Fi 和无线微波扩展频谱。无线局域网通常是在有线局域网的基础上通过无线接入点（Access Point，AP）实现无线接入，如带有无线网卡的计算机或可上网的手机进入到 WLAN 环境中，经过配置和连接就可以轻松接入互联网。

（2）3G/4G/5G 接入

这里的"G"表示"代"，1G/2G/3G/4G/5G 分别指移动运营商和设备使用的第一、二、三、四、五代移动通信技术。它们具有不同的速度和功能，下一代技术对上一代技术进行更新改进，如图 2-13 所示。1998 年推出的 3G 网络带来了比 2G 更快的数据传输速率，支持手机视频通话和移动互联网接入。2008 年发布了 4G，可以满足游戏服务、高清移动电视、视频会议、3D 电视以及其他需要高速的功能。设备移动时 4G 网络的最大速度为 100 Mbit/s；对于低移动性通信，速率可达 1 Gbit/s。手机都支持 3G 和 4G 技术，用户通过手机 SIM 卡就可以轻松接入互联网。

第五代移动通信技术 5G 是最新一代蜂窝移动通信技术，性能目标是高数据传输速率、减少延迟、节省能源、降低成本、提高系统容量和大规模设备连接。全球 5G 标准的制定中，华为所推荐的 PolarCode（极化码）获得了 3GPP 联盟的认可，成为了 5G 控制信道 eMBB

场景编码的最终解决方案，这为我国以后在 5G 技术的持续发展奠定了良好的基础。5G 的网络速度是 4G 的 10 倍以上，在 5G 网络环境比较好的情况下，1GB 的文件 1～3 s 就能下载完，基本上不会超过 10 s。2019 年底，中国移动、中国联通、中国电信三大运营商正式上线了 5G 商用套餐供用户使用。

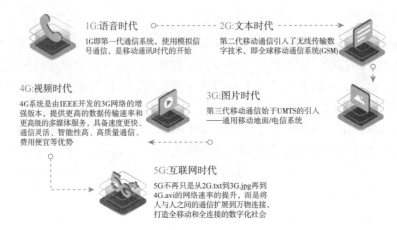

图2-13　从1G到5G的发展史

4. 局域网接入

局域网接入方式主要采用了以太网技术，以信息化区域的形式为用户服务。在中心节点使用高速交换机，交换机到 ISP 的连接多采用光纤，为用户提供快速的宽带接入，基本做到千兆到区域、百兆到大楼、十兆到用户。区域内的用户只需一台计算机和一块网卡，就可连接到互联网。图 2-14 举例说明了某单位通过局域网接入 Internet 并实现总部与各分部间互联互通的网络连接方案。

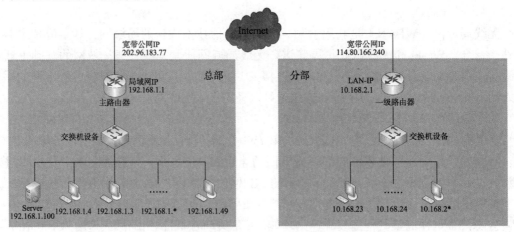

图2-14　通过局域网接入Internet示例

用户在选择接入互联网的方式时，可以从地域、质量、价格、性能和稳定性等方面考虑，选择适合自己的接入方式。

2.2.5　Internet 的应用

在 Internet 上时刻传送着大量各种各样的信息，从科研、教育、商业、文化、娱乐、医药到购物无所不有。作为世界上最大的计算机网络，Internet 在通信、资源共享、资源查询三方面给使用者提供了巨大的帮助。常见的 Internet 基本服务有以下几个方面。

1. WWW 浏览服务

万维网（World Wide Web，WWW），也称为 Web、3W 等。是基于客户机 / 服务器方式的信息发现技术和超文本技术的综合。WWW 服务器通过超文本标记语言（HTML）把信息组织成为图文并茂的超文本，利用超链接从一个站点跳到另一个站点。而超文本传输协议（Hypertext Transfer Protocol，HTTP）则提供了访问超文本信息的功能，是 WWW 浏览器和 WWW 服务器之间的应用层通信协议。

2. 信息搜索服务

由于 Internet 上信息众多，人们容易被淹没在信息的海洋中，可通过各种专业搜索引擎（如百度搜索、搜狗搜索、360 搜索、Google 搜索等）有效地查找到自己需要的信息。

3. 电子邮件 E-mail

E-mail 是一种利用计算机网络交换电子信件的通信手段，它既可以传递文字信息，也可以传递图像、声音和动画等多媒体信息。与普通信件的寄件收件流程一样，要发送电子邮件，必须知道发送者的电子邮件地址和接收者的电子邮件地址。使用电子邮件前，用户须向邮件服务器申请一个用户邮箱，其格式为"用户登录名 @ 邮件服务器域名"。电子邮件不仅使用方便，还具有传递迅速和费用低廉的优点。

4. 电子政务

电子政务是指国家机关在政务活动中，全面应用现代信息技术、网络技术以及办公自动化技术等进行办公、管理和为社会提供公共服务的一种全新的管理模式。

5. 网络交流互动

在网络世界里，可以十分方便地与相识或不相识的人进行交流，讨论共同感兴趣的话题。网络交流互动包括即时通信、个人空间、社交网络、网络论坛、博客、播客和微博等。

6. 电子商务

电子商务是指在 Internet 开放的网络环境下，买卖双方不谋面地进行各种商贸活动，实现消费者的网上购物、商户之间的网上交易和在线电子支付以及各种商务活动、交易活动、金融活动及相关综合服务活动的一种商业运营模式。

7. 在线教育

在线教育即 E-Learning，是通过应用信息科技和互联网技术进行内容传播和快速学习的方法。E-Learning 的"E"代表电子化的学习、有效率的学习、探索的学习、经验的学习、拓展的学习、延伸的学习、易使用的学习、增强的学习。

8. 网络娱乐

网络娱乐类业务包括网络聊天、网络游戏、网络文学、网络视频等。娱乐是人的本能，网络时代的新媒体，以更为自由、更为开放的态度表达新的内容，影响新一代的观众。大家在接受新媒介的同时应对新媒介可能塑造的"新世界"保持清醒的认识，把握好媒介与时代的独特关系，避免落入"娱乐至死"的境地。

2.3 物理地址、IP 地址和域名

资源共享是网络的主要功能之一，网络上存在大量软硬件资源，它们相互之间是如何定位和访问沟通的呢？其实，网络中的资源有各种标识自身存在的方式，如计算机名、IP 地址、MAC 地址、域名等。不同的使用场景采用不同的标识形式。下面详细讲解这些网络术语。

2.3.1 计算机名和工作组

计算机名可以标识网络中的计算机。Windows 10 中的"网络"功能就是根据设备名称来识别和访问设备的，如图 2-15 所示，本机是以计算机名 GXU-YAOYI 标识自身的存在。除此之外，本地网络上还有其他计算机和设备共存。

图2-15　Windows 10中的"网络"功能

计算机的名称可以修改，但在同一个网络中，名称必须是唯一的，否则会发生网络的冲突。"工作组"默认组名是 WORKGROUP，也允许用户修改名称。工作组的作用就是将不同的计算机按功能分别列入不同的组中以方便管理。在 Windows 10 桌面"此电脑"图标上右击，在弹出的快捷菜单中选择"属性"选项，在弹出的对话框中可查看计算机名和所处工作组，并允许用户根据图 2-16 的步骤修改名称。

2.3.2 物理地址

计算机的物理地址（也称 MAC 地址、网卡地址）用于在网络中唯一标识一个网卡。一台设备若有两个网卡，则对应会有两个 MAC 地址。物理地址相当于网卡的身份证，全世界唯一。

查看本机物理地址的操作方法为：右击"开始"按钮，选择"运行"，在"运行"对话框中输入 cmd，在弹出的 cmd 窗口中输入命令：ipconfig /all 后，按回车键运行，可显示本机的物理地址、IP 地址、子网掩码、默认网关以及 DNS 服务器地址等网络设置信息，如图 2-17 所示。

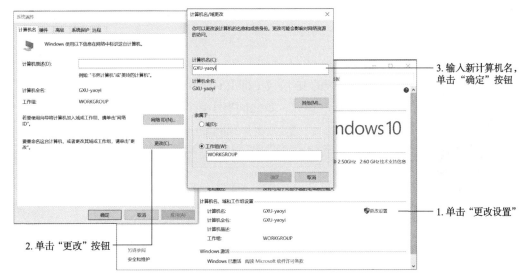

图2-16　修改计算机名

图2-17　查看本机网络设置

 小知识

　　由于 MAC 地址的前 24 位是生产厂商的标识符，因此可以根据前 24 位标识符判断出硬件的生产厂商和生产地址。用户也可以通过一些网站进行查询，如 http://mac.51240.com/。

2.3.3　IP 地址

　　目前，基于 TCP/IP 的 Internet 已逐步发展为当今世界上规模较大的计算机网络。接入 TCP/IP 网络中的任何一台计算机，都被指定了唯一的编号，这个编号称为 IP 地址。IP 地址统一由 Internet 网络信息中心（InterNIC）分配，是在 Internet 中为每一台主机分配的唯一标识符。

1. IP 地址的结构

目前在 Internet 中采用的第 4 版的 IP 协议（即 IPv4）中，IP 地址共 32 位，分为 4 字节，每字节可对应一个 0 ~ 255 的十进制整数，数之间有小数点分隔，见表 2-5。

表 2-5　转换成点分十进制地址

地 址 格 式	IP 地 址			
32位二进制的IP地址	11001010　11000000　00000001　00100010			
各自译为十进制	202	192	1	34
缩写后的IP地址	202.192.1.34			

按上表方式，上述主机的 IP 地址就可转换成 202.192.1.34，这就是平时看到的 IP 地址形式。这种记录方法称为点分十进制地址。

考虑到 Internet 由不同规模的物理网络互连而成，在 IP 地址格式定义中做了必要的规划，32 位 IP 地址的结构如图 2-18 所示，网络标识部分标识了网络号，主机标识部分标识该主机在该网络中的编号。

网络标识	主机标识

图2-18　32位IP地址的结构

按照 IP 地址的结构和分配原则，可以很方便地在 Internet 上寻址，先按 IP 地址中的网络标识号找到相应的网络，然后在这个网络中利用主机标识号找到相应的主机。

2. IP 地址的分类

为了充分利用 IP 地址空间，Internet 委员会定义了 A、B、C、D、E 5 类 IP 地址类型以适合不同容量或用途的网络，由 InterNIC 在全球范围内统一分配。

在 IPv4 协议下，A 类、B 类和 C 类 IP 地址的网络标识长度和主机标识长度各有规定，其地址的结构如图 2-19 所示。Internet 整个 IP 地址空间容量见表 2-6。

A类	0		网络标识（7 bit）		主机标识（24 bit）	
B类	1	0	网络标识（14 bit）		主机标识（16 bit）	
C类	1	1	0	网络标识（21 bit）	主机标识（8 bit）	

图2-19　A类、B类和C类IP地址的结构

表 2-6　Internet 整个 IP 地址空间容量

网 络 类 型	第一组数字	网络地址数	网络主机数
A类	1 ~ 127	126（2^7-2）	16 777 214
B类	128 ~ 191	16 384（2^{14}）	65 534
C类	192 ~ 223	2 097 152（2^{21}）	254

例如：对 IP 地址为 210.36.16.44 的主机来说，第一段数字的范围为 192 ~ 223，是小型网络（C 类）中的主机，其 IP 地址由如下两部分组成：

第一部分为网络号：210.36.16（或写成 210.36.16.0）。

第二部分为所在网络的主机编号：44。

除了 A、B、C 3 种主要类型的 IP 地址外，还有几种有特殊用途的 IP 地址。如第一字节以 1110 开始的地址是 D 类地址，为多点广播地址。第一字节以 11110 开始的地址是 E 类地址，保留作研究之用。

主机号全为 0 或全为 1 的保留 IP 地址用于特殊用途，它们并不能用于表示一台主机的有效地址。主机号全为 0 表示网络地址，而全为 1 表示网络内的广播地址。

网络号为 127 的 IP 地址是保留的回送地址，该类地址是指计算机本身，主要作用是用于网络软件测试以及本地主机进程间通信，在 Windows 系统下常用 127.0.0.1 表示本机 IP 地址，该地址还有一个别名叫"localhost"。

用于私有网络而不能在 Internet 上使用的地址，分别有 A 类私网地址、B 类私网地址和 C 类私网地址，见表 2-7。私网地址是在私有网络中可随意使用的 IP 地址，保留这样的地址供人们自己组网使用，是为了避免以后接入公网时引起地址混乱。使用私网地址的私有网络在通过路由器接入 Internet 时，要使用路由器的网络地址翻译（Net Address Translate，NAT）功能，将私网地址翻译成公用合法地址。

表 2-7　私网地址范围

私网地址类型	地 址 范 围
A类	10.0.0.0 ~ 10.255.255.255
B类	172.16.0.0 ~ 172.31.255.255
C类	192.168.0.0 ~ 192.168.255.255

3. IPv6

由于 IPv4 最大的问题在于网络地址资源不足，严重制约了互联网的应用和发展。IPv6 是互联网工程任务组（IETF）设计的用于替代 IPv4 的下一代 IP 协议，它采用 128 位长度的 IP 地址，拥有 2^{128} 个 IP 地址的空间。其地址数量号称可以为全世界的每一粒沙子编上一个地址。

IPv6 采用冒号十六进制表示：每 16 位划分成一段，128 位分成 8 段，每段被转换成一个 4 位十六进制数，并用冒号分隔。例如，CA01:0000:0000:0000:1076:0000:00CF:0053 是一个合法的 IPv6 地址。

如果几个连续段位的值都是 0，那么这些 0 就可以简单的以 :: 来表示，来缩减其长度，称为零压缩法。上述地址就可以写成 CA01::1076: 0000:00CF:0053。这里要注意的是只能简化连续段位的 0，而且只能用一次。这个限制的目的是为了能准确还原被压缩的 0，否则就无法确定每个 :: 代表了多少个 0。同时前导的零可以省略，上述地址可以简化为 CA01::1076:0:CF:53。

IPv6 的使用，不仅能解决网络地址资源短缺的问题，也解决了多种接入设备连入互联网的障碍。同时它还在许多方面进行了技术改进，例如路由方面、自动配置方面等。

我国是世界上较早开展 IPv6 试验和应用的国家，在技术研发、网络建设、应用创新方面取得了重要阶段性成果，已具备大规模部署的基础和条件。2017 年印发了《推进互联网协议第六版（IPv6）规模部署行动计划》，致力于加快推进 IPv6 规模部署，构建高速率、广普及、全覆盖、智能化的下一代互联网，加快网络强国建设、加速国家信息化进程、助力经济社会发展、赢得未来国际竞争新优势。

4. 子网及子网掩码

为了缓解 IPv4 的地址数不足的矛盾，IP 协议使用了子网技术。子网是指在一个 IP 地址上生成的逻辑网络。将 IP 地址的主机标识部分进一步划分成两部分，一部分表示子网，另一部分表示主机，这样原来的 IP 地址结构就变为如图 2-20 所示。

网络标识	子网地址部分	主机地址部分

图2-20 IP地址的主机标识划分

子网掩码提供了子网划分的方法。其作用是：减少网络上的通信量；节省 IP 地址；便于管理；解决物理网络本身的某些问题。使用子网掩码划分子网后，子网内可以通信，跨子网不能通信，子网间通信应该使用路由器，并正确配置静态路由信息。

设置子网掩码的规则是：凡 IP 地址中表示网络地址部分的那些位，在子网掩码的对应二进制位上设置为 1，表示主机地址部分的那些二进制位设置为 0。TCP/IP 网络中的每一台主机都要求有子网掩码。A 类 IP 地址的网络地址部分是第一字节，故它默认的子网掩码是 255.0.0.0，B 类网络默认的子网掩码是 255.255.0.0，C 类网络默认的子网掩码是 255.255.255.0。

IP 地址的子网掩码应该根据网络的规模进行合理设置。假设 C 类网络 192.168 .10.0 含两个子网，每个子网的主机数在 60 台以内。可将主机地址部分再划出 2 位，用作本网络的子网络，剩余的 6 位用作相应的子网络内的主机地址的标识（此时，每个子网可对 2^6 = 64 台主机分配地址），这样在 IP 地址中的网络地址部分有 26 位，对应的子网掩码为：11111111 11111111 11111111 11000000，其点分十进制形式是 255.255.255.192。

利用子网掩码可以判断两台主机是否在同一子网中。例如，有两台主机的 IP 地址分别为 172.18.57.157 和 172.18.56.130，子网掩码都为 255.255.254.0。将这两个 IP 地址和子网掩码的各组数分别转换为二进制，分析过程见表 2-8。

表2-8 网络地址分析

地　　址	主机1（172.18.57.157）	主机2（172.18.56.130）
32位IP地址	10101100 00010010 00111001 10011101	10101100 00010010 00111000 10000010
32位子网掩码	11111111 11111111 11111110 00000000	11111111 11111111 11111110 00000000
网络地址位	10101100 00010010 0011100	10101100 00010010 0011100

分析结论：两台主机的网络地址相同，都是 172.18.56（即 10101100 00010010 00111000，用 0 补齐），所以它们处于同一个子网中。

需要指出的是，如果全世界普及使用 IPv6 的话，就没有子网掩码的概念了，也没有网络号与主机号的概念了。因为 IPv6 是端到端的连接通信，不需要子网了。但是，目前似乎更多都是在 IPv4 上使用隧道的方式使用 IPv6。完全取代 IPv4 还需要一定的时间，子网掩码目前还是需要的。

2.3.4 域名

由于 IP 地址具有不方便记忆并且不能显示地址组织的名称和性质等缺点，人们设计出了域名，并通过域名服务器（Domain Name System，DNS）来将域名和 IP 地址相互映射，使人更方便地访问互联网，而不用去记住能够被机器直接读取的 IP 地址数串。

域名采用层次结构，一般有 3~5 个字段，中间用小数点隔开。一般的域名格式为：

主机名 . 三级域名 . 二级域名 . 顶级域名

例如，www.lib.gxu.edu.cn 表示中国（cn）教育机构（edu）广西大学（gxu）图书馆（lib）网站上的一台主机。使用网址 http://www.lib.gxu.edu.cn 或使用 IP 地址 http://210.36.16.44 均能正常访问该校图书馆 WWW 主机。

域名中的顶级域名分为两大类，一类是由 3 个字母组成的机构类型名；另一类是由两个字母组成的区域类型名，适用于除美国以外的其他国家或地区。部分 3 字母机构类型域名见表 2-9，较为常用的地理类型域名见表 2-10。

表 2-9　3 字母机构类型域名

区　　域	含　　义	区　　域	含　　义
com	商业机构	mil	军事机构
edu	教育机构	net	网络机构
gov	政府部门	org	非营利性组织
int	国际机构		

表 2-10　常用的地理类型域名

类　　型	国家或地区	类　　型	国家或地区
au	澳大利亚	at	奥地利
be	比利时	ca	加拿大
fi	芬兰	dk	丹麦
de	德国	fr	法国
ie	爱尔兰	in	印度
it	意大利	il	以色列
nl	荷兰	jp	日本
ru	俄罗斯	no	挪威
Es	西班牙	se	瑞典
ch	瑞士	cn	中国
uk	英国	us	美国

2.3.5　物理地址、IP 地址和域名的关系

物理地址 MAC 与网卡是一一对应的。在网络中要找到被访问的计算机必须给机器安排一个唯一的号码，就像人们的身份证号码一样。IP 地址是人为规定的一串数字，它可以在网卡的属性设置中与网卡对应上。

MAC 地址具有唯一性，每个网卡硬件出厂时候的 MAC 地址就是固定的，MAC 地址工作在数据链路层；IP 地址不具备唯一性，因此很多应用软件是围绕 MAC 地址开发的。IP 地址工作在网际层及其以上各层，是一种逻辑地址。

IP 地址和 MAC 地址可以通过地址解析协议（Address Resolution Protocol，ARP）进行绑定，以此来确定网络上的唯一的一台主机。

域名是为了替代不好记忆的 IP 地址而起的别名，域名须绑定在 IP 地址上才能用。所

以访问网站可以通过 IP 地址直接访问，也可以通过域名服务器 DNS 将域名转换为 IP 进行访问。

2.3.6 统一资源定位符 URL

统一资源定位符（Uniform Resource Locate，URL）是一种统一格式的 Internet 信息资源地址的标识方法，俗称网址。在各种浏览器窗口的地址栏中会显示出所访问资源的 URL 信息。URL 的格式为：

协议服务类型 :// 主机域名 [: 端口号]/ 文件路径 / 文件名

URL 由四部分组成。第一部分指出协议服务类型，第二部分指出信息所在的服务器主机域名（或 IP 地址），第三部分指出包含文件数据所在的精确路径，第四部分指出文件名。URL 中常见的服务类型见表 2-11。

表 2-11　URL 中常见的服务类型

协 议 名	服 务	传 输 协 议	端 口 号
http	WWW服务	HTTP	80
telnet	远程登录服务	TELNET	23
ftp	文件传输服务	FTP	21
mailto	电子邮件服务	SMTP	25
news	网络新闻服务	NNTP	119

URL 中的域名可以唯一地确定 Internet 上每一台计算机的地址。域名中的主机部分一般与服务类型相一致，如提供 Web 服务的 Web 服务器，其主机名往往是 www；提供 FTP 服务的 FTP 服务器，其主机名往往是 ftp。

例如，用户输入 URL 网址：http://www.lib.gxu.edu.cn/bggk/bgjs1.htm。表示，网络服务协议为超文本传输协议 http，网络地址为 www.lib.gxu.edu.cn，它指出需要的资源在哪一台计算机上，/bggk/bgjs1.htm 表示从该机的域名根目录开始的路径和网页文件名。

2.4 信息搜索

经常活跃于互联网的用户对于搜索引擎这个称呼并不陌生。据统计，几乎 90% 的人都在使用搜索引擎。搜索引擎是网民寻找、比较、确定目标的最重要渠道。搜索已经成为一种习惯，一种生活方式，成为很多人获取信息的最重要方式。调查表明，75% 的网站流量来自搜索引擎。国内常见的搜索引擎有百度、360、搜狗等，国外的有谷歌、必应等。2019 年度的中国搜索引擎市场份额如图 2-21 所示。

网络搜索能力是一种生存技能

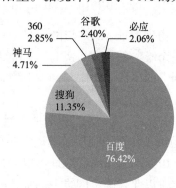

图2-21　2019年度中国搜索引擎市场份额

2.4.1　搜索引擎

搜索引擎是工作于互联网上的一门检索技术，它根据用户需求与一定算法，运用特定策略从互联网上采集信息，在对信息进行组织和处理后，将检索的相关信息展示给用户。搜索引擎旨在提高人们获取搜集信息的速度，为人们提供更好的网络使用环境。工作流程图如图2-22所示。

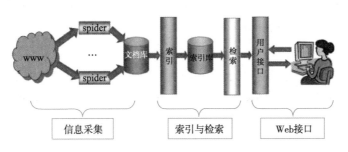

图2-22　搜索引擎工作流程图

搜索引擎依托于多种技术，如网络爬虫技术、检索排序技术、网页处理技术、大数据处理技术、自然语言处理技术等，为信息检索用户提供快速、高相关性的信息服务。工作原理如图2-23所示。

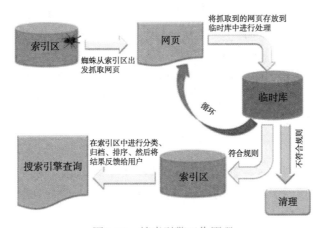

图2-23　搜索引擎工作原理

搜索引擎的整个工作过程可视为3个部分：

①网络搜索引擎蜘蛛（Spider）在互联网上爬行和抓取网页信息，并存入临时网页数据库。

②对临时网页数据库中的信息进行提取和组织，并建立索引区。

③根据用户输入的关键词，快速找到相关文档，并对找到的结果进行排序，将查询结果返回给用户。

下面对搜索引擎的工作原理做进一步分析。

1.　网页抓取

蜘蛛每遇到一个新文档，都要搜索其页面的链接网页。搜索引擎蜘蛛访问 Web 页面的过程类似普通用户使用浏览器访问其页面，即 B/S 模式。引擎蜘蛛先向页面提出访问请求，服务器接受其访问请求并返回 HTML 代码后，把获取的 HTML 代码存入原始页面数据库。

搜索引擎使用多个蜘蛛分布爬行以提高爬行速度。搜索引擎的服务器遍布世界各地，每一台服务器都会派出多只蜘蛛同时去抓取网页。如何做到一个页面只访问一次，从而提高搜索引擎的工作效率？答案是这样的：在抓取网页时，搜索引擎会建立两张不同的表，一张表记录已经访问过的网站，一张表记录没有访问过的网站。当蜘蛛抓取某个外部链接页面URL 的时候，需把该网站的 URL 下载回来分析，当蜘蛛全部分析完这个 URL 后，将这个URL 存入相应的表中，这时当另外的蜘蛛从其他的网站或页面又发现了这个 URL 时，它会对比看看已访问列表有没有，如果有，蜘蛛会自动丢弃该 URL，不再访问。

2. 预处理，建立索引

为了便于用户在数万亿级别以上的原始网页数据库中快速便捷地找到搜索结果，搜索引擎必须将 Spider 抓取的原始 Web 页面做预处理。网页预处理最主要过程是为网页建立全文索引，之后开始分析网页，最后建立倒排文件（也称反向索引）。

3. 查询服务

在搜索引擎界面输入关键词，单击"搜索"按钮之后，搜索引擎程序开始对搜索词进行以下处理：

①开始分词处理、判断是否需要进行整合搜索、找出错别字和拼写中出现的错误、把停止词去掉。

②接着把包含搜索词的相关网页从索引数据库中找出，而且对网页进行排序，最后按照一定格式返回到"搜索"页面。

查询服务最核心的部分是搜索结果排序，其决定了搜索引擎的量好坏及用户满意度。实际搜索结果排序的因子很多，但最主要的因素之一是网页内容的相关度。影响相关性的主要因素包括 5 个方面：①关键词常用程度；②词频及密度；③关键词位置及形式；④关键词距离；⑤链接分析及页面权重。

2.4.2 百度搜索

在当今的移动互联网时代，信息资讯大爆炸，信息筛选能力就尤为重要，与信息筛选能力息息相关的便是搜索引擎。好的搜索方法会提高用户的搜索效率，那么在使用百度搜索时有哪些搜索方法呢？

1. 选择适当的查询词

搜索技巧最基本同时也是最有效的，就是选择合适的查询词。选择查询词是一种经验积累，查询词表述准确是获得良好搜索结果的必要前提。

例如想要了解：有多少天才年纪轻轻就获得了诺贝尔奖。在提炼查询词的时候，输入"年轻人获诺贝尔奖"，查询到的结果有一定的相关性但数据不全面，明显不如"诺贝尔奖年龄分布"查询词获得的搜索结果更详细、权威，更符合搜索目的，如图 2-24 所示。

每条搜索结果下都有"百度快照"字样，单击后的页面即为百度快照页面，页面地址栏中的链接即为百度快照地址。

2. 搜索多媒体信息

在百度搜索框中输入查询词，默认的搜索对象是"网页"，你也可以切换为图片、视频、音乐、地图、文库等其他搜索资源，如图 2-25 所示。

此外，百度搜索拥有识图功能，查询内容除了输入文字之外，也可以输入图片，实现以图找图。

（a）输入"年轻人获诺贝尔奖"查询词

（b）输入"诺贝尔奖年龄分布"查询词

图2-24　不同查询词的结果对比

图2-25　搜索图片

【例2-1】用百度识图查找图片来源网址。

操作方法为：首先把需要查找图片来源的图片保存到本地磁盘。打开百度首页，单击搜索框右侧的相机图标。在弹出的如图 2-26 所示功能区中单击"本地上传图片"按钮，上传在本地准备好的图片。或者采取拖动方式上传图片也可以。图片上传完成后就会自动进入百度识图状态，智能判别图片可能的名称，且显示图片的各种图片来源，如图 2-27 所示。单击来源图即可进入图片的详细信息来源页面。

图2-26　单击"本地上传图片"按钮

图2-27　图片来源搜索结果

3. 灵活运用百度内置工具

百度搜索支持按类别搜索，可以是网页、资讯、视频、图片、知道、文库、贴吧、音乐、地图等类型的资料。同时提供了搜索工具栏，内含时间范围、文件类型、搜索站点限制等搜索设置选项。百度还提供了"搜索设置"和"高级搜索"，如图 2-28 所示，方便用户进行针对性搜索，减小搜索范围，达到搜索更快、更准的目的。

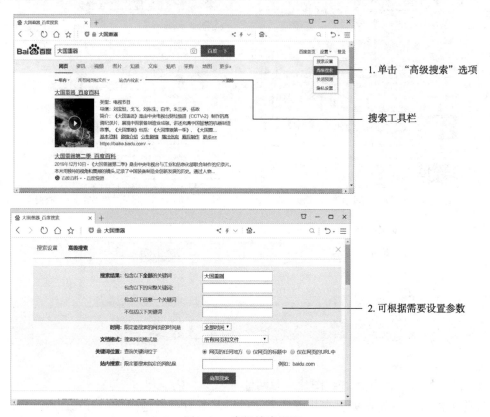

图2-28　高级搜索设置

4. 查询词的输入技巧

不少人都在使用低效的搜索方式：输入一个简单的查询词，然后将搜索结果网页从头看到尾。那有更高效的搜索方式吗？表 2-12 介绍了在输入查询词的时候用到的几个常用搜索技巧。

表 2-12　常用搜索技巧

技巧名称	方 法 描 述	实现的效果举例
多查询词法	多个查询词之间必须留一个空格	如输入：学习强国 感动中国，可搜索到既包含"学习强国"又包含"感动中国"的页面
完全匹配法	在查询词的外边加上双引号""	如输入："苹果和华为"，查到的结果就是优先展示"苹果和华为"的搜索结果，而不是分别展示含"苹果"或含"华为"的搜索结果
限定标题法	在查询词前加上intitle:xx	如输入：intitle:iPhone内存，找到的就是页面标题中含有iPhone内存关键词的信息
限定网站法	在查询词后输入site:网站名	如输入：培训 site:www.gxu.edu.cn，可以在指定的网站www.gxu.edu.cn上搜索包含"培训"这个关键词的页面

续表

技巧名称	方法描述	实现的效果举例
排除法	使用减号–。如要搜索a但是要排除掉b，则可用"a"–b表达，注意减号–前有个空格，减号–后没有空格	如输入："选课"–选修课，可以搜索包含"选课"关键词但不包含"选修课"关键词的页面
限定格式法	在查询词后输入filetype:格式。百度搜索支持的文件格式包括pdf、doc、xls、ppt、rtf、all等。其中"all"表示所有百度支持的文件类型	如输入：搜索"filetype:pdf朋友圈"返回的就是包含朋友圈这个关键词的所有PDF文件

 小知识

上述技巧使用的时候，要注意应在英文输入状态下输入冒号或者双引号，有些需要空格符有些不需要。

2.4.3　中英文献检索

1. 利用搜索引擎找论文

网上的一些大型搜索引擎提供了学术论文搜索服务，比如百度学术、谷歌学术等，允许用户直接采用关键词进行搜索，如图2–29所示。

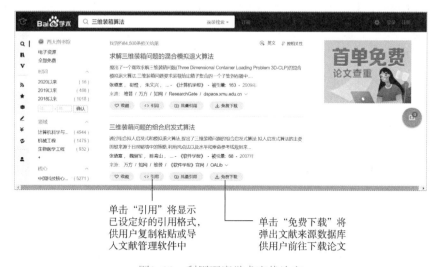

单击"引用"将显示
已设定好的引用格式，
供用户复制粘贴或导
入文献管理软件中

单击"免费下载"将
弹出文献来源数据库
供用户前往下载论文

图2–29　利用百度学术查找论文

2. 专业文献检索

学术工作离不开文献检索和阅读，文献就是科研的基础，查阅文献的能力是当代大学生应该着重培养的基本能力之一。文献检索是根据学习和工作的需要获取文献的过程。国外高水平综合性和专业性学术数据库包括 Elsevier、WOS、Scifinder、IEL、Wiley、Springer、EBSCO、EI、Nature、Science、SAGE 等，国内常用学术数据库包括 CNKI、万方、维普、超星等。以图 2–30 所示的 CNKI 中国知网为例，它是一个集期刊杂志、硕博论文、会议论文、报纸、专利等资源为一体的网络出版平台，日更新文献量达 5 万篇以上。

利用知网可以做许多与学术科研活动有关事情，比如：查看自己研究领域的期刊、硕博论文、会议等中文和外文相关文献；进行论文的查新查重；查询某项先进技术的成果转化情况；申请专利时防止重复申请。

图2-30　CNKI中国知网

2.4.4　手机信息检索

随着智能手机的普及，人们在沟通、社交、娱乐等活动中越来越依赖于手机 App 软件（Application 的简称，即应用软件，通常是指 iPhone、安卓等手机应用软件）。熟练运用手机检索信息、利用信息解决问题的能力是新时代人必须具备的信息素养。

1. 出行路线规划

现在手机导航软件功能强大，定位精确，无论是自驾、骑自行车，还是步行，只要出行路线有问题，都可以借助导航来解决。下面以手机版百度地图为例，介绍地图导航的使用方法。

【例 2-2】假设您身处南宁市，需从当前位置出发，自驾车去当地机场乘机，飞往广州白云机场，然后乘坐公共交通工具前往华南理工大学出差，请利用百度地图进行导航规划路线。

操作方法如下：

①首先确保手机已经开启卫星定位功能。

②在手机桌面上单击进入百度地图 App，按照图 2-31 所示步骤操作即可。

在导航过程中会有实时语音提示行驶方向和注意事项。需要说明的是，地图中路径的颜色代表了当前的交通情况，绿色表示畅通；黄色表示缓慢通行；红色表示严重拥堵。导航页面底部的"雷达"按钮，主要是动态测试全程的路况变化，驾驶者可以根据动态情况，灵活改变路线，高效率通行。

2. 智慧生活

手机已经不仅仅是一个通信工具，更像是一个人生活的一部分，是社交、工作，甚至是情感的寄托媒介。早上出行，有车的需要查询行程路线，没车的需要查公交路线；平时懒得出去吃饭点个外卖凑合一下；购物时习惯网上比比价看哪家价廉物美；空闲时搜索一篇小说打发无聊时间；出门旅行前查询哪个航班的机票最优惠，哪家旅店距离目的地最近……以上种种为人们带来便利的移动端 App，如图 2-32 所示，都离不开信息的检索和分析。

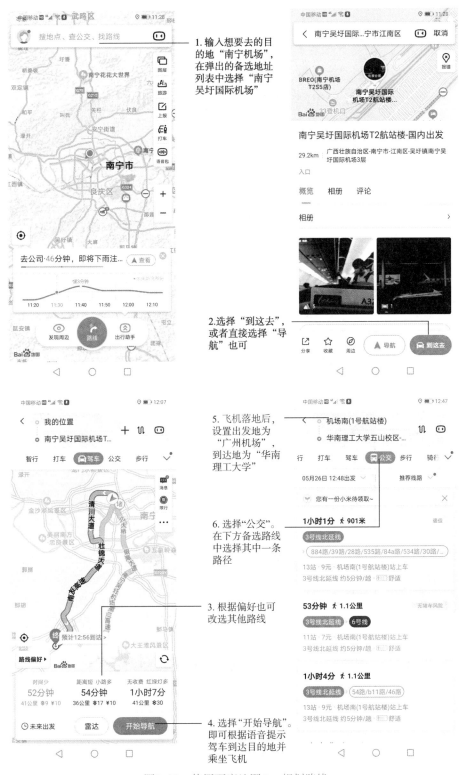

图2-31　使用百度地图App规划路线

图2-31 使用百度地图App规划路线（续）

（a）美团点外卖　　（b）携程买机票　　（c）滴滴打车　　（d）天猫购物

图2-32 各种手机App

2.5　邮　　件

毕业进入职场后大家会经常收发电子邮件，一封高效得体的工作邮件势必会让沟通事半功倍。尽管大家经常使用电子邮件，然而许多人仍不知道电子邮件的工作原理，以及如何恰当地使用邮件。

邮件写不好，你
怎么进入职场

2.5.1　邮箱的申请和设置

要使用电子邮件，用户须向邮件服务器申请一个用户邮箱，即申请一个电子邮件地址，其格式为：

用户登录名 @ 邮件服务器域名

例如邮箱 myname2020@163.com，表示用户登录名为 myname2020，邮件服务器域名为 163.com，其中，符号 @ 读作"at"，表示"在"的意思。根据邮箱的不同用途可以申请不同类型的电子邮箱。

（1）通过申请域名空间获得的邮箱

一般用于企事业单位，由于经常需要传递一些文件或资料，因此对邮箱的数量、大小和安全性有一定的需求，这种电子邮箱的申请需要支付一定的费用。

（2）个人免费邮箱

普通用户可以通过相关网站申请免费邮箱。目前提供免费电子邮箱的网站很多。以申请网易邮箱为例，只需登录到网易主页 https://www.163.com/，单击提供邮箱申请的超链接 📧 网易邮箱，单击"注册新账号"，在弹出的如图 2-33 所示的窗口中根据提示信息填写好资料，即可注册申请一个电子邮箱。

图2-33　申请电子邮箱

2.5.2　收发邮件

登录邮件服务器的 Web 页面或使用 Foxmail、Outlook 等邮件客户端软件都可以收发电子邮件，书写电子邮件一般要包含如下信息：

① 收件人（TO）：邮件的接收者，相当于收信人。

② 抄送（CC）：用户给收件人发出邮件的同时，把该邮件抄送给另外的人，在这种抄

送方式中，"收件人"知道发件人把该邮件抄送给了另外哪些人。

③密送（BCC）：用户给收件人发出邮件的同时，把该邮件暗中发送给另外的人，但所有"收件人"都不会知道发件人把该邮件发给了哪些人。

④ 主题（Subject）：即这封邮件的标题。

⑤ 附件：同邮件一起发送的附加文件或图片资料等。

【例 2-3】Aaron 同学通过 QQ 邮箱发一封电子邮件给 Cindy 同学的网易 163 邮箱。操作方法如下：

① Aaron 同学首先在计算机上登录 QQ，单击 QQ 面板上方的信封图标，打开 QQ 邮箱，在 QQ 邮箱的左上角有写信、收信、通讯录等功能。

②单击"写信"选项，输入 Cindy 同学的邮箱地址、邮件主题和正文内容，如有附件，则单击"添加附件"按钮上传本地文件，然后单击"发送"按钮即可发出邮件，如图 2-34 所示。

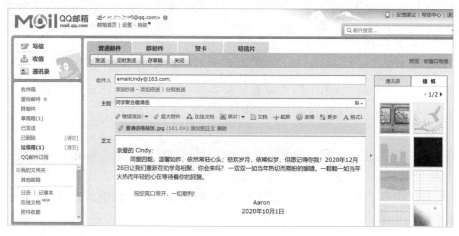

图2-34　Aaron同学编辑并发出邮件

③ Cindy 同学是如何收取邮件的呢？ Cindy 同学可以登录自己的网易邮箱，选择"收件箱"选项，单击收到的邮件，即可打开邮件浏览内容了。还可根据需要单击"查看附件""回复""转发"等按钮对收到的邮件做进一步处理，如图 2-35 所示。

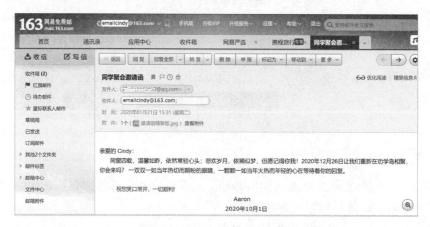

图2-35　Cindy同学收取邮件

2.5.3　邮件工作原理

以【例 2-3】为例，Aaron 同学通过 QQ 邮箱发一封电子邮件给 Cindy 同学的网易邮箱，那么这封邮件经过什么样的路径，通过什么样的处理流程才能顺利到达目的地呢？电子邮箱的工作原理如图 2-36 所示。

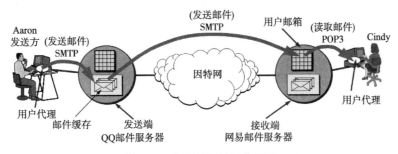

图2-36　电子邮箱的工作原理

邮件服务器是在 Internet 上用来转发和处理电子邮件的计算机，其中，与用户直接相关的是发送邮件服务器（Simple Mail Transfer Protocol，SMTP）与接收邮件服务器（Post Office Protocol，POP3）。

①发件人 Aaron 的电子邮箱为：xx@QQ.com，写好一封邮件，交到 QQ 的邮件服务器，这一步使用的协议是 SMTP。

② QQ 邮箱会根据 Aaron 发送的邮件进行解析，也就是根据收件地址判断是否是自己管辖的账户，如果收件地址也是 QQ 邮箱，那么会直接存放到自己的存储空间。如果是别家邮箱比如网易 163 邮箱，那么 QQ 邮箱就会将邮件转发到 163 邮箱服务器，转发使用的协议也是 SMTP。

③ 163 邮箱服务器接收到邮件存放到自己的内部存储空间。

④当收件人 Cindy 想要查看其邮件时，启动主机上的电子邮件应用软件，通过 POP3 取信协议进程向 163 信箱邮件服务器发出连接请求，要求收取自己的邮件。

⑤ 163 邮箱服务器收到 Cindy 的请求后，会从自己的存储空间中取出邮件，按 POP3 协议的规定传输到 Cindy 主机的电子邮件应用软件，供用户查看和管理。

2.5.4　邮件礼仪

很多学生从学校步入社会走上工作岗位后，避免不了在工作上会有邮件往来的情况，在撰写邮件时，应该注意以下礼仪规范：

（1）使用一个专业的邮件地址

如果你为单位工作，则应该使用公司的电子邮件地址。电子邮件地址最好含有你的名字，这样邮件接收者就可以知道是谁发来的邮件。

（2）使用专业的正式称谓

应遵循普通信件书写的礼仪要求，同时邮件用语也要礼貌规范，以示对对方的尊重。

（3）邮件字体应方便他人阅读

建议采用易于阅读的字体，如 Arial、Times New Roman、宋体、黑体等。最好使用 10 或 12 号的黑色字。可以用其他颜色标注重点要阅读的文字。

（4）邮件标题应简明扼要

标题应能真实反映文章的内容和重要性，切忌使用含义不清的标题，如"王先生收"；一定不要空白标题，这是最失礼的。

（5）邮件附件先杀毒再上传

如果正文不是太长，可将发送的内容书写到邮件正文中，避免使用附件发送的方式。这也可在一定程度上减少将病毒传给对方的概率。如果必须带上附件，则应采用杀毒程序扫描文件后再上传附件。

2.6 信 息 安 全

信息在人类社会中无处不在，随着科技的不断进步，获取、收集信息的手段不断翻新，分析、识别、处理信息的能力不断增强，越来越多的有价值的信息呈现在人们面前。在这"数据为王"的时代，总是会发生一些数据泄露的事件，让企业和个人都感到了不安。面对这样的现象，如何保证信息的安全？

知道这些，
信息安全
有保障

2.6.1 造成信息不安全的因素

造成信息不安全的主要因素有：计算机系统固有的脆弱性、计算机病毒、恶意软件、黑客攻击和管理不当等。

1. 计算机系统固有的脆弱性

计算机系统本身存在着一些固有的脆弱性。计算机的硬件系统是一种精密仪器型的电子设备，对运行环境有特定的要求，有的部件抗电磁干扰能力差，有的部件易受灰尘、温度、湿度、振动、冲击等影响，造成系统不能正常工作甚至损坏。操作系统、网络协议、数据库等软件中也有自身设计的缺陷，或者人为因素产生的各种安全漏洞。目前网络操作系统在结构设计和代码设计时，偏重于考虑系统使用时的易用性，导致了系统在远程访问、权限控制和密码管理等许多方面存在安全漏洞。例如，在 Internet 中广泛使用的 TCP/IP 协议，该协议簇在制定之初，就对安全问题考虑不多，协议中有很多的安全漏洞。同样，数据库管理系统也存在数据的安全性、权限管理及远程访问等方面问题，在数据库管理系统或应用程序中，可以预先设置情报收集、受控激发、定时发作等破坏程序。

2. 计算机病毒

计算机病毒是指编制或者在计算机程序中插入的破坏计算机功能或者破坏数据，影响计算机使用并且能够自我复制的一组计算机指令或者程序代码。计算机病毒具有传染性、隐蔽性、潜伏性、破坏性、未经授权性等特点，其中最大特点是具有"传染性"。计算机病毒可以侵入计算机的软件系统中，而每个受感染的程序又可能成为一个新的病毒源，继续将病毒传染给其他程序。在网络环境下，计算机病毒传播的速度更快。

你中过"熊猫
烧香"病毒
吗？

计算机病毒在满足一定条件时，开始干扰计算机的正常工作，搞乱或破坏已有存储信息，甚至引起整个计算机系统不能正常工作。通常计算机病毒都具有很强的隐蔽性，一般用户难以发现。有时某种新的计算机病毒出现后，现有的杀毒软件很难发现并杀除，只有等待病毒库的升级和更新后，才能将其杀除。常见的计算机病毒有系统病毒、蠕虫病毒、木马病毒、宏病毒、网页病毒等。

3. 恶意软件

中国互联网协会 2006 年公布的恶意软件定义为：恶意软件是指在未明确提示用户或未经用户许可的情况下，在用户计算机或其他终端上安装运行，侵害用户合法权益的软件，但不包含我国法律法规规定的计算机病毒。具有表 2-13 所示特征之一的软件可以被认为是恶意软件。

表 2-13　恶意软件的各项特征

特　征	描　述
强制安装	未明确提示用户或未经用户许可，在用户计算机上安装软件的行为
难以卸载	未提供程序的卸载方式，或卸载后仍然有活动程序的行为
浏览器劫持	未经用户许可，修改用户浏览器的相关设置，迫使用户访问特定网站，或导致用户无法正常上网的行为
广告弹出	未经用户许可，利用安装在用户计算机上的软件弹出广告的行为
垃圾邮件	未经用户同意，用于某些产品广告的电子邮件
恶意收集用户信息	未提示用户或未经用户许可，收集用户信息的行为
其他	其他侵害用户软件安装、使用和卸载知情权、选择权的恶意行为

4. 黑客攻击

黑客（Hacker）原指热心于计算机技术、寻找各类计算机系统的漏洞并破解各种密码的水平高超的程序设计人员。但到了今天，"黑客"一词已被用于指那些利用系统安全漏洞对网络进行攻击破坏或窃取资料的人。

一般黑客确定了攻击目标后，会先利用相关的网络协议或实用程序进行信息收集、探测并分析目标系统的安全弱点，设法获取攻击目标系统的非法访问权，最后实施攻击，如清除入侵痕迹、窃取信息、毁坏重要数据以致破坏整个网络系统。表 2-14 所示为典型的黑客攻击方法。

表 2-14　典型的黑客攻击方法

名　称	方 法 解 释
密码破解	用字典攻击、假登录程序和密码探测程序等猎取系统或用户的密码文件
IP嗅探	监听所有流经该计算机的信息包，从而截获其他计算机的数据报文或密码
欺骗	将网络中的某台计算机伪装成另一台计算机，欺骗网络中的其他计算机，从而误将伪装者当作原始的计算机而进行通信等操作，获取相关信息
寻找系统漏洞	许多系统都有这样那样的安全漏洞（Bugs），其中某些是操作系统或应用软件本身具有的，这些漏洞在补丁开发出来之前一般很难防御黑客的破坏，还有一些漏洞是由于系统管理员配置错误引起的，这会给黑客带来可乘之机
端口扫描	利用端口扫描软件对目标主机进行端口扫描，查看哪些端口是开放的，再通过这些开放端口发送木马程序到目标主机上，利用木马程序来控制目标主机

5. 管理不当

相关人员保密观念不强或不懂保密规则，打印、复制机密文件，向无关人员泄露机密信息；或者业务不熟练、因操作失误，导致文件出错或因未遵守操作规程而造成泄密；或者因规章制度不健全而造成人为泄密事故，如网络使用的规章制度不严、对机密文件保管不善、各种文件存放混乱、违章操作等。

2.6.2 信息安全防护技术

绝对安全的计算机系统是不存在的，对此应保持清醒正确的认识。完善有效的安全策略在一定程度上可以阻止大部分安全事件发生，并使损失下降到最低程度。建立全面的计算机信息安全机制，可行的做法是制定健全的管理制度和防护技术相结合。

1. 物理保护

物理上的保护包括提供符合技术规范要求的使用环境、防灾措施以及安装不间断电源（UPS），限制对硬件的访问等措施。一般要求环境温度不能过高或者过低，也不能过于干燥，以免静电对计算机系统电路和存储设备的损坏；要采取必要的防灾措施，以确保计算机设备的安全性；要使用UPS以防止突然的断电给设备造成的损失；要限制对计算机系统的物理接触，如对进入机房的人员进行限制、给系统加锁等。

2. 病毒防护

计算机病毒是计算机最大的安全威胁。抵御病毒最有效的办法是安装防病毒软件。及时更新病毒库，同时要及时下载操作系统以及应用软件的安全漏洞补丁包，防止病毒入侵。

3. 防火墙

防火墙在内部网络与不安全的外部网络之间构造的保护屏障，用于阻止外界对内部资源的非法访问，防止内部对外部的不安全访问。

4. 网络安全隔离

网络安全隔离用于对网络中的单台机器的隔离或整个网络的隔离。

5. 安全路由器

安全路由器能提供比普通路由器更多的功能，如防火墙、加密VPN、带宽管理等。

6. 虚拟专用网

虚拟专用网（Virtual Private Network，VPN）是在公共数据网络上，通过采用数据加密技术和访问控制技术，实现两个或多个可信内部网之间的互连。

7. 安全服务器

安全服务器主要针对内部网络的信息存储、传输的安全保密问题，实现包括对内部网络资源的管理和控制、对内部网络用户的管理，以及内部网络中所有安全相关事件的审计和跟踪。

8. 用户认证产品

用户认证产品用于对用户身份进行有效的识别，如数字签名、指纹、视网膜、脸部特征等身份识别技术。

9. 电子签证机构——CA 和 PKI 产品

电子签证机构（CA）作为通信的第三方，为各种服务提供可信任的认证服务。CA 可向用户发行电子签证证书，为用户提供成员身份验证和密钥管理等功能。公钥基础设施（PKI）产品是建立起一种普遍适用的基础设施，为各种应用提供全面的安全服务，可以提供支持公开密钥管理，支持认证、加密、完整性和可追究性服务等更多的功能和更好的服务，其将成为所有网络应用的计算基础结构的核心部件。

10. 安全管理中心

安全管理中心是一套集中管理各网络安全产品的机制和设备，用来给各网络安全设备分发密钥，监控网络安全设备的运行状态，负责收集网络安全设备的审计信息等。

11. 入侵检测系统（IDS）和入侵防御系统（IPS）

入侵检测系统（IDS）用于判断系统是否受到入侵，作为传统保护机制（例如访问控制、身份识别等）的有效补充，形成了信息系统中不可或缺的反馈链。入侵防御系统（IPS）作为 IDS 的进一步补充，是信息安全发展过程中占据重要位置的计算机网络硬件。

12. 安全数据库

安全数据库是指达到安全标记保护级以上安全标准的数据库管理系统，以确保数据库的完整性、可靠性、有效性、机密性、可审计性及存取控制与用户身份识别等。

13. 安全操作系统

安全操作系统是指在自主访问控制、强制访问控制、身份鉴别、审计、数据完整性、隐蔽信道分析、可信路径、可信恢复等方面满足相应的安全技术要求的操作系统，它给网络系统中的关键服务器提供安全运行平台，构成安全网络服务，并作为各类网络安全产品的坚实底座，确保这些安全产品的自身安全。

2.6.3 数据加密技术

信息在传输过程中会受到各种安全威胁，如被非法监听、被篡改及被伪造等。对数据信息进行加密，可以有效地提高数据传输的安全性。数据加密的基本思想就是伪装信息，使非法接入者无法理解信息的真正含义，如表 2-15 所示。

表 2-15　数据加密技术常用术语

名　　称	定　　义
明文	需要传输的原文
密文	对原文加密后的信息
加密算法	将明文加密为密文的变换方法
密钥	是在加密或解密的算法中输入的参数

借助加密手段，信息以密文的方式归档存储在计算机中，或通过网络进行传输，即使发生非法截获数据或数据泄漏的事件，非授权者也不能理解数据的真正含义，从而达到信息保密的目的。同理，非授权者也不能伪造有效的密文数据达到篡改信息的目的，进而确保了数据的真实性。信息加密传输的过程如图 2-37 所示。

图2-37　信息加密传输的过程

根据加密和解密使用的密钥是否相同，可将加密技术分为对称加密技术和非对称加密技术。

1. 对称加密技术

在对称加密技术中，加密和解密使用相同的密钥。一般采用的算法比较简单，对系统性能的影响较小，因此它主要用于大量数据的加密工作。

按照加密时选取信息方式的不同，可将对称密码算法分为分组密码算法和序列密码算法。分组密码算法先将信息分成若干个等长的分组，然后将每一个分组作为一个整体进行加密。典型的分组密码算法有 DES、IDEA 和 AES 等。而序列密码算法是将信息的每一位进行加密，且大多数情况下算法不公开。

2. 非对称加密技术

非对称加密技术采用一对密钥，即公开密钥（简称公钥）和私有密钥（简称私钥）。其中公钥是公开的，任何人都可以获取其他人的公钥，而私钥由密钥所有人保存，公钥与私钥互为加密、解密的密钥。非对称加密算法主要有 Diffie–Hellman、RSA 和 ECC 等。目前，RSA 算法被广泛用于数字签名和保密通信。

非对称加密技术的优点是通信双方不需要交换密钥，缺点是加密和解密速度慢。

2.6.4　网络道德与规范

在信息技术日新月异发展的今天，人们无时无刻不在享受着信息技术给人们带来的便利与好处。然而，随着信息技术的深入发展和广泛应用，网络中已出现许多不容回避的道德与法律的问题。当代青年上网时应该遵守哪些网络道德标准呢？

遵守网络道德法规，做文明上网人

首先要加强思想道德修养，自觉按照社会主义道德的原则和要求规范自己的行为，要依法律己，遵守如图 2-38 所示的《全国青少年网络文明公约》。法律禁止的事坚决不做，法律提倡的积极去做。其次，要净化网络语言，坚决抵制网络有害信息和低俗之风，健康合理科学上网。

在充分利用网络提供的历史机遇的同时，应抵御其负面效应。大力进行网络道德建设已刻不容缓。表 2-16 是有关网络道德规范的要求，希望大家遵照执行。

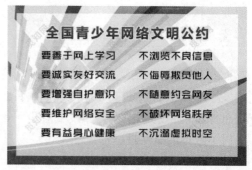

图2-38　《全国青少年网络文明公约》

表 2-16　网络道德规范

不要这样做	应该这样做
不应该用计算机去伤害他人	应该考虑你所编的程序的社会后果
不应干扰别人的计算机工作	应该以深思熟虑和慎重的方式来使用计算机
不应窥探别人的文件	应该为社会和人类作出贡献
不应用计算机进行偷窃	应该要诚实可靠，避免伤害他人
不应用计算机作伪证	应该要公正，并且不采取歧视性行为
不应盗用别人的智力成果	应该尊重包括版权和专利在内的财产权
不应使用或拷贝没有付钱的软件	应该尊重知识产权
不应未经许可而使用别人的计算机资源	应该尊重他人的隐私

本章小结

　　一个完整的网络系统是由网络硬件和网络软件所组成的。常见的网络硬件有计算机、网卡、网线、路由器、交换机、中继器、网桥等。网络的基本拓扑结构有总线、星状、环状、树状和网状五大类。世界著名的两大网络体系结构是 OSI 参考模型和 TCP/IP 体系结构。接入 TCP/IP 网络中的任何一台计算机，都被指定了唯一的 IP 地址。IP 地址可以和硬件 MAC 地址绑定起来以定位网络上的计算机。域名是为了替代不好记忆的 IP 地址而起的别名，域名需通过域名服务器 DNS 转换为 IP 地址后才能访问对应网站。身处互联网时代，应该要掌握多种信息搜索技巧，提高信息筛选能力；熟练掌握电子邮件的收发方法和邮件礼仪；了解一定的信息安全防护知识，遵守网络道德规范，健康合理科学上网。

🌐 工匠精神

中国北斗，写照自主创新的志气

　　人民网北京 6 月 23 日电：完美收官，星耀全球！2020 年 6 月 23 日 9 时 43 分，我国在西昌卫星发射中心用长征三号乙运载火箭，成功发射北斗系统第五十五颗导航卫星，暨北斗三号最后一颗全球组网卫星，至此北斗三号全球卫星导航系统星座部署比原计划提前半年全面完成。

　　二十载漫漫"北斗路"，今天立下历史性的里程碑。

　　"北斗系统已成为中国实施改革开放 40 年来

火箭点火发射瞬间

取得的重要成就之一。"习近平总书记在联合国全球卫星导航系统国际委员会第十三届大会的贺电中如是评价。作为中国自主建设、独立运行的全球卫星导航系统，随着应用的深入，北斗的大国重器角色日渐浓重。

作为中国自主创新的结晶，北斗导航系统的发展历程，浓缩着中国科技创新的不凡之路，写照着中国人向着星辰大海进发的不屈志气。正如北斗一号卫星总指挥李祖洪所说，"北斗的研制，是中国人自己干出来的。"巨人"对我们技术封锁，不让我们站在肩膀上，唯一的办法就是自己成为巨人。"今天，北斗导航卫星单机和关键元器件国产化率达到100%，北斗导航系统为我们带来的将不仅是更精准的定位、更精确的数据，更是充足的战略底气和安全感。

核心技术往往具有通用特点，能够深度融入社会生活，渗透到经济社会发展的各个方面。北斗导航系统正是这样。不久前，在备受瞩目的珠峰测高中，北斗导航系统就发挥了重要作用。为武汉火神山医院建设提供高精度定位、精确标绘，支持无人机实现精准喷洒等防疫作业的，也正是北斗导航系统。其实，近年来，从在地质灾害多发地区实现实时监测、及时报警，到在广袤田野上大展身手，助力劳动生产效率大幅提升，再到在7万余艘渔船、650多万辆营运车辆上守护交通运输安全，越来越"接地气"的北斗导航系统，正在为各行各业赋能，产生显著的经济效益和社会效益。而数据显示，如今在中国入网的智能手机里，也已经有70%以上提供了北斗导航系统服务。相信随着北斗导航系统广泛进入大众消费、共享经济和民生领域，它将进一步改变人们的生产生活方式，为每一个人的美好生活助力。

从当前看向长远，新冠肺炎疫情冲击加速了数字经济到来的步伐，而数字经济的发展也需要更加精准的导航系统。犹如城市运转离不开水和电一样，时间基准和空间位置基准对数字经济至关重要。许多新型基础设施建设就离不开北斗导航系统的赋能。正如北斗三号卫星总设计师陈忠贵所说，"北斗导航系统是新基建的基建，是基础的基础"。同时，在工业互联网、物联网、车联网等新兴应用领域，北斗导航系统正助力自动驾驶、自动泊车、自动物流等创新应用加速发展。相信未来，随着"北斗+""+北斗"产业体系不断丰富完善，5G、数据中心等新基建也将不断提速，从而开启数字经济与智慧社会的巨大发展空间。

"这些成就凝结着新时代奋斗者的心血和汗水，彰显了不同凡响的中国风采、中国力量。"2020年新年前夕，国家主席习近平在新年贺词中充满了对北斗的期待，暖心提气，催人奋进。北斗全球系统的按期建成，既是大国承诺，也是强国标志，再一次向全世界奏响中国的时代强音。

资料来源：

[1] 赵竹青.初心不忘铸就大国重器 北斗系统全球定位"开新局"[EB/OL].http://scitech.people.com.cn/n1/2020/0623/c1007-31756811.html，2020-06-23.

[2] 赵竹青.北斗全球组网发射成功收官！最后一颗组网卫星顺利升空[EB/OL].http://scitech.people.com.cn/n1/2020/0623/c1007-31756851.html，2020-06-23.

[3] 张凡.人民时评：中国北斗，写照自主创新的志气[EB/OL]http://theory.people.com.cn/n1/2020/0703/c40531-31769509.html，2020-07-03.

第3章 Python 程序设计入门

内容提要

◎ Python 语言的基本语法
◎ 数据的表示
◎ 基本 I/O 语句
◎ 程序控制结构
◎ 函数的运用
◎ 文件的读写

程序设计是培养计算思维能力的一种重要而有效的手段，通过对程序设计知识的学习和实践，使读者能够充分理解在程序控制下的计算机基本运行流程，对计算机处理问题的"思维"有更明确的认识。本章将从基础和实践两个层面深入浅出地引导读者学习 Python 这门编程语言。从 Python 安装和 Hello world 程序谈起，依次介绍 Python 开发环境、基础语法与编码风格，再通过 turtle 模块画图的实例，快速带领读者进入编程状态，进而掌握 Python 语言的基本语法，学会三种基本程序控制结构、函数声明和调用以及文件的读写操作等知识。

3.1 Python 语言简介

Python 是一种面向对象的、解释型的编程语言。据 2020 年 TIOBE 编程语言排行榜统计，Python 已成为全世界使用率最高的 5 种计算机程序设计语言之一。Python 语言是一种跨平台的语言，所编写程序无须修改就可以在 Windows、Linux、UNIX、Mac 等主流操作系统上使用。许多操作系统中，Python 已经是标准的系统组件之一，比如 Linux、Mac 系统均自带 Python 的解释环境，可以直接运行 Python 程序。

Python 具有丰富和强大的库。由于能够把用其他语言制作的各种模块（尤其是 C/C++）很轻松地联结在一起，它常被昵称为胶水语言。Python 目前已成为人工智能领域最佳编程语言之一，它含有优质的文档、丰富的 AI 库、机器学习库、自然语言和文本处理库。尤其是 Python 中的机器学习库，实现了人工智能领域中大量的需求。

Python 具有易学、易用、应用广等特点。它在科学计算上的优势使其成为美国麻省理工学院（MIT）、斯坦福大学（Stanford）等世界名校计算机程序设计的必修课程。

易学：Python 语言最初创建的主要目标之一就是便于学习使用。它的语法规则简洁，更接近自然语言，使人们不需要前继知识就可以快速进行编程的学习，同时，Python 还专门提供了一些辅助学习的功能，比如它自带的 turtle（海龟）模块就是一个专门用作教学目的的模块，通过 turtle 模块可以把一些简单的动画放在一起来制作小游戏。

易用：Python 是一种代表简单主义思想的语言，用它可以快速地写出简单有效的程序；而阅读一个良好的 Python 程序就感觉像是在读英语一样，使你能够专注于解决问题而不是去纠结语言本身。Python 跟 C、C++、Java 等编程语言相比，可以用较少的代码，写出实现同样功能的程序。

应用广：从脚本到 Web 开发，科学计算、嵌入应用、大数据、云计算、人工智能，Python 几乎无所不能。世界上最大的视频网站 YouTube 就是用 Python 语言开发的，3D 动画制作软件 Maya 通过嵌入 Python 来制作特效，著名的 ERP 软件 OpenERP 也全部是用 Python 来制作。Python 还被 Google 云计算平台、Google APP Engine 奉为首选的云计算语言，百度·易云办公平台也全部由 Python 语言实现。

3.1.1 安装 Python

安装 Python

Python 的集成编程环境可以在 Windows、Mac、Linux、Ubuntu 等多种操作系统上运行。Python 从 2008 年 12 月发布的 3.0 版本开始，有意采取了与以前版本不兼容的方式对语言进行了很多卓越的改进。但是选择版本，有时候并非越新越好，有些第三方库不一定支持最新版本的 Python，因此建议初学者下载 3.0 以上，已稳定运行一年以上的成熟版本。

Python 的安装很简单，可登录 Python 官方网站 www.Python.org，从 Downloads 菜单下找到对应操作系统的安装程序版本进行下载安装。安装后，从 Windows "开始"菜单找到 Python 选项，如图 3-1 所示；选择其中的 IDLE 即可进入 Python 的编程与调试环境，如图 3-2 所示。

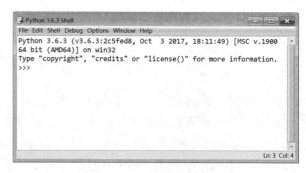

图3-1 从"开始"菜单找到Python选项   图3-2 Python的IDLE界面

3.1.2 Hello world 程序

通常新手入门学编程语言的第一个简单小程序是"Hello world 程序"，即在计算机屏幕上输出"Hello world!"这行字符串的计算机程序。下面通过"Hello world"程序例子，学习如何建立 Python 程序文件和调试程序。

Hello World
程序的编写

【例 3-1】建立一个 Python 程序文件并调试运行，功能是在屏幕上显示"Hello world!"。

① 选择"开始"→"所有程序"→"Python 3.x"→"IDLE"命令，打开"Python 3.x Shell"窗口。

② 选择菜单中的"File"→"New File"命令新建一个程序窗口。

③ 在新建的程序窗口中输入图 3-3 所示的程序代码。

④ 选择"File"→"Save"命令，保存为 C:\hello.py 文件（Python 要求在调试运行程序前先保存程序文件）。

⑤ 在"Python 3.6.3 Shell"窗口中选择"Run"→"Run Module"命令（或按【F5】键）调试运行，浏览程序运行结果，如图 3-4 所示。

如果有出错提示或运行结果不符设想，则可对相应程序代码进行适当修改并重新调试。

图3-3　在程序窗口中输入程序代码

图3-4　运行程序显示"Hello world"

【程序分析与说明】

print() 是 Python 语言中向屏幕打印输出的命令函数，其输出的文本内容需用英文单引号或双引号括起来。

Python 程序文件的默认扩展名为 .py。在安装了 Python 语言解释器的计算机上，可以直接双击运行 Python 程序文件，例如双击 hello.py 文件，此时，会看到一个短暂出现又马上消失的黑色窗口，这是因为 Python 命令行控制台启动后马上执行完程序就立即退出了。为了避免此状况，可右击 hello.py，在弹出的快捷菜单中选择"Edit With IDLE"命令来打开它并调试运行，或者通过已打开的 Python IDLE 中的"File"→"Open"命令去打开 hello.py 并运行它。

上述例子是先建立 .py 程序文件，然后运行文件。需要指出的是，Python 提供了交互式运行方式，对于代码简单的小程序，也可直接在 IDLE 的 Shell 中解释运行，无须建立 .py 程序文件，如图 3-5 所示，直接在">>>"后输入 print("Hello world!")，回车即可出现结果。

3.1.3　Python 的开发环境

不论是在 Windows、Linux 还是 Mac 环境中开发 Python，其开发方式和逻辑都是相通的。在此以 Windows 环境为例，介绍三种常用的 Python 开发环境。

Python 开发
环境介绍

1. 利用 Python 自带的集成开发环境 IDLE

每个程序设计语言都有一个供开发者编写程序、调试程序的界面，称为集成开发环境（Integrated Development Environment，IDE），Python 的 IDLE 就是 Python 的集成开发环境，也被称为 Python Shell。IDLE 提供了一个交互环境，可以直接在其中输入 Python 命令进行快捷的数据处理，也可以在 IDLE 中看到程序的运行结果或错误提示。

IDLE 的运行界面如图 3-6 所示，其中"＞＞＞"是 Python 的提示符，在此提示符后输入的程序代码可以实现交互式开发，直接执行 Python 代码。

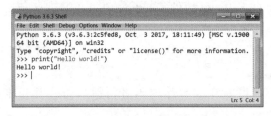

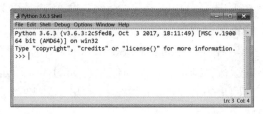

图3-5　直接在Shell中解释运行　　　　　图3-6　Python IDLE的运行界面

在 IDLE 中能够输入一般的数学表达式直接进行简单的数学计算。

【例 3-2】在 IDLE 中进行数学计算。

```
>>> 3*6+4/2
20.0
>>> x=5
>>> 7*x-x**2-x
5
>>> r=3
>>> print('半径为 r 的圆周长 ',2*3.14*r)
半径为 r 的圆周长 18.84
```

【程序分析与说明】

Python 有一定的语法规则，当违反规则时将出现错误提示。可以按【Alt+P】组合键重复输入上一条指令，修改错误语句后再调试运行。

【例 3-3】命令使用错误，IDLE 给出语法出错的提示。

```
>>> print 'Hello Python!'
SyntaxError: Missing parentheses in call to'print'. Did you mean print('Hello Python!')?
```

在上述案例中，IDLE 并没有显示出"Hello Python!"的结果，而是出现红色字体的错误提示（不同 Python 版本的错误提示文字略有不同），其中的 SyntaxError 是指语法出错，是程序调试时经常遇到的错误提示。此时，可根据提示信息，对相应的程序代码进行适当修改并重新运行，直到正确为止，这个过程就称为程序调试。

2. 利用 Windows 的命令提示符 cmd

为了能直接在 cmd 中使用 Python 命令，建议先设置环境变量，把 Python 的安装目录（例如 C:\Python36）添加到 Path 系统变量中，添加步骤如图 3-7 所示。

设置环境变量后，在"开始"菜单的搜索框中输入 cmd 命令，再按【Enter】键，即可启动 cmd.exe，输入 Python，进入 Python 环境（此时会出现"＞＞＞"符号），就可以输入 Python 代码了。当输入 quit() 函数时可退出 Python 回到 cmd 环境。如果要执行 Python 程序（如 C:\hello.py），则可直接在 cmd 中输入 Python C:\hello.py，执行 py 文件，如图 3-8 所示。

3. 使用各种代码编辑器编写 py 文件

俗话说工欲善其事必先利其器。选择一款强大的 Python 编程工具，能帮助开发者加快速度、提高效率。常见的 Python 开发环境有 Notepad++、PyCharm、Sublime 和 Spyder 等。图 3-9 所示为 PyCharm 的开发界面。

1. 选择"高级系统设置"

2. 单击"环境变量"按钮

3. 选择"Path"选项

4. 单击"编辑"按钮

5. 将安装路径C:\python36\添加到末尾, 注意要用分号分隔

图3-7　设置Python环境变量

图3-8　通过cmd使用Python

图3-9　PyCharm界面

3.1.4　Python 基础语法与编码风格

任何一门编程语言都有一定的语法和语义规范, 要掌握一门语言就必须先学习其最基本的语法和语义规范。

1. Python 的缩进

要求严格的代码缩进是 Python 语法的一大特色, 就像 C 语言家族(C、C++、Java、C# 等)中的花括号一样重要。对 Python 解释器而言, 每行代码前的缩进都有语法和逻辑上的意义, 必须严格执行。代码块用缩进块的方式体现, 不同缩进深度分隔不同的代码块。建议缩进四个空格宽度, 避免使用制表符。

2. Python 中的注释

注释可以起到一个备注的作用, 程序在运行时会自动忽略注释的内容。团队合作的时候, 个人编写的代码经常会被多人调用, 为了让别人能更容易理解代码的用途, 使用注释是非常有效的。Python 中的注释有多种, 有单行注释和多行注释。单行注释以 # 开头; 多行注释用三个单引号 ''' 或者三个双引号 """ 将注释括起来。

【例 3-4】注释的使用。

```
'''
这是一个猜心小游戏
程序中设定一个自己最喜欢的数字 (0 ~ 9)，
用户运行程序时输入猜测的数字，根据用户是否猜对给出对应的提示。
'''
MyNum=9                              # 设定自己喜欢的数字
n=input('你猜我最喜欢 0 ~ 9 的哪个数字 ?:')
n=int(n)
if n==MyNum:                        # 判断两个数是否相等，即是否猜中
    print('你真是我的知音啊！')
else:                               # 猜不中的情况
    print('唉，相识遍天下，知心能几人？')
print('游戏结束')
```

3. 【Alt+P】组合键

在 IDLE 提示符 ">>>" 下，可以按【Alt+P】组合键来重复输入上一条指令，这个操作能方便程序员在 IDLE 中对错误语句进行修改和重复调试，每按一次【Alt+P】组合键可以调出前一次的输入指令。

4. 空行和分行

空行与代码缩进不同，空行并不是 Python 语法的一部分。空行的作用在于分隔两段不同功能或含义的代码，便于日后代码的维护或重构。书写时不插入空行，Python 解释器运行也不会出错。空行也属于程序代码的一部分。函数之间或类的方法之间用空行分隔，表示一段新的代码的开始。类和函数入口之间也用一行空行分隔，以突出函数入口的开始。

"\" 是继续上一行，将过长语句分开。";" 分号分隔，可使一行中包含多条语句。

【例 3-5】分行的用法。

```
>>> print('天涯有个朋友,\
心就会飞翔；心中 \
有个希望，笑就会清爽！')
天涯有个朋友，心就会飞翔；心中有个希望，笑就会清爽！
>>> print('你好！');print('朋友')
你好！
朋友
```

5. Python 的字符编码

默认情况下，Python 3 源码文件以 UTF-8 编码，所有字符串都是 Unicode 字符串。当然也可以为源码文件指定不同的编码。为此，可在文件头插入一行特殊的注释行来定义源文件的编码：如：# -*- coding: cp-1252 -*-，表示采用 cp-1252 编码。

6. PEP8 编码规范

对于代码而言，相比于写，它更多是被用来读的。统一且设计良好的代码规范，是一种优良的编程习惯。针对 Python 的开发有一套编码风格标准，称为 PEP8（Python Enhancement Proposal #8），这个标准旨在使 Python 代码更易读，且具有更强的协调性。

下面罗列其中一些常见的规则：

- 缩进：建议 4 个空格的缩进，不使用【Tab】键，更不提倡混合使用【Tab】键和空格。
- 代码长度：每行最大长度 79，换行可以使用反斜杠。
- 不要在一句 import 中导入多个库，比如 import os, sys 的写法不推荐。
- 避免不必要的空格。各种逗号、冒号、分号、右括号前不要加空格；函数和序列的左括号前不要加空格，如 Func(1) 和 list[2]；函数默认参数使用的赋值符左右省略空格。
- 错误的注释不如没有注释。所以当一段代码发生变化时，第一件事就是要修改注释！
- 尽量不要将多句语句写在同一行，尽管允许使用 "；"。
- if/for/while 语句中，即使执行语句只有一句，也必须另起一行。

7. PEP8 命名规范

一个正确的命名可以让用户更容易地理解程序的代码，好的命名可以消除二义性，消除误解，并且说明真实的意图。所以遵守命名规范、保持代码的一致性很重要。PEP8 列出了许多关于命名的细节，以下罗列常见的部分规范：

- Python 是区分大小写的，尽量避免单独使用大写字母 "I"、小写字母 "l"、字母 "O" 等容易和数字 0 和 1 混淆的字母。
- 普通变量命名尽量全部用小写字母，全局变量尽量全部用大写字母，单词之间用下画线分隔。
- 模块和包的命名尽量短小，使用全部小写的方式，可以使用下画线。
- 类的方法第一个参数必须是 self，而静态方法第一个参数必须是 cls。
- 类的命名使用 CapWords 的方式（每个单词首字母大写）；模块内部使用的类采用 _CapWords 的方式。
- 异常命名使用 CapWords+Error 后缀的方式。
- 全局变量尽量只在模块内有效，类似 C 语言中的 static。实现方法有两种，一是 __all__ 机制；二是前缀一个下画线。
- 函数命名、类的属性（方法和变量）命名尽量使用全部小写的方式，可以使用下画线。

3.1.5　用 turtle 模块画图

下面将在 IDLE 交互环境下，尝试用 Python 自带的 turtle 作图模块来画出一些简单的图形，以此对计算机如何接受编程语言的命令，并执行该命令完成指定任务的过程有直观的认识。

turtle 模块本身设计的主要目的就是用于教学，使用 turtle 模块能很容易地实现简单图形的绘制。导入 turtle 模块所有功能的语句为：

```
>>> from turtle import *
```

注意：Python 语言的语法是大小写敏感的，即严格区分所使用的命令、变量名、模块名等的大小写。因此，如果上述导入 turtle 模块的 import 语句写成：From turtle Import *，Python 将无法识别并给出错误提示。

turtle 模块包含了一系列用来进行简单绘图的函数，常见函数如表 3-1 所示。turle 模块更多函数和功能可参阅第 4 章。这些函数也可以看成是实现某个功能的命令。

表 3-1　turtle 模块常用函数

函　　数	功 能 说 明	使 用 示 例
forward(N)	画笔沿当前方向前进 N 个像素	forward(220)
left(N)	将画笔方向左转 N 度	left(90)
right(N)	将画笔方向右转 N 度	right(90)
up()	提起画笔	up()
down()	使画笔向下	down()
clear()	清除画布图案（画笔的位置和方向不变）	clear()
reset()	重置画布（画笔回到默认初始状态）	reset()
circle(N)	画一个半径为 N 像素的圆	circle(100)
color(R,G,B)	按包含红色（Red）、绿色（Green）、蓝色（Blue）的量设置画笔颜色，其中 R、G、B 的值为 0 ~ 1 之间的小数或整数	color(1,0.7,0.3)
begin_fill()	开始填色，到 end_fill() 处为止	begin_fill()
end_fill()	结束填色，从 being_fill() 处开始	end_fill()

【例 3-6】使用 turtle 模块画一个正方形。

```
from turtle import*          # 导入 turtle 模块中的全部函数
forward(200)                 # 向前画 200 像素
left(90)                     # 画笔方向左转 90°，注意观察此时画笔箭头的方向变化
forward(200)
left(90)
forward(200)
left(90)
forward(200)
```

【程序分析与说明】

① 运行程序后，屏幕上会新增加一个画布窗口。画布中央的箭头符号 ➤ 代表了画笔及当前画笔的方向，Python 将 ➤ 看成是一只会画画的海龟（turtle），这也是此模块命名为 turtle 的由来。

② 逐条完成以上指令后，将得到如图 3-10 所示的正方形。

turtle 的画笔模仿实际运笔作画，在作画过程中，可以通过使用 up() 函数将画笔提起，此时移动画笔将不会画出线条；通过使用 down() 函数将画笔向下，此时移动画笔则可画出线条，画笔向下的状态也是系统默认的画笔初始状态。

【例 3-7】使用 turtle 模块画出两条平行线和一个有色圆。

```
from turtle import *
forward(200)
up()                         # 将画笔提起以便移动画笔时不画出线条
left(90)
forward(50)                  # 将画笔移动距线条 50 像素的距离准备画第二条线
left(90)
down()                       # 使画笔向下准备画线
forward(200)
up()
forward(100)
color(1,0.7,0.3)             # 通过设置 R、G、B 颜色的量来设置画笔颜色为黄色
```

```
begin_fill()           # 从此语句以下的作图命令将按指定的颜色进行填色
circle(50)             # 画一个半径为 50 像素的圆
end_fill()             # 完成对 begin_fill() 以下语句的填色
```

【程序分析与说明】

逐条完成以上指令后，将得到如图 3-11 所示的图形。

turtle 模块功能非常丰富，提供大量作图相关的函数，此处暂不进行深入介绍，更多知识请多参看第 4 章。

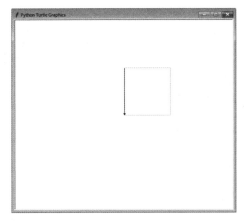

图3-10　用turtle模块画正方形

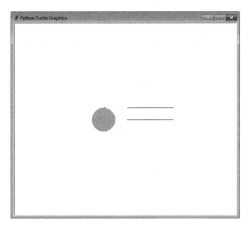

图3-11　用Python turtle模块画平行线

3.2　程序中数据的表示

计算机程序可以处理各种数据，不同的数据需要定义不同的数据类型。Python 支持整型、浮点型、布尔型、字符型等多种数据类型，还提供了列表、元组、字典、集合等结构数据类型，并允许创建自定义数据类型。Python 内置的 type() 函数可以用来查询对象的数据类型。

3.2.1　常量和变量

编程中涉及的数据在程序中以常量或变量的形式出现，有的数据是在程序运行过程中一直保持不变的，这类数据称为常量；而有的数据则可能根据程序的运行而发生变化，这类数据就称为变量。

1. 常量

实际上，Python 不像其他大部分编程语言那样有专门定义常量的规则，若在程序中想使用一个不变的数据，只需直接在程序代码中写出这个数据即可，如前面画正方形的例子中线段的长度。

在 Python 程序中常见的两类常量分别是具体的数字和明确的文字，一般称前者为数字常量，后者则称为字符串常量。

【例 3-8】在 IDLE 中练习数字常量和字符串常量的使用。

```
>>>print(50*3)
150                              # 表达式计算结果
>>>print (2>3)
```

```
False                                    # 比较运算结果
>>>not((1>2 or 2<3) and 4==5)
True                                     # 逻辑运算结果
>>>print('游戏结束！'*3)
游戏结束！游戏结束！游戏结束！              # 重复输出 3 次字符串常量
>>>print('重要的事情说三遍：'+'游戏结束！'*3)
重要的事情说三遍：游戏结束！游戏结束！游戏结束！
```

2. 变量

与直接使用固定的常量相比，变量是编程中用得更多的数据表示方式。

每个变量都要有一个名字，称为变量名。Python 规定变量名可由字母（可以是汉字）、数字或下画线组成，但是不能由数字开头，变量名中也不能包含空格。在严谨的程序设计中，一般建议给变量命名时应见名知义。另外，Python 语言自身用到的一些单词被称为关键字，如 print、if、for、while 等，用户不能以这些关键字作为自定义变量的变量名。

定义变量的标准语句：

变量名 = 常量或另一变量名

这个定义变量的过程，也称为给这个变量赋值。在其他大部分程序设计语言中，变量是有类型的，变量的值和输入长度等都会在定义变量后有一定的限制，而 Python 则没有这些规定，这使得变量在程序中使用起来更加自由。

【例 3-9】在 IDLE 中练习变量的定义和使用。

```
>>>prompt='我的计算机成绩：'
>>>score=80
>>>score+=5                              # 相当于 score=score+5
>>>print(score)
85                                       # 输出 score 这个变量的值
>>>print(prompt,score,'，成绩良好')        # 先后输出两个变量和一个字符串常量，中间用逗号分隔
我的计算机成绩：85，成绩良好
```

【程序分析与说明】

对于字符串变量，还可以通过下面的方法引用字符串中的一个字符：

变量名 [n]

其中，n 为要引用的字符在该字符串变量中的位置。需要注意的是，Python 中字符串变量的第一个字符的位置序号是从 0 开始的。以上对字符串变量的语法规则描述同样也适用于后续讲解的列表、元组等序列型变量。

【例 3-10】在 IDLE 中练习字符串变量中单个字符的引用。

```
>>>str='abcdef'
>>>print(str[3])
d
>>>print(str[1:3])              # 取出字符串索引1~3的内容（顾头不顾尾，不包含索引3的对象）
bc
>>>print(str[:2],str[4:])      # [:2]表示从头元素到2元素之前，[4:]表示从4元素到尾元素
ab ef
```

【程序分析与说明】

变量的使用使程序具有更大的灵活性和可维护性。例如，前面画正方形的例子中，用

了常量来规定正方形每条边的长度，如果需要画其他大小的正方形，就必须对程序中每处有关边长的语句进行修改。程序修改复杂度较大，而且还容易出现错漏。如果用变量来定义此程序中正方形的边长，则可以很好地解决这个问题。

【例 3-11】修改例 3-6 画正方形的程序，将正方形边长和角度改为用变量定义。

```
from turtle import *
length=200              # 定义边长的变量
angle=90                # 定义角度的变量
forward(length)
left(angle)
forward(length)
left(angle)
forward(length)
left(angle)
forward(length)
```

【程序分析与说明】

当需要画不同边长的正方形时，只需要修改程序中 length 的值即可。修改 angle 的值可画出不同的几何形状。

3.2.2　整型、浮点型和布尔型

在 Python 中，整型、浮点型、布尔型是能够直接处理的数据类型。

1. 整型（int）

在不超出当前机器所支持的数值范围的前提下，Python 可以处理任意大小的整数，当然包括负整数。在 Python 程序中，整数的表示方法和数学上的写法一样，例如：1，100，-8080，0。

整型有以下四种进制表现形式，各进制数间的转换函数如表 3-2 所示。

● 二进制：以 '0b' 开头。例如，'0b11011' 表示十进制的 27。

● 八进制：以 '0o' 开头。例如，'0o33' 表示十进制的 27。

● 十进制：正常表示。

● 十六进制：以 '0x' 开头。例如，'0x1b' 表示十进制的 27。

表 3-2　各进制数间的转换函数

函　数	功　能　说　明
bin(i)	将转换为二进制，以 "0b" 开头
oct(i)	将转换为八进制，以 "0o" 开头
int(i)	将i转换为十进制，正常显示
hex(i)	转转换为十六进制，以 "0x" 开头

通过转换函数可描述不同进制形式的数值，例如：>>>print (hex(0b11001)) 表示输出二进制数 11001 的十六进制形式，输出结果为 0x19。

2. 浮点型（float）

浮点数也就是小数，可以用数学写法，如 1.23、3.14、-9.01。但是对于很大或很小的浮点数，就必须用科学计数法表示，把 10 用 e 替代，1.23×10^9 就是 1.23e9，或者 12.3e8，0.000012 可以写成 1.2e-5。

整数和浮点数在计算机内部存储的方式是不同的，整数运算是精确的，而浮点数运算则可能会有四舍五入的误差。

3. 布尔型（bool）

布尔值和布尔代数的表示完全一致，在 Python 3 中，可以直接用 True、False 表示布尔值（请注意大小写），也可以通过布尔运算计算出来。在 Python 中，True=1，False=0，可以和数字型进行运算，还可以用 and、or 和 not 进行逻辑运算。例如：>>>print(5+(3>2 and 2>1)) 的输出结果为 6。

所有标准对象均可用于布尔测试，同类型的对象之间可以比较大小。每个对象天生具有布尔 True 或 False 值。下列对象的布尔值是 False：

None；False；0（整型），0.0（浮点型）；0L（长整型）；0.0+0.0j（复数）；""（空字符串）；[]（空列表）；()（空元组）；{}（空字典）。

值不为上述值的对象的布尔值都是 True。

3.2.3 字符串型（str）

在 3.1.2 节的第一个 Python 程序"Hello world!"中就已经使用过一次字符串。字符串主要用于存储和表示文本，由纯英文的单引号、双引号、三个单引号或三个双引号包围的一串字符组成。字符串型在 Python 中是能够直接处理的数据类型。字符串中的字符包括数字、字母、中文字符、特殊符号，以及换行符、制表符等一些不可见的控制字符。例如：

'abc'、'123'、" 大学生 "、'' 开始 GO''、"""abc*123"""、' 上一段 \n 下一段 '

1. 转义字符的使用

Python 中字符串是由"或者""括起来的。如果所表示的字符串中含有引号，那怎么办呢？需要换行怎么办？此种情况可以使用转义字符。

【例 3-12】使用转义字符输出单引号和换行符。

```
>>> print(' 他问 :' 能借支笔吗 ?' 我答 :' 没问题 '')
SyntaxError: invalid character in identifier
>>> print(' 他问 :\' 能借支笔吗 ?\'\n 我答 :\' 没问题 \'')
他问 :' 能借支笔吗 ?'
我答 :' 没问题 '
```

【程序分析与说明】

上述语句中，\' 表示单引号，\n 表示换行。在 Python 中使用反斜杠（\）表示转义字符。常见的转义字符如表 3-3 所示。

表 3-3 常见的转义字符

转义字符	描　　述	转义字符	描　　述
\(在行尾时)	续行符	\n	换行
\\	反斜杠符号	\v	纵向制表符
\'	单引号	\t	横向制表符
\"	双引号	\r	回车
\a	响铃	\f	换页
\b	退格（Backspace）	\0yy	八进制数yy代表的字符，例如：\012 代表换行
\000	空	\xyy	十进制数yy代表的字符，例如：\x0a 代表换行

有时并不想让转义字符生效，只想显示字符串原来的意思，这就要用 r 或 R 来定义原始字符串。如：

```
>>> print (r' 上文 \n 下文 ')
上文 \n 下文
```

2. 字符串的运算和切片

字符串可以连接、重复输出，也可以进行切片（slice）操作。切片是指从某个序列对象中抽取部分值的情况，如抽取字符串中指定的子串、或者某个字符。例如 'abc'[1] 取出的值为 'b'. 表 3-4 描述了部分字符串的运算和切片操作，表中假设 a='Hello'，b='Python'。

表 3-4　字符串的运算和切片

操作符或函数名	描　　述	实　　例
+	字符串连接	a＋b 输出结果：HelloPython
*	重复输出字符串	a*2 输出结果：HelloHello
[]	通过索引获取字符串中字符	a[1] 输出结果 e
[:]	截取字符串中的一部分	a[1:4] 输出结果 ell
in	成员运算符，如果字符串中包含给定的字符则返回 True	'H' in a 输出结果 True
not in	成员运算符，如果字符串中不包含给定的字符则返回 True	'M' not in a 输出结果 True
len(a)	求字符变量 a 的长度（即字符个数）	if len(a)!=0:
r/R	原始字符串，所有的字符串都是直接按照字面的意思来使用	print(r'\n') print(R'\n')
str.center(width, fillchar)	返回一个指定的宽度 width 居中的字符串，fillchar 为填充的字符，默认为空格	>>> a.center(9,'*') '**Hello**'
str.join(seq)	连接字符串数组。以指定 str 字符串作为分隔符，将 seq 中所有的字符串元素合并为一个新的字符串	>>> a.join('分隔符') '分Hello隔Hello符'

str.split(str="", num=string.count(str))	num=string.count(str)) 以 str 为分隔符截取字符串，如果 num 有指定值，则仅截取 num+1 个子字符串	>>> c='1 2 3 4'
		>>> c.split(' ')
		['1', '2', '3', '4']

str.splitlines([keepends])	按照行('\r', '\r\n', \n)分隔，返回一个包含各行作为元素的列表，如果参数 keepends 为 False，不包含换行符，如果为 True，则保留换行符	>>> s = '111\n\n222\r333\r\n'
		>>> s.splitlines()
		['111', '', '222', '333']

str.replace(old, new [, max])	将字符串中的 str1 替换成 str2，如果 max 指定，则替换不超过 max 次。	>>> s='abcdefgabcab'
		>>> s.replace('ab','AB')
		'ABcdefgABcAB'

借助切片技术，可以十分灵活地处理序列类型的对象。理论上，只要条件表达式得当，可以通过单次或多次切片操作实现任意目标值切取。

3. 字符串判断

在网络注册个人信息时，常遇到账户和密码需指定字符类型的提醒。有的只能输入字母类型，有的不支持输入中文字符等，这些措施虽然烦琐但都是出于安全和保密需要。Python 中提供了一些针对字符串进行判断的方法，方便程序员编程设计使用，例如判断指定字符串是否只包含数字。

```
>>>print('123abc'.isdigit())
False
```

编程时，通过字符串判断得出的布尔值可引导程序选择不同的执行路径。字符串判断的其他相关函数功能说明如表 3-5 所示。

表 3-5　字符串的判断

函数名	描　　述
isalnum()	如果字符串至少有一个字符并且所有字符都是字母或数字则返回 True,否则返回 False
isalpha()	如果字符串至少有一个字符并且所有字符都是字母则返回 True, 否则返回 False
isdigit()	如果字符串只包含数字则返回 True 否则返回 False
islower()	如果字符串中包含至少一个区分大小写的字符，并且所有这些(区分大小写的)字符都是小写，则返回 True，否则返回 False
isnumeric()	如果字符串中只包含数字字符，则返回 True，否则返回 False
isspace()	如果字符串中只包含空白，则返回 True，否则返回 False
isupper()	如果字符串中包含至少一个区分大小写的字符，并且所有这些(区分大小写的)字符都是大写，则返回 True，否则返回 False
isdecimal()	检查字符串是否只包含十进制字符，如果是返回 true，否则返回 false
find(str, beg=0, end=len(string))	检测 str 是否包含在字符串中，如果指定范围 beg 和 end，则检查是否包含在指定范围内，如果包含返回开始的索引值，否则返回-1
index(str, beg=0, end=len(string))	跟 find()方法一样，只不过如果 str 不在字符串中会报一个异常

4. 字符串大小写转换

Python 提供了多种函数实现将字符串转换为小写、大写字符串、将字符串首字母变为大写、将每个首字母变为大写以及大小写互换等，这些方法都是生成新字符串，并不对原字符串做任何修改，部分函数功能说明如表 3-6 所示。例如转换字符串中的小写字母为大写。

```
>>>print('123abc'.upper())
123ABC
```

表 3-6　字符串大小写转换

函　数　名	描　　述
capitalize()	将字符串的第一个字符转换为大写
lower()	转换字符串中所有大写字符为小写
upper()	转换字符串中的小写字母为大写
swapcase()	将字符串中大写转换为小写，小写转换为大写

5. 字符串类型转换

编程中经常需要对变量进行数据类型的转化。而 Python 的变量不像其他编程语言那样需有变量类型的事先声明。若 Python 中的一个变量初始定义时存储了某个类型数据，之后在程序运行中，可根据需要变成存储其他类型的数据。不同类型的数据可以进行的运算是不同的。如数字型数据可以进行除法操作，字符型数据则不可以。Python 中数据类型转换与数据处理常用的函数如表 3-7 所示。

表 3-7　Python 数据类型转换常用函数

符　号	功　　能	使 用 示 例
int(s)	将字符变量s转换成整数；如果s实数值型，则执行取整操作	s='10'　n=int(s) s=10.8　int(s)输出结果为10
float(s)	将字符变量s转换成浮点数（含小数）	s= '10.3'　float(s)+2输出结果为12.3
str(n)	将数字变量n转换成字符串	n=25　s=str(n)
eval(str)	计算在字符串中的有效表达式并返回结果	eval("12+23")输出结果为35
tuple(s)	将序列 s 转换为一个元组	s= 'abc'　tuple(s)输出结果为('a', 'b', 'c')
list(s)	将序列 s 转换为一个列表	s= 'abc'　list(s)输出结果为['a', 'b', 'c']
set(s)	转换为可变集合	s= 'abc'　set(s)输出结果为{'a', 'b', 'c'}

3.2.4　列表（list）

在编程进行数据处理时，有时候需要处理一组相关的数据，比如一个班所有同学的成绩单、商店所有销售商品的名称和价格等，如果只用普通的变量来存储和处理这些数据，会使程序编写起来非常困难和复杂。此时可使用 Python 的列表结构简化处理。列表中可以存储各种数据元素，包括数字、字符串，或者是数字与字符串的混合列表。

Python 创建一个列表的标准语法有如下两种方式：

① 定义列表时，初始化列表：

列表变量＝ [列表元素 0, 列表元素 1, 列表元素 2,…, 列表元素 N]

例如：

```
>>>list1=[' 电视机 ',' 电冰箱 ',' 空调 ',' 洗衣机 ']
>>>list2=[' 语文 ',80,' 数学 ',90]
```

② 定义空列表，留待以后添加元素：

列表变量＝ []

例如：

```
>>>list2=[]
```

列表中的每个元素都有个序号，代表了元素在列表中的位置，称之为索引位置。在对列表数据进行处理时，就可以像下面这样去引用列表中的元素：

列表变量 [N]

例如：

```
>>>list1[1]
```

需要特别注意的是，列表元素的序号是从 0 开始编号的。列表的第一个元素的序号（即该元素的索引位置）是 0，第二个元素的序号是 1，依此类推。

【例 3-13】列表的定义、引用与更新。

```
>>>list=[' 高数 ',' 英语 ',' 计算机 ',' 体育 ']   # 定义一个名为 list 的列表
>>>print(list[2])                          # 输出 list 列表中索引位置为 2 的那个元素
计算机
>>>list[1]= ' 心理学 '                       # 可以随时通过赋值语句改变列表元素的值
>>>print(list)                             # 输出整个列表
[' 高数 ', ' 心理学 ', ' 计算机 ', ' 体育 ']
```

【程序分析与说明】

如果程序中需要一次引用列表中的多个连续的元素，可以使用下面的语法来实现：

列表变量 [起始索引位置 ： 终止索引位置 +1]

其中，"终止索引位置+1"这个规则与其他编程语言有较大区别，使用的时候要特别注意，具体理解可参见例 3-14。

【例 3-14】引用列表多个元素举例。

```
>>>list=['高数','英语','计算机','体育']
>>>print(list[1:2])              # 输出列表中索引位置 1 开始 ,2 之前的列表元素
['英语']
>>>print(list[1:3])              # 输出列表中索引位置 1 开始 ,3 之前的两个元素
['英语','计算机']
>>>print(list[:2])               # 输出列表中索引位置 0 开始 ,2 之前元素
['高数','英语']
```

【程序分析与说明】

在实际应用中，可能需要对事先定义好的列表进行一系列操作，如列表元素的增减、两个列表连接等。Python 提供了 append、insert、remove 等多种方法，使用的语法见下例。

【例 3-15】在 IDLE 中进行列表元素增减、列表相加等操作举例。

```
>>>list1=['高数','英语','计算机','体育']
>>>list1.append('美术')              # 在列表末尾增加元素 ,使用列表的 append 方法
>>>print(list1)
['高数','英语','计算机','体育','美术']
>>>list1.insert(2,'物理')            # 用 insert 方法在列表指定的索引位置插入元素
>>>print(list1)
['高数','英语','物理','计算机','体育','美术']
>>>del list1[3]                     # 用 del 命令删除列表中指定的元素
>>>print(list1)
['高数','英语','物理','体育','美术']
>>>list2=['政治','心理学']
>>>list3=list1+list2                # 两个列表相加就是把两个列表的值连起来
>>>print(list3)
['高数','英语','物理','体育','美术','政治','心理学']
>>>list4=list2*3                    # 列表乘以一个数字 n, 就是把该列表的值重复 n 次
>>>print(list4)
['政治','心理学','政治','心理学','政治','心理学']
>>> list4.remove('政治')            #删除指定元素 ,如有多个 ,则仅删除第一个
>>> list4
['心理学','政治','心理学','政治','心理学']
```

3.2.5 元组（tuple）

Python 的元组与列表类似，不同之处在于元组的元素不能修改。表达形式上，元组使用小括号，列表使用方括号。元组的不可变性，使元组能做列表不能完成的事情，例如，元组可作为字典的键。

1. 创建元组

元组创建很简单，只需要在括号中添加元素，并使用逗号隔开即可。当元组中只包含

一个元素时，需要在元素后面添加逗号，否则括号会被当作运算符使用。

【例 3-16】元组创建举例。

```
>>>tup1=('初中', '高中', 1997, 2000)
>>>tup2=(1, 2, 3, 4, 5 )
>>>tup3=("a", "b", "c", "d")
>>>tup4=()                # 创建空元组
>>>tup5=(50,)             # 只包含一个元素时，需要在元素后面添加逗号
```

2. 访问元组

元组与列表类似，下标索引从 0 开始，可以进行截取、组合等。可以使用下标索引来访问元组中的值。

【例 3-17】元组访问举例。

```
>>>tup1=('初中', '高中', 1997, 2000)
>>>tup2=(1, 2, 3, 4, 5, 6, 7 )
>>>print("tup1[0]: ", tup1[0])
tup1[0]:  初中
>>>print ("tup2[1:5]: ", tup2[1:5])
tup2[1:5]:(2, 3, 4, 5)
```

3. 其他操作

元组中的元素值是不允许修改的，但可以对元组进行连接组合，如例 3-18。

【例 3-18】元组连接举例。

```
>>>tup1=(12, 34.56)
>>>tup2=('abc', 'xyz')
>>> tup1[0]=100            # 此处修改元组元素操作是非法的，出现错误提示
Traceback (most recent call last):
   File "<pyshell#9>", line 1, in <module>
       tup1[0]=100
TypeError: 'tuple' object does not support item assignment
>>>tup3=tup1+tup2            # 创建一个新的元组
>>>print(tup3)
 (12, 34.56, 'abc', 'xyz')
```

【程序分析与说明】

元组中的元素值是不允许删除的，但可以使用 del 语句来删除整个元组，如下实例：

```
>>>tup=(False, 'a', 5)
>>>del tup
```

由于元组和列表非常相似，用在列表上的所有操作几乎都可以不变地用在元组上。例如连接操作、重复操作、成员关系操作、使用标准内置函数操作等的做法与列表相同，只有一点，有改变元组元素企图的操作是不可行的。

3.2.6　字典（dict）

字典是键值对的无序集合，所谓键值对是指字典中的每个元素由键和值两部分组成，键是关键字，值是与关键字有关的数据。通过键可以找到与其有关的值，反过来不行，不能通过值找键。

在 Python 中，字典的定义是：在一对花括弧 { } 之间添加 0 个或多个元素，元素之间用逗号（，）分隔；元素是键值对，键与值之间用冒号（：）分隔；键必须是不可变对象，键在字典中必须是唯一的，值可以是不可变对象或可变对象。

1. 创建字典

值可以取任何数据类型，但键必须是不可变的数据类型，如字符串、数字或元组。整个字典包括在花括号 {} 中，格式为：

```
d={key1:value1,key2:value2 }
```

【例 3-19】字典创建举例。

```
>>>d1={}      # 空字典
>>>d2={'苹果': '20元', '西瓜': '30元', '樱桃': '50元'}
>>>d3={'abc': 456, 98.6: 37}
>>>d4={'a': 12, 'b': 34, 'c': 56, 'a': 78}
>>>print(d4)
{'a': 78, 'b': 34, 'c': 56}
```

【程序分析与说明】

在字典 d4 中，由于键具有唯一性，当系统遇到两个 'a' 键时，后面的键值 78 取代了前面的 12。

2. 字典基本操作

（1）访问字典里的值

【例 3-20】字典访问举例。

```
>>>dict={'Name': 'Mary', 'Age': 7, 'Class': 'First'}
>>>print ("Name 对应的值为：", dict['Name'])
Name 对应的值为：  Mary
```

（2）更新字典

【例 3-21】更新字典举例。

```
>>>dict={'Name': 'Mary', 'Age': 7, 'Class': 'First'}
>>>dict['Age']=8                        # 更新 Age
>>>dict['School']=" 第二小学 "           # 添加信息
>>>del dict['Name']                     # 删除键 'Name'
>>>print(dict)
{'Age':8,'Class':'First','School':'第二小学 '}
>>>dict.clear()                         # 清空字典
```

（3）元组转字典

【例 3-22】元组转字典举例。

```
>>>t=(('a',1),('b',2),('c',3))    # 定义有三个元素的嵌套元组 t，每个元素也是子元组
>>>d=dict(t)                      # 元组转字典
>>>type(d)
<class 'dict'>
>>>print(d)
{'a': 1, 'b': 2, 'c': 3}
```

3.2.7　集合（set）

集合由一组无序排列的元素组成，集合的创建方法与字典类似，可以用一对花括号 {} 来创建集合。需要注意的是，集合中不允许重复元素的出现，因此使用集合可以很方便地消除重复元素。

1. 创建集合

可以用一对花括号 {} 来创建集合，也可以使用 set() 函数创建集合。注意：创建一个空集合必须用 set() 而不是 {}，因为 {} 是用来创建一个空字典。

【例 3-23】创建集合举例。

```
>>>s1={'a','b','b','a',1,2,3,1,4,}
>>>print(s1)
{1, 2, 3, 4, 'a', 'b'}
>>>list1=['红','绿','蓝','黄','黑','绿','蓝']
>>>s2=set(list1)                    # 列表转集合，并去除重复元素
>>>print(s2)
{'红', '黄', '蓝', '绿', '黑'}
>>>s3=set('hello')                  # 字符串转集合，并去除重复字符
>>>print(s3)
{'h', 'o', 'l', 'e'}
>>>s4=set()                         # 创建空集合
>>>print(s4)
set()
```

【程序分析与说明】

由于集合是无序的，所以程序的运行结果中元素的位置是随机的，与创建的顺序是无关的。事实上，集合的每次打印输出所呈现的元素顺序都可能不同。

2. 添加和删除集合元素

【例 3-24】添加和删除集合元素举例。

```
>>>s={1,2,3,'a','b'}
>>>s.add(4)                         # 添加集合元素
>>>print(s)
{1, 2, 3, 4, 'a', 'b'}
>>>m={'c','d'}
>>>s.update(m)                      # 添加子集合
>>>print(s)
{1, 2, 3, 4, 'a', 'c', 'd', 'b'}
>>>s.remove(1)                      # 删除指定集合元素
>>>print(s)
{2, 3, 4, 'a', 'c', 'd', 'b'}
```

3. 集合运算

【例 3-25】集合运算举例。

```
>>>a={1,2,3,4,5,6,7,8}
>>>b={0,2,4,6,8,10,12}
>>>a-b                              # 求差集，即集合 a 中包含而集合 b 中不包含的元素
{1, 3, 5, 7}
```

```
>>>a|b                              # 求并集，即集合 a 或 b 中包含的所有元素
{0, 1, 2, 3, 4, 5, 6, 7, 8, 10, 12}
>>>a&b                              # 求交集，即集合 a 和 b 中都包含了的元素
{8, 2, 4, 6}
>>>a^b                              # 求对称差集，即不同时包含于 a 和 b 的元素
{0, 1, 3, 5, 7, 10, 12}
```

3.3 基本 I/O 语句

I/O 是 Input/Output 的缩写，即输入 / 输出接口。I/O 语句是一个程序设计语言最基本的编程语句。本节重点介绍 Python 内置的输入函数 input() 和输出函数 print()。

3.3.1 输入函数 input ()

在许多应用中，需要处理的数据是由用户从键盘输入的，这时，程序中就要有能接收用户键盘输入的功能，这就要用到 Python 专门用来接收键盘输入的函数 input()。该函数的语法为：

```
input('输入提示字符串')
```

input() 函数运行时，通过"输入提示字符串"给用户明确的输入提示，并等待接收用户输入直到用户按下【Enter】键为止。需要注意的是，input() 函数对于用户从键盘输入的任何数据都看成是一个字符串。

【例 3-26】在 IDLE 中使用 input() 函数接收用户输入。

```
>>>n=input('请输入一个整数：')       # 将键盘接收到的信息保存到变量 n 中
请输入一个整数：
```

【程序分析与说明】

此例中，如果按要求输入一个整数 10，实际上 n 这个变量存储的是字符串 '10'，而不是数字 10，因为 input() 函数将所有用户输入均按字符串处理。

当需要对键盘接收到的数据进行数学计算或引用时，需将 input() 接收到的由阿拉伯数字组成的字符串通过 int() 函数或其他函数转换为数值。例如：

```
>>>n=input('请输入一个整数：')
请输入一个整数：5
>>>n=int(n)                        # 字符串通过 int() 函数转换为数值
>>>print(n+6)
11
```

3.3.2. 输出函数 print ()

print() 函数是 Python 3.x 版本的数据输出形式。语句格式：

```
print(对象1, 对象2,……,sep="",end="\n",file=sys.stdout,flush=False)
```

【说明】

各项参数说明如表 3-8 所示。参数的位置可以任意调整。当参数省略时，默认分隔符为空格，结束标志为换行，输出目标是显示器，如：

```
>>>print(1,2,3,end='OK',sep='##')
1##2##3OK
```

表 3-8　print() 函数参数说明

参　数	说　明	使 用 示 例
对象1, 对象2,……	输出多个对象时需要用逗号分隔	a1="aaa"
sep=" "	指定分隔符，省略时为空格	a2="bbb" print(a1,a2,end="")
end=" "	输出结束时补充该参数所指定的字符串，省略时为换行符	print(a2,a1) print(a1,end="hello\n") print(a1,a2,sep="hello",end="hello") 程序运行结果： aaa bbbbbb aaa aaahello aaahellobbbhello

file=sys.stdout	定义流输出的文件，默认为标准的系统输出sys.stdout，可以重定义为别的文件	#新建一个对象newfile，对应的是new.txt文件，属性可写
		newfile=open("new.txt","w")
		#输出参数file指向该对象，不能指向txt文本文件
		print("Python,",end="hello\n",file=newfile)
		newfile.close() #关闭打开的文件
		程序运行结果：
		在new.txt文本中成功写入字符串Python,hello

flush=False	是否立即把内容输出到流文件，不作缓存，默认为False，True表示强制清除缓存	

3.3.3　eval() 函数

eval() 是 Python 的一个内置函数，作用是返回传入字符串的表达式的结果。

1. 简单表达式

```
>>> print('2+3 的计算结果是：',eval('2+3'))
2+3 的计算结果是： 5
>>> n=15
>>> eval("n + 4")
19
```

2. 用于字符串类型转换

eval() 函数中用于转换的字符串的格式必须符合目标对象，如列表、元组、字典等格式，才能进行转换。

```
>>> a="[1,2,3,4]"
>>> print(eval(a))                      # 字符串转换为列表
[1, 2, 3, 4]
>>> print(eval("(1,2,3,4)"))            # 字符串转换为元组
(1, 2, 3, 4)
>>> print(eval("{'name':' 小红 ','age':20}"))   # 字符串转换为字典
{'name': ' 小红 ', 'age': 20}
```

3.3.4　格式符 % 的使用

print() 函数可以采取如下格式化输出形式：

```
print(" 格式串 ",end="\n",file=sys.stdout,flush=False)
```

【说明】

其中，"格式串"用于指定后面输出对象的格式，格式串中可以包含随格式输出的字符，当然主要是对每个输出对象定义的输出格式。不同类型的对象采用不同的格式。print()各种输出格式定义见表3-9。

表3-9　print() 输出格式定义

符 号	功　　能	符 号	功　　能
%s	输出字符串	%E	作用同%e，用科学计数法格式化浮点数
%u	格式化无符号整型	%d	输出整数
%o	格式化无符号八进制数	%f	输出浮点数
%x	格式化无符号十六进制数（小写）	%10s, %10d, %10f	指定10位占位宽度
%X	格式化无符号十六进制数（大写）	%10.3f	指定小数位数3位，占位宽度10位
%e	用科学计数法格式化浮点数	%-10s, %-10.3f	负号表示左对齐

在需要同时输出字符串和数字变量时，除了像上例那样用逗号分隔来分别输出以外，也可以在字符串中使用占位符"%s"把一个数字变量的值嵌入到字符串中。

【例3-27】 占位符 %s、%f、%d、%e 的使用。

```
>>>score=85
>>>message='我的计算机成绩是 %s 分 '    # 在字符串变量中加入占位符 %s
>>>print(message %score)                # 用 score 变量的值代替 message 变量中占位符的值
我的计算机成绩是 85 分
>>>print('%f'%1,'%s'%2,'%e'%300,sep='#')
1.000000#2#3.000000e+02
>>>print('前两季度销售额分别为%8d和%12d,\增长 %10.2f' %(12345678,87654321,16.1234))
前两季度销售额分别为12345678 和   87654321, 增长        16.12
```

3.3.5　format() 的使用

尽管格式符 % 在 Python 2.x 中使用广泛，但 Python 3.x 更提倡使用 format() 函数以取代 % 格式符。因为 str.format() 拥有更多的功能，操作起来更加方便，可读性也更强。基本语法是通过 {} 和 : 来代替以前的 %。下面通过具体例子描述 format() 的使用方法。

1. 按位置使用

```
>>> n=2
>>> m=3
>>> input(' 请输入第 {} 排左起第 {} 位学生的姓名 :'.format(n,m))
  请输入第 2 排左起第 3 位学生的姓名 :
>>>print("{} {}".format("hello", "Python"))        # 不设置指定位置，按默认顺序
hello Python
>>> print("{0} {1}".format("hello", "Python"))   # 设置指定位置，从 0 开始编位置
hello Python
>>> print("{1} {0} {1}".format("hello", " Python "))   # 设置指定位置
Python hello Python
```

2. 通过关键字参数使用

```
>>> print(' 我是 {name},{age} 岁 '.format(age=18,name=' 小明 '))
我是小明 ,18 岁
```

3. 通过索引号或字典的键使用

```
>>> mylist=['一季度',20]
>>> print('今年{list[0]},销售额环比增长{list[1]}万'.format(list=mylist))
今年一季度,销售额环比增长20万
>>> Nobel_prize1=['屠呦呦','高锟','钱永健','莫言']
>>> Nobel_prize2=['李政道','杨振宁']
>>> print('{0[3]},诺贝尔文学奖;{1[1]},诺贝尔物理学奖'.format(Nobel_prize1,Nobel_prize2))
莫言,诺贝尔文学奖;杨振宁,诺贝尔物理学奖
>>> topclass={'name':'姚期智院士','class01':'姚班','class02':'智班'}
>>> print('清华大学{name}开办了{class01}和{class02}'.format(**topclass))
清华大学姚期智院士开办了姚班和智班
```

4. 数字格式化

```
>>> print('{:,}'.format(1234567890))          # 以逗号分隔的数字格式
1,234,567,890
>>> print('{:.3%}'.format(123.45678))         # 保留小数点后3位的百分比格式
12345.678%
>>> print('{:.2f}'.format(3.1415926))   # f表示浮点格式,2表示小数位数
3.14
>>> print('{:.4e}'.format(123.45678))   # e表示指数形式的浮点格式
1.2346e+02
```

表 3-10 展示了 str.format() 格式化数字的多种方法。

表 3-10　format() 格式化数字的方法

数　字	格　式	输　出	描　述
3.1415926	{:.2f}	3.14	保留小数点后两位
3.1415926	{:+.2f}	+3.14	带符号保留小数点后两位
-1	{:+.2f}	-1.00	带符号保留小数点后两位
2.71828	{:.0f}	3	不带小数
5	{:0>2d}	05	数字补零（填充左边，宽度为2）
5	{:x<4d}	5xxx	数字补x（填充右边，宽度为4）
10	{:x<4d}	10xx	数字补x（填充右边，宽度为4）
1000000	{:,}	1,000,000	以逗号分隔的数字格式
0.25	{:.2%}	25.00%	百分比格式
1000000000	{:.2e}	1.00e+09	指数记法
13	{:>10d}	13	右对齐（默认，宽度为10）
13	{:<10d}	13	左对齐（宽度为10）
13	{:^10d}	13	中间对齐（宽度为10）
11	'{:b}'.format(11)	1011	b、d、o、x 分别表示二进制、十进制、八进制、十六进制
	'{:d}'.format(11)	11	
	'{:o}'.format(11)	13	
	'{:x}'.format(11)	b	
	'{:#x}'.format(11)	0xb	
	'{:#X}'.format(11)	0XB	

表3-10说明:
① ^、<、>分别是居中、左对齐、右对齐,后面带宽度,:号后面带填充的字符,只能是一个字符,不指定则默认是用空格填充。
② +表示在正数前显示+,负数前显示-;（空格）表示在正数前加空格。

3.4 Python 程序控制结构

程序控制结构是指以某种顺序执行的一系列动作，用于解决某个问题。理论和实践证明，无论多复杂的算法均可通过顺序、选择、循环三种基本控制结构构造出来。每种结构仅有一个入口和出口。由这三种基本结构组成的多层嵌套程序称为结构化程序。

顺序结构就是指按语句出现的先后顺序执行的程序结构，是结构化程序中最简单的结构，如图 3-12 所示。现实世界中这种顺序处理的情况是非常普遍的，例如我们接受学校教育一般都是先上小学，再上中学，后上大学；又如我们烧菜一般都是先热油锅，再将蔬菜入锅翻炒，再加盐加佐料，最后装盘。

图3-12　顺序结构执行流程

3.4.1 选择结构

在程序中常常需要根据一些条件去决定让程序执行哪些操作，这可以使用选择结构（或分支结构）。程序中的选择结构常用 if 条件语句去实现。

选择结构

1. 简单 if 语句

if 语句通过判断条件表达式是否成立，决定是否执行相应的操作。简单 if 语句的语法结构如下：

```
if 条件表达式：
    语句块
```

【说明】

当条件表达式成立（称为"真"，True）时，执行语句块，否则，即条件表达式不成立（称为"假"，False），跳过该语句块。程序执行流程如图 3-13 所示。

if 语句中的条件表达式是由变量、常量、比较运算符或逻辑运算符组成，形式如 a>5、性别 ==' 男 ' 等。Python 条件表达式中常用的比较运算符和逻辑运算符如表 3-11 所示。

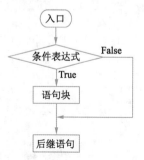

图3-13　简单if语句的执行流程

表 3-11　Python 条件表达式常用运算符

符 号	功 能	使用示例
==、!=	判断两个值是否相等	if a==b:
>、<、>=、<=	判断两个值的大小	if a>b:
and	逻辑与，用于连接两个条件，两条件同时成立时表达式为"真"	if a>60 and a<80:
or	逻辑或，用于连接两个条件，两条件的任何一个成立，表达式为"真"	if a==5 or a==8:
not	逻辑非，对条件表达式的值取反	if not(a==5): 与 if a!=5: 结果相同

Python 的语句块是指连续执行的多行代码，与其他编程语言普遍采用的诸如 { } 等符号将语句块明确括起来不同，Python 是用代码的缩进来划分语句块的，同一语句块的代码缩进空格数必须是相同的。程序中的缩进空格数可以通过输入同样数目的空格来生成（Python

推荐 4 个纯英文半角空格）。Python 的 IDLE 交互窗口和程序窗口，会自动根据输入的程序代码给出默认的代码缩进格式。

【例 3-28】编写猜心小游戏：程序中设定两个自己喜欢的数字（0 ~ 9），用户运行程序时输入猜测的数字，如果猜对了，程序就给出现相应提示。

```
MyNum1=9                              # 设定第一个自己喜欢的数字
MyNum2=5                              # 设定第二个自己喜欢的数字
n=input(' 你猜我喜欢 0 ~ 9 的哪个数字 ?:')
n=int(n)
if (n==MyNum1) or (n==MyNum2):       # 两个条件中有一个为真，表达式就成立
    print(' 你真是我的知音啊！')
print(' 游戏结束 ')
```

【程序分析与说明】

上述程序的 if 条件语句中，逻辑运算符 or 两边的条件表达式可以省略括号，但加了括号能使这行程序更明确更易读。编写程序时，易读性也是需要考虑的一个问题。

在这个例子的代码中，如果 if 语句的语句块缩进不合理将会导致程序出错，例如 if 语句块程序代码输入情况如下：

```
if (n==MyNum1) or (n==MyNum2):
print(' 你真是我的知音啊！ ')
```

【说明】

调试运行时，Python 会给出图 3-14 所示的错误提示。

2. if…else 语句

上面的猜心游戏程序中，如果用户没有猜对在程序中设置的数字，程序就直接提示"游戏结束"并退出，这并不是一个友好的结果。对于没有猜对的情况，应该给出提示。类似这样的问题，可以用 if …else 语句去实现。

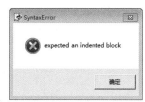

图3-14　因代码缩进错误而出现的代码块错误提示

if…else 语句的语法结构如下：

```
if 条件表达式 :
    语句块 1
else:
    语句块 2
```

当 if 语句的条件表达式成立时，程序执行语句块 1，否则执行语句块 2，其程序执行流程图如图 3-15 所示。

【例 3-29】改进的猜心小游戏：程序中设定一个自己最喜欢的数字（0 ~ 9），用户运行程序时输入猜测的数字，根据用户是否猜对给出对应的提示。

```
MyNum1=9
MyNum2=5
n=input(' 你猜我喜欢 0 ~ 9 的哪个数字 ?:')
n=int(n)
if(n==MyNum1) or (n==MyNum2):
    print(' 你真是我的知音啊！')
else:
    print(' 唉，相识遍天下，知心能几人 ?')
print(' 游戏结束 ')
```

【程序分析与说明】

上面这个改进的猜心小游戏，使用户可以根据提示明白自己是否猜对，这使程序的逻辑显得更严谨更周密，且提供了良好的用户体验。

3. if…elif 语句

以上 if 语句的例子都是只需要判断一个条件表达式，而在处理复杂的实际问题时，可能会有多个条件要逐一判断，这可以用 if…elif 语句去实现。

if…elif 语句的语法结构如下：

```
if 条件表达式1:
    语句块1
elif 条件表达式2:
    语句块2
…
elif 条件表达式N:
    语句块N
else:
    语句块N+1
```

if…elif 语句结构的意思：当条件表达式 1 成立时，程序执行语句块 1，否则，判断条件表达式 2 是否成立，如果成立则执行语句块 2，否则继续按此往下判断后面的条件表达式。其程序执行流程图如图 3-16 所示。

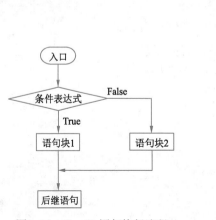

图3-15　if…else语句执行流程

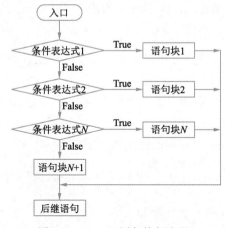

图3-16　if…elif语句执行流程

【例 3-30】编写一个成绩分级程序：输入一个整数成绩，按以下规则输出该成绩的相应等级：90 分以上（含 90，下同）为"优秀"，80 ~ 89 分为"良好"，70 ~ 79 分为"中等"，60 ~ 69 分为"及格"，60 分以下为"不及格"。

```
score=input('请输入你的成绩:')
score=int(score)                    # 将 input() 接收到的文本字符转为整数
if score>=90:
    print('你的成绩等级为：优秀')
elif score>=80:                     # 程序能执行到这里，说明成绩小于 90
    print('你的成绩等级为：良好')
elif score>=70:                     # 程序能执行到这里，说明成绩小于 80
    print('你的成绩等级为：中等')
```

```
elif score>=60:                        # 程序能执行到这里，说明成绩小于70
    print('你的成绩等级为：及格')
else:
    print('你的成绩等级为：不及格')
```

【程序分析与说明】

从此例的程序可以看出，看起来有些复杂的问题，只要用正确的逻辑和正确的语句设计程序流程，就可以很简单地解决问题。另外，在输入像上面那样有点复杂的程序代码时，要注意语句缩进的控制。

3.4.2　循环结构

在处理数据时，常遇到有很多操作需要重复进行，这时就需要用到循环语句。程序中的循环结构常用来重复运行一行或多行代码，直到重复执行循环的条件不成立为止。循环语句的执行流程如图 3-17 所示。

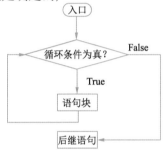

程序执行循环操作时一般有两种情况：一种是循环次数事先是确定的；另一种情况则是事先并不知道或不需要关注循环要执行多少次。据此，图 3-17 中判断"循环条件为真？"的循环语句就有两种：for 循环和 while 循环。

注意：在 Python 中没有 do…while 循环。

1. for 循环

for 循环主要用于执行循环语句块前已经确定循环执行次数的情况，其语法结构如下：

图3-17　循环语句执行流程

```
for 循环变量 in range(起始值，结束值) 或列表：
    循环语句块
```

【说明】

其中的"循环变量"其实是一个普通的变量，用于判断循环条件是否成立。for 循环语法结构的意义：开始循环时，循环变量被赋予 range 函数指定的起始值（或列表的第一个元素），每循环一次循环变量的值自动加 1（或被赋予列表的下一个元素），直到循环变量的值遇到结束值（或列表的最后一个元素）为止，结束循环。

【例 3-31】在 IDLE 中进行 for 循环练习，理解 for 循环的语法意义。

```
for i in range(1,6):
    print('test %s' %i)
```

程序输出结果：

```
test 1
test 2
test 3
test 4
test 5
```

注意：上例循环结束之后的 i 值为 5，而不是 6。因为 range(1,6) 表示的范围是 1，2，3，4，5，不包括 6。range() 是 Python 内置函数，它能返回一系列连续增加的整数，生成一个可迭代对象。range 函数大多数时常出现在 for 循环中，在 for 循环中可做为索引使用。下面是列表充当循环计数器的例子。

```
class_list=['高数','英语','计算机','体育']
for x in class_list:
    print(x)
```

程序输出结果：

```
高数
英语
计算机
体育
```

【例 3-32】用 for 循环改写通过 turtle 模块画正方形的程序。

思路分析：每次画正方形的一条边时，都是沿当前画笔方向往前画出一定的长度，然后将画笔左转 90° 以准备下一次画线，正方形共有 4 条边，也就是这样的操作总共重复执行 4 次。程序代码如下：

```
from turtle import *
for i in range(1,5):        # 设定循环变量，使循环执行 4 次
    forward(200)
    left(90)
```

【程序分析与说明】

将这个用 for 循环完成的程序与原来的程序对比，可以看出：合理使用循环语句，可以减少重复写程序代码的数量，使程序更简洁、更合理。

2. while 循环

从 for 循环的循环条件可以明确看出，循环次数在 for 循环开始时就已经确定下来了，如果遇到事先并不确定或无须关注将要执行几次循环的时候，就不宜用 for 循环去实现程序，此时，就需要使用 while 循环。while 循环的语法结构如下：

```
while 条件表达式：
    循环语句块
```

while 循环语法结构的意义：当条件表达式成立时，就重复执行语句块，直到条件表达式不成立为止。

【例 3-33】while 循环的使用：输出数字 15 之前的所有偶数。

```
n=0
while n<15:
    print(n)
    n=n+2                      # 每输出一个偶数，就使 n 的值加 2 变成下一个偶数
```

程序输出结果：

```
0
2
4
6
8
10
12
14
```

【程序分析与说明】

在使用 while 循环时，因为没有限制循环次数，所以特别要注意通过循环执行的语句块去改变条件表达式的成立与否，以防止出现类似下列的死循环语句：

```
i=0
while i<5:
    print(i)
```

运行上述代码后，因为在循环语句块执行过程中，i 的值一直没变，所以这个 while 循环的条件表达式永远成立，形成了死循环。死循环时，可将程序的输出窗口关闭，阻止程序继续运行，或者使用【Ctrl+C】组合键来中断循环。

【例 3-34】修改例 3-30 的成绩分级程序，实现循环从键盘接收成绩并判断对应等级，直到输入 q 或 Q 为止。

```
score=''
while score!='q':
    score=input('请输入你的成绩（输入 q 表示退出）：')
    if score=='q' or score=='Q':
        score='q'
    else:
        score=int(score)
        if score>=90:
            print('你的成绩等级为：优秀')
        elif score>=80:
            print('你的成绩等级为：良好')
        elif score>=70:
            print('你的成绩等级为：中等')
        elif score>=60:
            print('你的成绩等级为：及格')
        else:
            print('你的成绩等级为：不及格')
```

程序输出结果如图 3-18 所示。

3. 多重循环

多重循环也称嵌套循环。Python 允许在一个循环内嵌套另一个循环，且不限定内外循环的类型。可以在 for 循环内放置 while 循环，反之亦然。

【例 3-35】双重循环的使用：接收 2 名学生的 3 门课程成绩并计算平均成绩。

```
for j in range(1,3):
    sum=0
    i=1
    name=input('请输入第 {} 位学生姓名：'.format(j))
    while i<=3:              # 内部循环 3 次，就是接收 3 门课程的成绩
        print ('请输入第 {} 门的考试成绩：'.fomat(i),end='')
        sum=sum+int(input())
        i+=1
    avg=sum/(i-1)                   # 计算每个学生的平均成绩
    print(name,' 的平均成绩是 {:.2f}\n'.fomat(avg))
print ('2 位同学的成绩已成功输入！')
```

程序输出结果如图 3-19 所示。

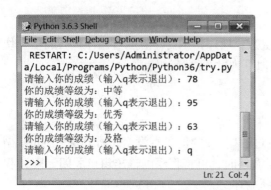

图3-18 循环判断成绩等级

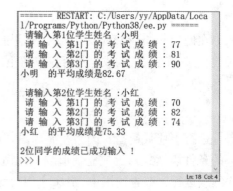

图3-19 成绩输出结果

3.4.3 else、break、continue 和 pass 语句

1. 在循环中使用 else 语句

循环语句可以有 else 子句，它在穷尽列表（for 循环）或条件变为 False（while 循环）导致循环终止时被执行，但循环在被 break 终止时不执行 else 子句。

【例 3-36】输出 10 以内的奇数并累计求和，同时标识当前数值是否小于 10。

```
count=1
sum=0
while count<10:
    print( "当前奇数 %d 小于 10" %count)
    sum=sum+count
    count+=2
else:
    print("当前奇数 %d 大于或等于 10" %count)
print('10 以内的奇数之和为 ',sum)
```

程序输出结果：

```
当前奇数 1 小于 10
当前奇数 3 小于 10
当前奇数 5 小于 10
当前奇数 7 小于 10
当前奇数 9 小于 10
当前奇数 11 大于或等于 10
10 以内的奇数之和为  25
```

2. break 语句结束循环

break 语句可以跳出 for 和 while 的循环体。如果从 for 或 while 循环中终止，任何对应的循环 else 块将不执行。如果在嵌套循环中使用 break 语句，将停止执行 break 所处层次的循环，并开始执行外层循环的下一行代码。

3. continue 语句跳出本次循环

continue 语句被用来告诉 Python 跳过当前循环块中的剩余语句，然后继续进行下一轮循环。

【例 3-37】从键盘接收十进制整数，输出对应二、八、十六进制数。

```
while True:
    number=input('请输入一个整数（输入 Q 退出程序）:')
```

```
    if number in ['q','Q']:
        break                      #如果输入的是 q 或 Q，结束退出
    if not number.isdigit():
        print('您的输入有误！只能输入整数（输入 Q 退出程序）！请重新输入')
        continue                   #如果输入的不是数字组成，结束本轮循环，重新开始
    number=int(number)
    print('十进制 --> 十六进制 :%d -> 0x%x' %(number,number))
    print('十进制 --> 八进制 :%d -> 0o%o' %(number,number))
    print('十进制 --> 二进制 :%d ->' %number,bin(number))
```

程序运行结果如图 3-20 所示。

【程序分析与说明】

isdigit() 函数的功能是检测字符串是否只由数字组成。如果字符串只包含数字则返回 True，否则返回 False。使用语法：str.isdigit()。

4. pass 语句

pass 是空语句，是为了保持程序结构的完整性。pass 不做任何事情，一般用做占位语句，例如：上文的例 3-35 在编程时还没想好如何往下编，可暂时 pass，先保证程序完整，测试已有代码是否能正确运行。

图3-20   十进制转化程序运行结果

```
while True:
    number=input('请输入一个整数（输入 Q 退出程序）:')
    if number in ['q','Q']:
        break
    if not number.isdigit():
        pass                       #占位语句，留待日后完善
```

【例 3-38】遍历字符串，在遇到字符为 '4' 时执行 pass 语句块。

```
for s in 'Run448':
    if s=='4':
        pass
        print('执行 pass 块')
    print('当前字符 :', s)
print("Good bye!")
```

程序运行结果如下：

```
当前字符 : R
当前字符 : u
当前字符 : n
执行 pass 块
当前字符 : 4
执行 pass 块
当前字符 : 4
当前字符 : 8
Good bye!
```

3.4.4 异常处理 try…except 语句

有些程序对输入数据的类型有限制并给出输入提示，但用户未必遵守提示，例如要求

输入成绩时键入了字母、汉字、符号等非数字，与程序预期不匹配，则程序可能会因错误而中断运行并出错。为了保证程序能够稳定运行，编程语言一般都会提供异常处理语句，帮助程序捕获控制与处理异常。可以把需要检测的程序语句放置在 try 块里面，try 语句块的任何一条语句抛出异常时，后面的语句将不再执行，此时的控制权已经移交给 except 语句块。

【例 3–39】用 try…except 语句处理输入的异常数据。当用户输入的不是数字时，程序将会引发 ValueError 异常，程序被终止，执行结果如图 3–21 所示。

```
while True:
    try:
        score= input('请输入整数成绩 :')
        if int(score)>60:
            print('您已通过考核！')
        else:
            print('您考核未通过。')
        break
    except ValueError:          #此处也可去掉ValueError，表示不指定异常类型
        print("您输入的不是整数，请再次尝试输入！")
```

【程序分析与说明】

如要区分不同类型的异常，可利用一个 try 语句对应多个 except 语句。Python 异常处理还有其他语句形式，功能如图 3–22 所示，读者有兴趣可进一步深入学习。

图3-21　运行结果显示　　　　　图3-22　Python异常处理语句

① try/except…else 语句。

如果使用这个 else 子句，那么必须放在所有的 except 子句之后。else 子句将在 try 子句没有发生任何异常的时候执行。

② try…finally 语句。

finally 子句的作用是不管异常有没有发生，该语句块的代码都会被执行。这样就可以把一些不管异常有没有发生，都必须要执行的代码放置到 finally 子句块中。

3.5 函　数

Python 语言中内置了很多函数，例如前面介绍的 input()、print() 等函数。用户也可以

自己创建函数，称为用户自定义函数。函数是组织好的、可重复使用的、用来实现单一或相关联功能的代码段。函数能提高应用的模块性和代码的重复利用率。

在 Python 中，函数必须先声明，然后才能调用。使用函数时，只要按照函数定义的形式，向函数传递必须的参数，就可以调用函数完成相应的功能或者获得函数返回的结果。

3.5.1　函数声明和调用

1. 函数声明

可用 def 关键词声明一个函数，后接函数标识符名称和圆括号 ()。一般格式如下：

```
def 函数名 (参数表):
    函数体
    return 返回值
```

【说明】
- 参数表可由多个形式参数（简称形参）构成，用逗号分隔。
- 函数内容以冒号起始，内容符合缩进格式。
- 有些函数可能既不需要传递参数，也没有 return。
- 不带返回值的 return 相当于返回 None。

2. 函数调用

函数定义好后，是不能自动执行的，必须经过调用才会执行函数中的相关代码。函数调用格式：

```
函数名 (参数表)
```

【说明】
- 函数名是事先定义好的函数名称。
- 参数表可由多个实际参数（简称实参）构成，用逗号分隔。
- 实参要有确定的值，实参个数一般情况下和形参个数相等，某些情况下可以少于形参的个数，这是由于形参有默认值。

【例 3-40】利用函数计算面积。

```
def area(width, height):
    return width*height
def print_welcome(name):
    print("欢迎您 !", name)
print_welcome("朋友 ")
w=4
h=5
print("您预定的房间面积为 ", area(w, h)," 平方米 ")
```

以上实例输出结果：

```
欢迎您!   朋友
您预定的房间面积为 20 平方米
```

【程序分析与说明】

函数需调用才会执行，未经调用是不会擅自执行的。因此，上例的执行起点是 print_welcome(" 朋友 ") 语句。

3. 内置函数

没有导入任何模块或包时，Python 也能提供给程序使用的函数称为内置函数。Python 3.x 的内置函数有数十个之多，常见的内置函数如表 3–12 ～ 表 3–14 所示。它区别于自定义函数，是 Python 自带的函数，可直接使用。例如：

```
>>>x=int(3.5)          # 直接调用内置函数 int()
>>>print(x)            # 直接调用内置函数 print()
```

表 3–12　数学相关内置函数

函 数 名	功　　能	举　　例
abs(a)	求取绝对值	abs(–1)
max(list)	求取list最大值	max([1,2,3])
min(list)	求取list最小值	min([1,2,3])
sum(list)	求取list元素的和	sum([1,2,3]) >>> 6
sorted(list)	排序	返回排序后的list
len(list)	list长度	len([1,2,3])
divmod(a,b)	获取商和余数	divmod(5,2) >>> (2,1)
pow(a,b)	获取乘方数	pow(2,3) >>> 8
round(a,b)	获取指定位数的小数。a代表浮点数，b代表要保留的位数	round(3.1415926,2) >>> 3.14
range(a[,b])	生成一个a到b的列表,左闭右开	range(1,10)>>>[1,2,3,4,5,6,7,8,9]

表 3–13　类型转换内置函数

函 数 名	功　　能	举　　例
int(str)	转换为 int 型	int('1') >>> 1
float(int/str)	将 int 型或字符型转换为浮点型	float('1') >>> 1.0
str(int)	转换为字符型	str(1) >>> '1'
bool(int)	转换为布尔类型	str(0) >>> False str(None) >>> False
bytes(str,code)	接收一个字符串，与所要编码的格式，返回一个字节流类型	bytes('abc', 'utf-8') >>> b'abc'
list(iterable)	转换为列表	list((1,2,3)) >>> [1,2,3]
dict(iterable)	转换为字典	dict([('a', 1), ('b', 2), ('c', 3)]) >>> {'a':1, 'b':2, 'c':3}
tuple(iterable)	转换为元组	tuple([1,2,3]) >>>(1,2,3)
set(iterable)	转换为集合	set([1,4,2,4,3,5]) >>> {1,2,3,4,5} set({1:'a',2:'b',3:'c'}) >>> {1,2,3}
chr(int)	转换数字为相应 ASCII 码字符	chr(65) >>> 'A'
ord(str)	转换 ASCII 字符为相应的数字	ord('A') >>> 65

表 3–14　相关操作内置函数

函 数 名	功　　能	举　　例
eval()	将字符串当成有效的表达式来求值并返回计算结果	eval('1+1') >>> 2
exec()	执行Python语句	exec('print("Python")') >>> Python
type()	返回一个对象的类型	type('abc') >>> <class 'str'> type(100) >>> <class 'int'>

续表

函　数　名	功　　能	举　　例
id()	返回一个对象的内存地址	id(3.5)
hash(object)	返回一个对象的哈希值，具有相同值的 bject 具有相同的哈希值	hash('Python') >>>7070808359261009780
help()	调用系统内置的帮助系统	
isinstance()	判断一个对象是否为该类的一个实例	
issubclass()	判断一个类是否为另一个类的子类	
globals()	以字典类型返回当前位置的全部全局变量	

3.5.2　参数的传递

在 Python 中，对象和变量是分开的。类型属于对象，和变量无关，变量是没有类型的。变量有局部和全局一说，对象没有。对象由引用计数管理。例如：

【例 3-41】变量和对象类型的关系。

```
>>>a=[1,2,3]
>>>type(a)              # 显示变量所指对象的类型
<class 'list'>
>>>a="abc"
>>>type(a)
<class 'str'>
```

【程序分析与说明】

以上代码中，[1,2,3] 是 list 类型，"abc" 是 str 类型，而变量 a 是没有类型，它仅仅是一个对象的引用，可以引用 list 类型对象，也可以引用 str 类型对象。Python 以数据为本，变量也可以理解为标签。

在函数内部新建一个对象，它的销毁和函数作用域无关，由引用计数决定。可以认为 Python 中的变量类似于 C 语言中的指针变量，指向一个对象。在 Python 函数传递参数时，实际上是变量赋值。

1.　可变对象与不可变对象

在 Python 中，字符串 str、元组 tuple 和数值是不可更改的对象，而列表 list、字典 dict 等则是可以修改的对象。

不可变类型：变量赋值 a=5 后再赋值 a=10，这里实际是新生成一个 int 值对象 10，再让 a 指向它，而 5 被丢弃，不是改变 a 的值，相当于新生成了 a 。

可变类型：变量赋值 la=[1,2,3,4] 后再赋值 la[2]=5，则是将列表 la 的第三个元素值更改，本身 la 没有变动，只是其内部的一部分值被修改了。

2.　Python 函数的参数传递

不可变类型：如整数、字符串、元组。如 fun(a)，传递的只是 a 的值，没有影响 a 对象本身，类似 C++ 的值传递。

可变类型：如列表、字典。如 fun(la)，则是将 la 真正地传过去，修改后 fun 外部的 la 也会受影响，类似 C++ 的引用传递。

【例 3-42】传递不可变对象实例。

```
def ChangeInt(a):
    print(a)        # 输出 2
    a=10
    print(a)        # 输出 10
b=2
ChangeInt(b)
print(b)            # 输出 2
print(a)            # 显示出错信息，指出变量 a 不存在
```

【程序分析与说明】

上例的执行起点是 b=2 语句，即从一开始就有 int 对象 2，指向它的变量是 b，在传递对象给 ChangeInt 函数时，按传值的方式复制了变量 b，a 和 b 都指向了同一个 int 对象，在 a=10 时，则新生成一个 int 值对象 10，并让 a 指向它。

在传递可变对象时，一旦可变对象在函数里修改了参数，那么在调用这个函数的函数里，原始的参数也被改变了。

【例 3-43】传递可变对象实例。

```
def changeme(inlist):
    inlist.append(40)
    print("函数内取值：", inlist)
outlist=[10,20,30]
changeme(outlist)
print("函数外取值：", outlist)
```

传入函数的 outlist 和在末尾添加新内容的 inlist 对象用的是同一个引用（甚至可采取同一个变量名）。故输出结果如下：

```
函数内取值： [10, 20, 30, 40]
函数外取值： [10, 20, 30, 40]
```

3. 传递参数的多种方法

Python 中函数根据是否有参数和返回值可以分为四种：无参数无返回值，无参数有返回值，有参数无返回值，有参数有返回值。

【例 3-44】从键盘接收字符串，并计算字符串长度，当用户输入 q 或 Q 时退出程序

```
def mylen(s):                       # 此函数有参数有返回值
    length=0
    for i in s:
        length+=1
    return length
def welcome():                      # 此函数无参数无返回值
    print("请输入字符串后回车，退出请输入 q 或 Q：")
def output(mystr):                  # 此函数有参数无返回值
    print("字符串 %s 的长度为：" %mystr,end=' ')
def bye():                          # 此函数无参数有返回值
    meg='程序退出，欢迎下次使用！'
    return meg
def strquit(s):                     # 判断用户是否想退出的函数，有参数有返回值
    if(s=='q' or s=='Q'):
        return  '退出程序'
    else:
```

```
            return                    # 不带返回值的 return 相当于返回 None
while True:
    welcome()
    mystr=input()
    if strquit(mystr)==' 退出程序 ':    # 判断用户是否想退出
        print(bye())
        break
    output(mystr)
    strlen= mylen(mystr)
    print(strlen)
```

程序运行结果如图 3-23 所示。

Python 中函数传递参数的形式可以分为五
种：位置传递，关键字传递，默认值传递，不
定参数传递（包裹传递）和解包裹传递。

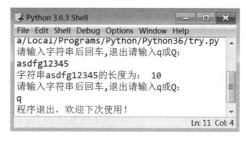

图3-23　程序运行结果

（1）位置传递

【例 3-45】位置传递。

```
def fun(a,b,c):
    return a+b+c
print(fun(1,2,3))              # 输出 6
```

（2）关键字传递

关键字（keyword）传递是根据每个参数的名字传递参数。关键字并不用遵守位置的对
应关系。

【例 3-46】关键字传递。

```
def fun(a,b,c):
    print(a,b,c)                      # 输出 1 2 3
    return a+b+c
print(fun(1,c=3,b=2))                 # 输出 6
```

（3）默认值传递

在定义函数的时候，使用形如下例中 c=10 的方式，可以给参数赋予默认值（default）。
如果该参数最终没有被传递值，将使用该默认值。

【例 3-47】默认值传递。

```
def fun(a,b,c=10):
    return a+b+c
print(fun(3,2))                       # 输出 15
print(fun(3,2,1))                     # 输出 6
```

【程序分析与说明】

在第一次调用函数 fun 时，并没有足够的值，c 没有被赋值，c 将使用默认值 10。第二
次调用函数的时候，c 被赋值为 1，不再使用默认值。

（4）包裹传递

在定义函数时，有时候并不知道调用的时候会传递多少个参数。这时候，包裹（packing）
位置参数，或者包裹关键字参数，来进行参数传递会非常有用。包裹传递的关键在于定义
函数时，在相应元组前加 *（或字典前加 **），下面以元组为例：

【例3-48】包裹传递。

```
def fun(*name):
    print(type(name))
    print(name)
fun(1,4,6)
fun(5,6,7,1,2,3)
```

程序运行结果：

```
<class 'tuple'>
(1, 4, 6)
<class 'tuple'>
(5, 6, 7, 1, 2, 3)
```

【程序分析与说明】

两次调用，尽管参数个数不同，都基于同一个 fun 定义。在 fun 的参数表中，所有的参数被 name 收集，根据位置合并成一个元组（tuple），这就是包裹位置传递。

（5）解包裹传递

星号 * 和 ** 也可以在调用的时候使用，即解包裹（unpacking）。

【例3-49】解包裹传递。

```
def fun(a,b,c):
    print(a,b,c)
args=(1,3,4)
fun(*args)
dict={'a':1,'b':2,'c':3}
fun(**dict)
```

程序运行结果：

```
1 3 4
1 2 3
```

【程序分析与说明】

在这个例子中，所谓的解包裹，就是在传递 tuple 时，让 tuple 的每一个元素对应一个位置参数。在调用 fun 时使用 *，是为了提醒 Python：我想要把 args 拆成分散的三个元素，分别传递给 a,b,c。

相应的，也存在对词典的解包裹，使用相同的 fun 定义，然后，在传递词典 dict 时，让词典的每个键值对作为一个关键字传递给 fun。

3.5.3　变量的作用域

1. 什么是作用域

在 Python 程序中创建、改变、查找变量名时，都是在一个保存变量名的空间中进行，称之为命名空间，也被称为作用域。Python 的作用域是静态的，在源代码中变量名被赋值的位置决定了该变量能被访问的范围。即 Python 变量的作用域由变量所在源代码中的位置决定。

就作用域而言，在 Python 中并不是所有的语句块中都会产生作用域。只有当变量在 Module（模块）、Class（类）、def（函数）中定义的时候，才会有作用域的概念。在作用域中定义的变量，一般只在作用域中有效。

【例 3-50】变量的作用域。

```
def func():
    variable=100
    print(variable)
func()
print(variable)
```

程序输出：

```
100
NameError: name 'variable' is not defined
```

【程序分析与说明】

上例的执行起点是第四行的 func() 语句，函数变量 variable 的作用域仅限于 func() 函数内部，在函数外无效，所以输出错误信息。

2. 作用域的类型

Python 的作用域一共有 4 种，分别是：

- L（Local）局部作用域，即函数中定义的变量。
- E（Enclosing）嵌套作用域，即包含此函数的上级函数的局部作用域，但不是全局的。
- G（Global）全局作用域，就是模块级别定义的变量。
- B（Built-in）内置作用域，系统固定模块里面的变量。

按照 Local → Enclosing → Global → Built-in 的优先级别顺序查找，也就是 LEGB 规则。即：在局部找不到，便会去局部外的局部找（例如闭包），再找不到就会去全局找，再者去内置中找。按这个查找原则，在第一处找到的地方停止。如果没有找到，Python 会报错的。四个作用域的关系如图 3-24 所示。

（1）局部作用域

局部变量包含在 def 关键字定义的语句块中，即在函数

图3-24　四个作用域的关系

中定义的变量。每当函数被调用时都会创建一个新的局部作用域。在函数内部的变量声明，默认为局部变量。局部变量域就像一个栈，仅仅是暂时的存在，依赖创建该局部作用域的函数是否处于活动的状态。所以，一般建议尽量少定义全局变量，因为全局变量在模块文件运行的过程中会一直存在，占用内存空间。

【例 3-51】变量的局部作用域。

```
num=100              # 全局变量
def func():
    num=123          # 局部变量
    print(num)
func()
print(num)
```

输出结果是：

```
123
100
```

【程序分析与说明】

函数中定义的变量名 num 是一个局部变量，在函数内部覆盖全局变量。一旦跳出函数范围就失效了。

（2）嵌套作用域

E（Enclosing）也包含在 def 关键字中，E 和 L（Local）是相对的，E 相对于更上层的函数而言也是 L。与 L 的区别在于，对一个函数而言，L 是定义在此函数内部的局部作用域，而 E 是定义在此函数的上一层父级函数的局部作用域。主要是为了实现 Python 的闭包。

闭包的定义：如果在一个内部函数里，对在外部函数内（但不是在全局作用域）的变量进行引用，那么内部函数就被认为是闭包（Closure）。

（3）全局作用域

即在模块层次中定义的变量，每一个模块都是一个全局作用域。也就是说，在模块文件顶层声明的变量具有全局作用域，从外部看来，模块的全局变量就是一个模块对象的属性。注意：全局作用域的作用范围仅限于单个模块文件内。

（4）内置作用域

系统内固定模块里定义的变量，如预定义在 builtins 模块内的变量，其名称通常两边都带有两个下画线，比如 __file__、__doc__、__name__ 等。需要说明的是，Python 解释器第一次启动的时候 builtins 就已经在命名空间了，所以 Python 可以直接使用一些内置变量和内置函数，不用显式地导入它们，比如内置函数 str()、int()、dir()。

【例 3-52】变量的作用域。

```
print(__file__)          #__file__是内置变量，作用是输出当前文件的路径信息
a=1                      # 全局作用域
def fun():
    a=2                  # 嵌套作用域，闭包函数外的函数中
    def fun2():
        a=3              # 局部作用域
    fun2()
    print(a)
print(a)                 # 输出1
fun()                    # 输出2
```

输出结果：

```
C:\Users\Administrator\Desktop\test.py
1
2
```

3. global 与 nonlocal 语句

可以在函数内部直接引用全局变量，但是不能直接修改全局变量。如果需要在函数内部定义或修改全局变量，这时可以使用 global 关键字来声明变量的作用域为全局。nonlocal 关键字用来在函数或其他作用域中使用外层（非全局）变量。

【例 3-53】利用 global 在函数内部修改全局变量。

```
g=0
def global_test():
    global g                 # 声明全局变量，如果删除此语句，将出错
    g+=1
    print(g)
global_test()                # 输出 1
```

【程序分析与说明】

如果在局部要对全局变量修改，需要在局部先声明该变量为全局，否则不允许修改。

如果在局部不修改全局变量，则允许不声明全局变量，而直接使用全局变量。

【例 3-54】nonlocal 的使用。

```
def outside():
    b=20
    def inside():
        nonlocal   b                #声明外层变量
        b=10
        print(b)
    inside()
    print(b)
outside()
```

输出：

```
    10
    10
```

【程序分析与说明】

如果删除语句 nonlocal b，则结果将是 10 和 20。

如果在程序末尾增加语句 print(b)，则会报错，因为 b 不是全局变量。nonlocal 适用于嵌套函数中内部函数修改外部变量的值。

3.5.4　递归函数

1. 递归的定义

一个函数直接或者间接调用自己，那么这个函数就称为递归函数。为了杜绝出现死循环现象，Python 强制将递归层数控制在 997 层以内。

2. 简单的递归函数

【例 3-55】利用递归函数计算阶乘 $n! = 1 \times 2 \times 3 \times \cdots \times n$。

```
def func(n):
    if n==1:
        return n
    else:
        return n*func(n-1)
print(func(5))                        #运行结果是120
```

3. 递归特性

递归具有以下特性：

● 必须有一个明确的结束条件。

● 每次进入更深一层递归时，问题规模相比上次递归都应有所减少。

● 递归层次过多会导致栈溢出。

在计算机中，函数调用是通过栈这种数据结构实现的，每当进入一个函数调用，栈就会加一层栈帧。每当函数返回，栈就会减一层栈帧。由于栈的大小不是无限的，所以，递归调用的次数过多，会导致栈溢出。

3.6 文　　件

Python 提供了默认操作文件所必需的基本功能和方法。可以使用文件对象执行大部分文件操作。从存储格式上说，文件分为文本文件和二进制文件。两种文件的读写方式略有不同，本节主要讨论能用文字编辑器编辑的文本文件。

3.6.1　文件操作

Python 的 os 模块提供了许多用于执行文件和目录处理操作的方法，在使用这些方法之前，应事先导入 os 模块。

假设已经执行了语句 import os，则可直接执行下列文件操作方法。

1. getcwd() 方法

显示当前目录名，无参数。语法格式：

```
os.getcwd()
```

举例：

```
os.getcwd()
```

2. chdir() 方法

改变当前目录，待设为当前目录的目录名以字符串形式作为方法的参数。语法格式：

```
os.chdir(path)
```

参数说明：

path：待设为当前目录的目录名。

举例：

```
os.chdir('c:\windows')
```

3. mkdir() 方法

在当前目录中创建新的目录，新目录名以字符串形式作为方法的参数。语法格式如：

```
os.mkdir(path)
```

参数说明：

path：要创建的目录。

举例：

```
os.mkdir('c:\myfolder')
```

4. rmdir() 方法

用于删除指定路径的目录。仅当这文件夹是空的才可以删除，否则抛出 OSError。语法格式：

```
os.rmdir(path)
```

参数说明：

path：要删除的目录路径。

举例：

```
os.rmdir('c:\myfolder')
```

5. rename() 方法

用于命名文件或目录，从原名 src 到新名 dst，如果 dst 是一个存在的目录，将抛出 OSError。语法格式：

```
os.rename(src, dst)
```

参数说明：

src：要修改的文件名或目录名。

dst：修改后的文件名或目录名。

举例：

```
os.rename("test","test2")
```

6. remove() 方法

用于删除指定路径的文件。如果指定的路径是一个目录，将抛出 OSError。语法格式：

```
os.remove(file)
```

参数说明：

file：要移除的指定路径的文件

举例：

```
os.remove(r'd:/test.txt')
```

3.6.2　文件的打开和关闭

1. 打开文件 open( )

在读取或写入文件之前，必须使用 Python 的内置 open() 函数打开文件。此函数创建一个文件对象，该对象将用于调用与其相关联的其他支持方法。open() 函数语句格式如下：

```
文件变量名 =open ( 文件名，打开方式 )
```

参数说明：

- 文件名：参数是一个字符串类型，指定要访问的文件名称。
- 打开方式：确定文件打开的模式，见表 3–15。默认是只读。

举例：f=open('test.txt', mode='r+')

表 3–15　文件的打开方式

打开方式	说　　明
r	只读
r+	可读可写，不会创建不存在的文件，从顶部开始写，会覆盖之前此位置的内容
w+	可读可写，如果文件存在，则覆盖整个文件，不存在则创建
w	只写，覆盖整个文件，文件不存在则创建
a	只写，从文件底部添加内容，不存在则创建
a+	可读可写，从文件顶部读取内容，从文件底部添加内容，不存在则创建

2. 关闭文件 close( )

对于一个已打开的文件，无论是否进行了读写操作，当不需要对文件操作时，应该关闭文件。Python 提供了 close() 方法关闭文件对象。当文件的引用对象重新分配给另一个文件时，Python 也会自动关闭一个文件。但使用 close() 方法关闭文件是个好习惯。close() 语句格式如下：

```
文件名 .close()
```

举例：

```
f.close()
```

3.6.3 读写文件

文件对象提供了一组访问方法，使代码编写更方便。read() 和 write() 方法分别用来读取和写入文件。

1. 用 write() 或 writelines() 方法写入文件

关于写入文件的语句格式有两种：

```
write( 字符串 )
writelines( 由字符串组成的列表 )
```

【例 3-56】生成 test.txt 文件，并写入如图 3-25 所示的文字。

```
f=open('test.txt', mode='w')
s=' 第一中学 '+'\n'+' 本学期开设课程 '
list1=[' 高数 ',' 英语 ',' 计算机 ',' 体育 ']
f.write(s)
f.write('\n')                    # 添加换行符
f.writelines(list1)
f.close()
print(" 关闭文件成功 !!")
```

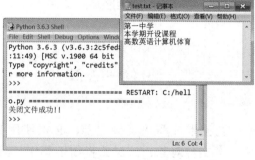

图3-25　程序运行后生成test.txt文件

程序运行结果如图 3-25 所示。

2. 用 read()、readline() 或 readlines() 方法读取文件

关于读取文件的语句格式有三种：

read(字节数)：从文件当前位置读取指定的字节数，如果未给定或为负则读取所有。

readline()：从当前位置读取一整行，包括 "\n" 字符，该方法返回一个字符串对象。

readlines()：从当前位置读取整个文件所有行，返回一个列表变量，每行作为一个列表元素。

【例 3-57】读取上例的 test.txt 文件内容。

```
f=open('test.txt', mode='r')
s1=f.read(1)
s2=f.readline()
list1=f.readlines()
f.close()
print(s1)
print(s2)
print(list1)
```

输出结果：

第

一中学

['本学期开设课程\n', '高数英语计算机体育']

本章小结

  Python 是一种面向对象的、解释型的编程语言。建议读者登录 Python 官方网站下载 3.0 以后的稳定版本进行安装。Python 自带的 IDLE 集成开发环境，允许在 ">>>" 提示符后直接输入的程序代码实现交互式开发，也可在 IDLE 中新建程序文件并调试运行。

  本章主要介绍了顺序、选择、循环 3 种控制结构，包括 if 选择语句、for 循环、while 循环、跳转语句和异常处理 try-except 语句。同时还介绍了函数和文件的相关知识。Python 中内置了很多函数，例如 input()、print() 等函数，用户也可以自定义函数。函数必须先声明，然后才能调用。Python 拥有操作文件所必需的基本功能和方法。用户可以针对文件对象执行复制、粘贴、删除和重命名等常见的文件操作。

  "我应该怎么学习编程？"是初学者常见的一个问题。学习编程最重要的是要有持之以恒的心，在模仿他人代码的同时要学会自己思考。要多上机练习，切忌三天打鱼两天晒网，记住：眼过千遍不如手过一遍！书看千行不如手敲一行！

🌐 工匠精神

"蛟龙"号载人潜水器深潜团队——用智慧汗水诠释深潜精神

  中国是继美、法、俄、日之后世界上第 5 个掌握大深度载人深潜技术的国家。"蛟龙"号又称"海吸" 1 号，是一艘由中国自行设计、自主集成研制的 7 000 米级载人潜水器。蛟龙号由七〇二所研制，是世界上最大的潜深载人潜水器，可探索占世界海洋面积 99.8% 的海域。深海高新技术是海洋开发和海洋技术发展的最前沿与制高点，也是目前世界高科技发展的方向之一。

  "十五"期间，"海极" 1 号被列为国家 863 计划重大专项。自 2011 年深海潜水器技术与装备重大项目实施以来，"蛟龙"号载人深潜器成功完成 5 000 ~ 7 000 m 海试并投入试验性应用，研制成功 4 500 m 深海作业系统以及突破 4 500 m 载人球壳关键技术等一系列重要研究成果。

  "蛟龙"号构造参数：

尺寸：长 8.2 m，宽 3.0 m，高 3.4 m

质量：22 t（空气中）

有效负载：220 kg（不包括乘员重量）

最大下潜深度：7062.68 m

最大速度：46.3 km/h，1.852 km/h（巡航）

"蛟龙"号出海

可载人数：3 人（1 名潜航员，2 名科学家）

"蛟龙"号载人潜水器海试工作涉及潜水器布放与回收、水声通信、母船配合、气象保障等十几个部门、众多岗位。

2012 年 6 月 3 日，"蛟龙"号载人潜水器 7 000 m 级海试队第四次从江阴出征。这一次的任务是突破 7 000 m 深度。

6 月 24 日，马里亚纳海沟试验区风雨交加。北京时间 9 时 07 分，中国"蛟龙"号载人潜水器在 3 名潜航员的驾驶下，顺利到达马里亚纳海沟 7 020 m 深的海底，在世界载人深潜的榜首刻下了中国人的名字。

"蛟龙"号深潜器准备下水作业

7 000 m 级海试实现了目标：对潜水器 313 项功能和性能指标进行了逐一验证，对关键指标进行了多次充分验证。试验取得了宝贵的地质样品、生物样品、沉积物样品和水样，摄录了大量海底影像资料，是目前世界科学家利用载人潜水器首次在马里亚纳海沟 7 000 m 深度海底获得的第一手宝贵资料，创造了我国载人深潜的新纪录，实现了我国深海技术发展的新突破和重大跨越，标志着我国深海载人技术达到国际领先水平，使我国具备了在全球 99.8% 的海洋深处开展科学研究、资源勘探的能力。

志之所向，一往无前；愈挫愈勇，再接再厉。"蛟龙"号海试成功为科学家研究和揭示深海奥秘提供了重要的技术手段，充分展示了"蛟龙"号广阔的应用前景，为人类和平开发利用海洋探索了一条集成创新之路，也为中国培养和锻炼了一支能打硬仗的团队和第一批潜航员队伍，形成了"严谨求实、团结协作、拼搏奉献、勇攀高峰"的中国载人深潜精神。

资料来源：

[1] 赵建东 . "蛟龙"号载人潜水器深潜团队：用智慧汗水诠释深潜精神 [EB/OL].https://www.xuexi.cn/lgpage/detail/index.html?id=14866743208430881442，2019-11-25.

[2] 中国科学院深海工程与科学研究所 . 中国载人深潜器："蛟龙"号 [EB/OL].https://www.xuexi.cn/lgpage/detail/index.html?id=8341426736414272707&item_id=8341426736414272707，2020-06-29.

第 4 章　Python 计算生态和数据智能分析

内容提要

◎ 模块、包和库
◎ Python 第三方库的获取和安装
◎ Python 智能数据分析

现代编程已无必要再进行刀耕火种、一砖一瓦式的开发，Python 拥有庞大的计算生态，用户可以在任何计算机上免费安装 Python 及其绝大多数扩展库。众多开源的科学计算软件包都提供了 Python 的调用接口，例如著名的计算机视觉库 OpenCV、三维可视化库 VTK、医学图像处理库 ITK。而 Python 专用的科学计算扩展库就更多了，例如 NumPy、SciPy 和 Matplotlib，它们分别为 Python 提供了快速数组处理、数值运算以及绘图功能。在大数据处理上，Sklearn 是基于 Python 语言的机器学习工具，它对常用的机器学习方法进行了封装，开发者只要几行代码就可以用 Sklearn 实现不同的算法。

4.1　Python 模块、包和库

Python 内置了很多实现各种功能的函数、类定义等编程接口，并且引入了模块的概念。实际上，模块就是一些函数、类和变量的组合，是扩展名为 .py 的文件。它封装了一个或者多个功能的代码集合，以便于重用。模块可以是一个文件也可以是一个目录，目录的形式称作包（Package）。模块可以被别的程序引入，以使用该模块中的函数等功能。这也是使用 Python 标准库的方法。一个模块往往针对某个方面的应用而设计，表 4-1 罗列了一些常用的模块。

表 4-1　Python 的常用模块

模 块 名 称	功 能 简 介
time	提供各种操作时间的函数
math	提供了大量常见数学计算函数
random	提供了生成随机数的工具
turtle	提供简单的绘图工具
os	提供对操作系统进行调用的接口
sys	提供系统相关的路径、版本等信息
tkinter	图形用户界面开发模块
platform	获取操作系统的详细信息和与 Python 有关的信息
shutil	高级的文件、文件夹、压缩包处理模块
SQLLite	一个轻型的嵌入式 SQL 数据库引擎
socket	提供建立网络连接，实现主机间的数据传输的 socket 编程工具

4.1.1 模块、包和库的关系

1. 模块的概念

模块就是程序，任何 Python 程序都可作为模块导入。可以在 .py 文件里面定义一些函数和变量，需要的时候就可以通过这个文件的名称（不包括扩展名 .py）将该模块导入。

2. 包的概念

为了组织模块，方便管理，可以将文件进行打包。包是一个目录，包目录下必须包含文件 __init__.py，然后是一些模块文件和子目录，假如子目录中也有 __init__.py，那么它就是这个包的子包。如果包中不包含 __init__.py 文件，则 Python 就把这个目录当成普通文件夹，而不是一个包。__init__.py 可以是空文件，也可以有 Python 代码，因为 __init__.py 本身就是一个模块。要将模块加入包中，只需将模块文件放在包目录中即可。常见的包结构如图 4-1 所示。

```
package_a
├── __init__.py
├── module_a1.py
└── module_a2.py
```

图4-1　包结构示例

3. 库的概念

库是具有相关功能模块的集合。这也是 Python 的一大特色之一，即具有强大的标准库、第三方库以及自定义模块。

- 标准库：就是下载安装的 Python 中那些自带的模块，要注意的是，里面有一些模块是看不到的比如像 sys 模块，这 Linux 下的 cd 命令看不到是一样的情况。
- 第三方库：就是由其他的第三方机构，发布的具有特定功能的模块。
- 自定义模块：用户自己可以自行编写模块，然后使用。

需要说明的是，模块、包、库这 3 个概念本质上都是模块，只不过是个体和集合的区别，因此在实际使用中人们有时会混为一谈。

（1）模块的使用

有些 Python 模块是本身自带的，安装了 Python 就可以直接用命令对该模块进行引用，有些模块则需要另行上网下载安装。Python 用 import 或者 from…import 来导入相应的模块，下面介绍相应语法。

将整个模块导入，语法格式为：

```
import 模块名 [as 别名]
```

从某个模块中导入某个函数，语法格式为：

```
from 模块名 import 函数名 [as 别名]
```

从某个模块中导入多个函数，语法格式为：

```
from 模块名 import 函数名 1, 函数名 2,……
```

将某个模块中的全部函数导入，语法格式为：

```
from 模块名 import *
```

（2）包的调用

有时模块的名字过长导致引用不便，可通过 as 指定模块别名，引用时使用"别名.对象名"的方式使用其中的对象。

调用包就是执行包下的 __init__.py 文件。

如果当前目录下能够找到要调用的包，则从某个包中导入某个模块的语法格式为：

```
from 包名 import 模块名
```

或：

```
import 包名.模块名
```

如果当前目录找不到要调用的包，则事先要向 sys.path 添加包的所在绝对路径。import 一个包名，就等于执行了这个包下的 __init__.py 文件。

4.1.2　进一步学习 turtle 库

上一章简单介绍了 turtle 库，turtle 库是 Python 语言中一个很流行的绘制图像的函数库，想象一个小乌龟，从一个横轴为 x、纵轴为 y 的坐标系原点 (0,0) 位置开始，根据一组函数指令的控制，在这个平面坐标系中移动，从而在它爬行的路径上绘制图形。

这一节将进一步学习 turtle 库的基础知识。

1. 画布

画布就是 turtle 用于绘图的区域，可以通过函数设置它的大小和初始位置。

通过 turtle.setup 定义窗体的大小和相对位置，其语法如下：

```
turtle.setup(width=0.5, height=0.75, startx=None, starty=None)
```

其中参数 width 和 height 为整数时，表示像素值；为小数时，表示占据计算机屏幕的比例；(startx, starty) 这一坐标表示矩形窗口左上角顶点的位置，如果为空，则窗口位于屏幕中心。

通过 turtle.screensize 设置画布大小，其语法如下：

```
turtle.screensize(canvwidth=None, canvheight=None, bg=None)
```

参数分别为画布的宽（单位为像素）、高、背景颜色。

注意：窗体和画布不是一个概念，如果画布大于窗体，会出现滚动条，反之画布填充窗体。

2. 画笔

在画布上，描述画笔使用了两个词语：坐标原点（位置）和面朝 x 轴正方向（方向）。turtle 绘图中，就是使用位置方向描述画笔的状态。

（1）设置画笔属性

常用的属性包括画笔的颜色宽度和画笔移动速度等，如表 4–2 所示。

表 4–2　turtle 模块常用的设置画笔属性的函数

函　数	功　能　说　明	使　用　示　例
pensize(N)	设置画笔的宽度为 N 个像素	pensize(20)
pencolor(RGB)	如果没有参数传入，返回当前画笔颜色；传入参数则设置画笔颜色，可以是字符串如"green"、"red"、也可以是 RGB 3 元组	pencolor("blue")
speed(N)	设置画笔移动速度为 N，画笔绘制的速度范围为 [0,10] 整数，除了 0 的速度最快，1~10 随着值的变大速度也变大	speed(5)

（2）绘图命令

操纵海龟绘图有许多命令，可以划分为 3 种：一种为运动命令，如 forward()；一种为画笔控制命令，如 color(R,G,B)；还有一种是全局控制命令，如 clear()。在上一章中已经介绍了常用的命令，这一节主要详细介绍一下 circle 命令，其语法为：

```
circle(radius, extent=None, steps=None)
```

其中 3 个参数的说明如表 4-3 所示。

表 4-3　circle 函数参数说明

参　数	设 置 说 明
radius	圆的半径，半径为正（负），表示圆心在画笔的左边（右边）画圆
extent	弧度，可选，比如180表示画180°的弧，即半圆
steps	可选，做半径为radius的圆的内切正多边形，多边形边数为steps

比如，画半径为 100 的半圆的内切 8 边形，其结果如图 4-2 所示。

```
>>>circle(200,180,8)
```

【例 4-1】使用 turtle 绘制黄色的五角星，程序运行结果如图 4-3 所示。

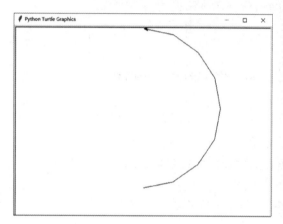

图4-2　半径为100的半圆的内切8边形　　　　图4-3　用turtle绘制黄色的五角星图

```
from turtle import *
setup(1000,800,100,100)
screensize(canvwidth=1000, canvheight=800,bg='red')
speed(10)
up()
goto(-170,145)
down()
fillcolor('yellow')
pencolor('yellow')
begin_fill()
for x in range(5):
    forward(500)
    right(144)
end_fill()
```

【程序分析与说明】

① 使用 begin_fill() 和 end_fill() 为五角星填色。

② 由于五角星有 5 个角，所以使用 for 循环绘制 5 条线，每个角的度数是 36°，所以每绘制完一条线之后，让其向右偏转 144°，如图 4-4 所示。

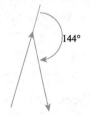

图4-4　五角星一角

4.1.3　random 库与随机数

Python 为用户提供了非常完善的内置标准代码库，涵盖了超过 200 个核心模块，覆盖了网络、文件、GUI、数据库、文本等大量内容。用 Python 开发软件，许多功能不必从零编写，直接使用现成的即可。下面介绍常用的 random 库。

一般计算机的随机数都是伪随机数，以一个真随机数（种子）作为初始条件，然后用一定的算法不停迭代产生随机数。Python 通过 random 库提供各种伪随机数，基本可以用于除加密解密算法外的大多数工程应用。随机数种子一旦确定，产生的随机数序列也就确定了。random 库相关函数见表 4-4。

表 4-4　random 库相关函数

函　数　名	功　　能
random()	生成一个[0,1)之间的随机浮点数
seed()	用来初始化随机数种子，默认值为当前系统时间。随机数种子多为一个整数，而且相同的种子所生成的随机数序列也相同
uniform(a，b)	生成一个a到b之间的随机浮点数
randint(a，b)	生成一个[a,b]之间的随机整数
choice(<list>)	从指定序列中随机返回一个元素
shuffle(<list>)	将序列中元素随机打乱
sample(<list>，k)	从指定序列中随机获取k个元素
randrange()	返回指定递增基数集合中的一个随机数，基数默认值为1

【例 4-2】生成各种随机数。

```
>>> import random
>>> print(random.random())          # 返回一个 [0,1) 之间的随机浮点数
0.5199942571330846
>>> print(random.randint(1,10))      # 返回一个 [1,10] 之间的随机整数
8
>>> random.seed(5)      # 给定随机数种子 5。当种子不指定时，默认生成的种子是当前系统时间。
>>> print(random.random())
0.6229016948897019
>>> print(random.choice('abcdefg'))  # 从字符串中随机返回一个字符
d
>>> list1=[1,2,3,'a','b']
>>> random.shuffle(list1)            # 将序列中元素随机打乱
>>> print(list1)
['a', 'b', 2, 3, 1]
```

4.1.4　time 库与程序计时

在 Python 中包含了若干个能够处理时间的库，而 time 库是其中最基本的一个标准库。time 库能够表达计算机时间，提供获取系统时间并格式化输出的方法，提供系统级精确计时功能，用于程序性能分析。time 库相关函数见表 4-5。

表 4-5　time 库相关函数

函　　数	描　　述
time()	获取当前时间戳，即当前系统内表示时间的一个浮点数。时间戳是从1970年1月1日0:00开始，到当前为止的一个以秒为单位的数值
ctime()	获取当前时间，并返回一个以人类可读方式的字符串
gmtime()	获取当前时间，并返回计算机可处理的时间格式
strftime(tpl,ts)	tpl是格式化模板字符串，用来定义输出效果；ts是系统内部时间类型变量
strptime(str,tpl)	str是字符串形式的时间值；tpl是格式化模板字符串，用来定义输入效果
perf_counter()	返回一个CPU级别的精确时间计数值，单位为秒。由于这个计数值起点不确定，连续调用求差值才有意义
sleep(s)	s为休眠时间，单位秒，可以是浮点数

【例 4-3】time 库的使用。

```
>>> import time
>>> time.time()
1593591630.719298
>>> time.ctime()
'Wed Jul  1 16:20:53 2020'
>>> time.gmtime()
time.struct_time(tm_year=2020, tm_mon=7, tm_mday=1, tm_hour=8, tm_min=21,
tm_sec=16, tm_wday=2, tm_yday=183, tm_isdst=0)
>>> t=time.gmtime()
>>> time.strftime("%Y-%m-%d %H:%M:%S",t)
'2020-07-01 08:21:44'
```

 ## 4.2　Python 第三方库的获取和安装

除了内置的标准库外，Python 还有大量的第三方库，也就是他人开发的供用户下载使用的代码。在 Python 开源社区中，倡导优秀的代码通过封装后作为第三方库共享给他人使用。第三方库与 Python 直接集成的标准库不同，它是需要手动安装的。安装 Python 第三方库有以下三种方法。

1. 使用 pip 命令全自动安装

pip 命令提供了对 Python 包的查找，下载、安装、卸载的功能。Python 3.4+ 以上版本自带 pip 工具。pip 的安装路径在 Python 安装目录下的 Scripts 文件夹下。安装前需要先配置 path 环境变量，添加 Python 的安装路径和 Scripts 的路径，如图 4-5 所示添加第 7、8 行，这样才便于在 Windows 的 cmd 中运行 pip 命令。

一般来说，第三方库都会在 Python 官方的 https://pypi.org/ 网站注册，要安装一个第三方库，必须先知道该库的名称，比如中文分词库的名称叫 jieba，则安装 jieba 的命令是：

```
>>>pip install jieba
```

耐心等待自动下载并安装后，就可以使用 jieba 库了。

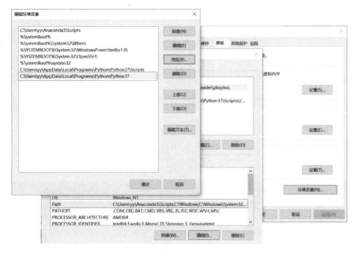

图4-5　配置path环境变量

2. 集成安装方法

在使用 Python 时，经常需要用到很多第三方库，用 pip 一个个安装费时费力，还需要考虑兼容性。推荐直接使用 Anaconda 集成安装第三方库，这是一个基于 Python 的数据处理和科学计算平台，它已经内置了许多非常有用的第三方库，装上 Anaconda，就相当于把数十个第三方模块自动安装好了，非常简单易用。

3. 手动安装方法

使用 pip 在线安装的过程容易出现各种各样的错误提示，初学者通常不知道如何应对，下面提供手动离线安装 jieba 库的方法。

①首先需要从官网 https://pypi.org/project/jieba/ 上下载压缩包，解压到 Python 安装目录下。

②进入到解压后的存在 setup.py 文件的 jieba 目录，在文件导航栏中输入 cmd 后按回车键。

③在 cmd 界面中输入 python setup.py install 后按回车键安装，如图 4-6 所示。

图4-6　手动安装jieba库

4.2.1　PyInstaller 库与程序打包

Python 是解释性语言，需要支持 Python 的计算机系统才能执行。但有些计算机系统是没有配置 Python 环境的，这时就需要将 .py 文件转换为 .exe 可执行文件。PyInstaller 库是将 Python 程序文件打包生成可直接运行程序的第三方库。PyInstaller 的安装建议采用手动安装方法，安装成功后就可以通过它对 py 文件进行打包了。

【例 4-4】利用 PyInstaller 库将已有的 aa.py 文件转换为 aa.exe 可执行文件

①将 aa.py 文件复制到安装好的 PyInstaller 目录中。

②打开 cmd 界面，进入 PyInstaller 目录。

③输入 pyinstaller –F aa.py 后按回车键，如图 4-7 所示。

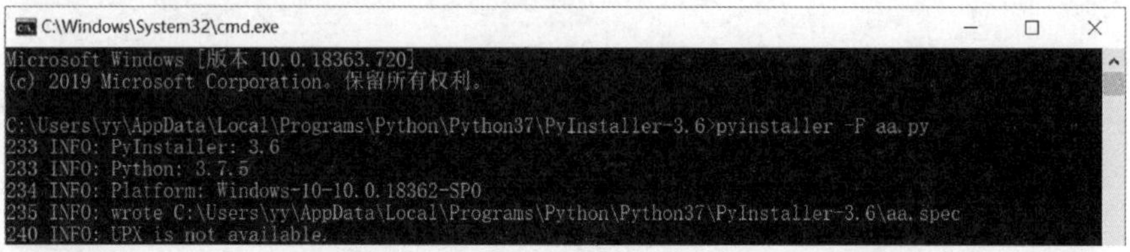

图4-7　在cmd界面输入代码

④出现 completed successfully 字样表示打包成功，如图 4-8 所示。

图4-8　打包成功的提示信息

⑤在如图 4-9 所示的 PyInstaller\dist 目录中找到 aa.exe，即可双击执行。

图4-9　dist目录中的aa.exe文件

4.2.2　jieba 库与中文分词

中文文本需要通过分词获得单个的词语，jieba 是优秀的中文分词第三方库，需要额外安装。jieba 库分词的原理是利用一个中文词库，确定汉字之间的关联概率。汉字间概率大的组成词组，形成分词结果。除了分词，用户还可以添加自定义的词组。jieba 库常用函数见表 4-6。

jieba 库提供 3 种分词模式：

- 精确模式：把文本精确的分开，不存在冗余单词。
- 全模式：把文本中所有可能的词语都扫描出来，会有冗余。

- 搜索引擎模式：在精确模式基础上，对长词再次切分，会有冗余。

表 4-6   jieba 库常用函数

函　　数	描　　述
jieba.cut(s)	精确模式，返回一个可迭代的数据类型
jieba.cut(s,cut_all=True)	全模式，输出文本s中所有可能单词
jieba.cut_for_search(s)	搜索引擎模式，适合搜索引擎建立索引的分词结果
jieba.lcut(s)	精确模式，返回一个 列表类型，建议使用
jieba.lcut(s,cut_all=True)	全模式，返回一个列表类型，建议使用
jieba.lcut_for_search(s)	搜索引擎模式，返回一个列表类型，建议使用
jieba.add_word(w)	向分词词典中增加新词w
jieba.del_word(w)	从分词词典中删除词汇w

【例 4-5】jieba 库的 3 种分词模式用法，程序运行结果如图 4-10 所示。

```python
import jieba
seg_str=" 垃圾分类，人人有责 "
print(jieba.lcut(seg_str))                  # 精简模式，返回一个列表类型的结果
print(jieba.lcut(seg_str, cut_all=True))    # 全模式，使用 'cut_all=True' 指定
print(jieba.lcut_for_search(seg_str))       # 搜索引擎模式
```

【例 4-6】利用 jieba 库统计 D: 盘下 "中华人民共和国公务员法 .txt" 文件中出场次数最多的十大词语，程序运行结果如图 4-11 所示。

```python
import jieba
txt=open("D:\\ 中华人民共和国公务员法 .txt","r", encoding='utf-8').read()
words=jieba.lcut(txt)                 # 使用精确模式对文本进行分词
counts={}                             # 通过键值对的形式存储词语及其出现的次数
for word in words:
  if len(word)==1:                    # 单个词语不计算在内
    continue
  else:
    counts[word]=counts.get(word, 0) + 1   # 遍历所有词语，每出现一次其对应的值加 1
items=list(counts.items())            # 将键值对转换成列表
items.sort(key=lambda x: x[1], reverse=True) # 根据词语出现的次数进行从大到小排序
for i in range(10):
  word, count=items[i]
  print("{0:<5}{1:>5}".format(word, count))
```

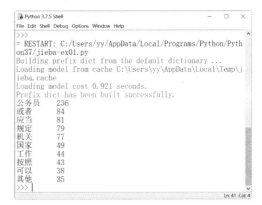

图4-10   3种分词模式程序运行结果　　　　图4-11   jieba库统计十大词语程序运行结果

4.2.3 利用 wordcloud 库智能生成词云

词云是以词语为基本单位直观和艺术的表现出文章的主题的一种方式。当我们手中有一篇文档，比如书籍、小说、电影剧本，如果想快速了解其主要内容是什么，则可以使用 wordcloud 库绘制词云图，配置相关的属性，显示主要的关键词（高频词）生成个性词云图像，wordcloud 库将从给定的"文本"中按空格读取单词，出现次数越多的单词，生成的图像越大。

（1）使用 pip 命令安装 wordcloud 库

```
>>>pip install wordcloud
```

（2）生成 WordCloud 对象

```
>>>w=wordcloud.WordCloud()
```

如果想要生成个性词云，则可以设置 wordcloud.WordCloud() 的参数，包括绘制词云的形状、尺寸和颜色等，wordcloud.WordCloud() 的常用参数如表 4-7 所示。

表 4-7 wordcloud.WordCloud() 的常用参数

参　　数	说　　明
font_path	string，字体路径，需要展现什么字体就把该字体路径+后缀名写上，如：font_path='黑体.ttf'
width	int，输出的画布宽度，默认为400像素
height	int，输出的画布高度，默认为200像素
prefer_horizontal	float，词语水平方向排版出现的频率，默认为 0.9（所以词语垂直方向排版出现频率为 0.1）
min_font_size	in，显示的最小的字体大小，默认为4
max_words	number，要显示的词的最大个数，默认为200
mask	设置词云的形状

注意：由于 wordcloud 库自带的字体 DroidSans Mono.ttf 不支持中文，所以需要使用参数 font_path 指定替代的字体路径。

（3）加载词云文本

可以根据文本中词语出现的频率等参数绘制词云。

```
>>>w.generate('dog cat fish bird cat
cat dog')
```

【例 4-7】利用 wordcloud 库绘制词云图，程序运行结果如图 4-12 所示。

```
from wordcloud import WordCloud
import matplotlib.pyplot as plt
from PIL import Image
import numpy as np
poetry_text="""
```

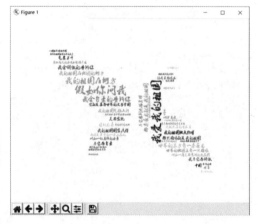

图4-12　绘制词云图程序运行结果

假如你问我，我的祖国在何方，我会自豪地告诉你，世界的东方有一条巨龙，那条巨龙就是我的祖国；假如你问我，我的祖国在地图的何方，我会骄傲地告诉你，世界的地图上有一只雄鸡，那只雄鸡就是我的祖国。我的祖国地大物博，美丽富饶；我的祖国气壮山河，日新月异；我的祖国国富民强，气象万千；我为它而骄傲，为它而自豪，为它感到无限荣耀，它就是享誉世界的文明古国——中国。

```
        我爱我的祖国。
        她如一座美丽宽阔的大花园，而我是其中的一朵小花儿，无忧无虑地生长着，
        她如一位慈祥的母亲，哺育、呵护着我，让我茁壮成长。
        我爱我的祖国，爱她悠久的历史和坚强不屈。
        我们铭记着中华母亲的功德，更不忘她承受的千灾百难。
        我们永远不能忘记，祖国母亲曾经饱受煎熬，饱受痛苦，
        尽管这样，我们的祖国母亲也熬过来了！
        她坚持下来了！一九四九年十月一日，在毛主席英明的领导下，新中国成立了！
        是七月的星火，南湖的航船，让东方雄狮从噩梦中奋起，中华啊！展开了崭新的画卷。
        """
font='rygyxs88.ttf'                              # 设置好中文字体
mask=np.array(Image.open("black_mask.jpg"))     # 设置词云的形状
# 生成对象
wc=WordCloud(mask=mask, font_path=font,
                width=800, height=600, mode='RGBA',
                background_color=None).generate(poetry_text)
# 显示词云
plt.imshow(wc, interpolation='bilinear')
plt.axis('off')
plt.show()
# 保存到文件
wc.to_file('wordcloud.png')                     # 生成图像是透明的
```

Python 语言有超过 12 万个第三方库，覆盖信息技术几乎所有领域，库是其吸引人的一个出众的优点，通过使用 Python 第三方库可以实现高效率的开发。

4.3　Python 数据智能分析

4.3.1　在 NumPy 库中加载数据集

Python 并没有提供数组功能。虽然列表可以完成基本的数组功能，但它不是真正的数组，而且在数据量较大时，使用列表的速度就会慢得让人难以接受。为此，NumPy 库提供了真正的数组功能，以及对数据进行快速处理的函数，而且提供了许多高级的数值编程工具，如：矩阵数据类型、矢量处理，以及精密的运算库，其专为进行严格的数字处理而产生，多为很多大型金融公司使用。此外，NumPy 是很多更高级的扩展库的依赖库，比如 SciPy、Matplotlib、Pandas 等库都依赖于它。而且，NumPy 内置函数处理数据的速度是 C 语言级别的，因此在编写程序的时候，应当尽量使用它们内置的函数，避免出现效率瓶颈的现象（尤其是涉及循环的问题）。

在 Windows 中，NumPy 的安装跟普通的第三方库安装一样，可以通过 pip 安装，也可以自行下载源代码安装。

1. NumPy 的 ndarray：一种多维数组对象

NumPy 最重要的一个特点就是其 *N* 维数组对象（即 ndarray）。该对象是一个通用的同构数据多维容器，也就是说，其中的所有元素必须是相同类型的。每个数组都有一个 shape（一个表示各维度大小的元组）和一个 dtype，可以利用这种数组对整块数据执行一些数学运算，其语法跟标量元素之间的运算一样。

创建一个 ndarray 只需调用 NumPy 的 array 函数即可：

```
numpy.array(object, dtype=None, copy=True, order=None, subok=False,
ndmin=0)
```

其中参数说明如表 4-8 所示。

表 4-8　array 函数参数说明

名称	描　　述
object	数组或嵌套的数列
dtype	数组元素的数据类型，可选
copy	对象是否需要复制，可选
order	创建数组的样式，C为行方向，F为列方向，A为任意方向（默认）
subok	默认返回一个与基类类型一致的数组
ndmin	指定生成数组的最小维度

【例 4-8】创建数组的方法。

```
>>>import numpy as np
>>>a=np.array([1,2,3])              # 一维数组
>>>print(a)
[1,2,3]
>>>a=np.array([[1,2], [3,4]])       # 二维数组
>>>print(a)
[[1,2]
 [3,4]]
```

2. NumPy 数组属性

NumPy 数组的维数称为秩（rank），秩就是轴的数量，即数组的维度，一维数组的秩为 1，二维数组的秩为 2，以此类推。

在 NumPy 中，每一个线性的数组称为是一个轴（axis），秩其实就是描述轴的数量。比如说，二维数组相当于是两个一维数组，其中第一个一维数组中每个元素又是一个一维数组。所以一维数组就是 NumPy 中的轴，第一个轴相当于是底层数组，第二个轴是底层数组里的数组。而轴的数量——秩，就是数组的维数。

NumPy 的数组中比较重要的 ndarray 对象属性如表 4-9 所示。

表 4-9　ndarray 对象属性

属性	说　　明
ndim	秩，即轴的数量或维度的数量
shape	数组的维度，对于矩阵，n 行 m 列
size	数组元素的总个数，相当于 shape 中 n×m 的值
dtype	ndarray 对象的元素类型
itemsize	ndarray 对象中每个元素的大小，以字节为单位
flags	ndarray 对象的内存信息
real	ndarray 元素的实部
imag	ndarray 元素的虚部
data	包含实际数组元素的缓冲区，由于一般通过数组的索引获取元素，所以通常不需要使用这个属性

【例 4-9】ndarray 对象属性的应用。

```
>>>import numpy as np
>>>a=np.arange(15).reshape(3, 5)
>>>a
array([[ 0,  1,  2,  3,  4],
       [ 5,  6,  7,  8,  9],
       [10, 11, 12, 13, 14]])
>>>a.shape
(3, 5)
>>>a.ndim                      # 数组轴的个数，在 Python 的世界中，轴的个数被称作秩
2
>>>a.dtype.name
'int32'
>>>a.itemsize                  # 数组中每个元素的字节大小
4
>>>a.size
15
>>>type(a)
<type 'numpy.ndarray'>
>>>b=np.array([6, 7, 8])
>>>b
array([6, 7, 8])
>>>type(b)
<type 'numpy.ndarray'>
```

4.3.2　Pandas 入门

Pandas 是 Python 下最强大的数据分析和探索工具。它包含高级的数据结构和精巧的工具，使得在 Python 中处理数据非常快速和简单。Pandas 构建在 NumPy 之上，它使得以 NumPy 为中心的应用很容易使用。Pandas 的功能非常强大，支持类似于 SQL 的数据增、删、查、改，并且带有丰富的数据处理函数，支持时间序列分析功能，支持灵活处理缺失数据，支持合并及其他出现在常见数据库（例如基于 SQL 的）中的关系型运算等。

Pandas 的安装相对来说比较容易，安装好 Numpy 之后，就可以直接安装了。通过 pip install pandas 或下载源码后运行 python setup.py install 安装均可。

1. Pandas 的数据结构介绍

要使用 Pandas，首先得熟悉它的两个主要数据结构：Series 和 DataFrame。虽然它们并不能解决所有问题，但它们为大多数应用提供了一种可靠的、易于使用的基础。

（1）Series

Series 是一种类似于一维数组的对象，它由一组数据（各种 NumPy 数据类型）以及一组与之相关的数据标签（即索引）组成。Series 的字符串表现形式为：索引在左边，值在右边。由于我们没有为数据指定索引，于是会自动创建一个 0 到 N1（N 为数据的长度）的整数型索引。你可以通过 Series 的 values 和 index 属性获取其数组表示形式和索引对象。

【例 4-10】创建一个 Series 对象，并通过索引的方式选取 Series 中的单个或一组值。

```
>>>from pandas import Series
>>>obj=Series([4, 7, -5, 3])
```

```
>>>obj
0    4
1    7
2   -5
3    3
dtype: int64
>>>obj.values
array([ 4,  7, -5,  3], dtype=int64)
>>>obj2=Series([4,7,-5,3],index=['d','b','a','c'])
>>>obj2
d    4
b    7
a   -5
c    3
dtype: int64
>>>obj2['a']
-5
>>>obj2[['c', 'a', 'd']]
c    3
a   -5
d    6
dtype: int64
```

（2）DataFrame

DataFrame 是一个表格型的数据结构，它含有一组有序的列，每列可以是不同的值类型（数值、字符串、布尔值等）。DataFrame 既有行索引也有列索引，它可以被看作由 Series 组成的字典（共用同一个索引）。跟其他类似的数据结构相比（如 R 的 data.frame），DataFrame 中面向行和面向列的操作基本上是平衡的，DataFrame 中的数据是以一个或多个二维块存放的（而不是列表、字典或别的一维数据结构）。

构建 DataFrame 的办法有很多，最常用的方法是直接传入一个由等长列表或 NumPy 数组组成的字典，如例 4-11 所示，结果 DataFrame 会自动加上索引（跟 Series 一样），且全部列会被有序排列。

【例 4-11】创建 DataFrame 对象。

```
>>>from pandas import DataFrame
>>>data={'state': ['Ohio', 'Ohio', 'Ohio', 'Nevada', 'Nevada'],
        'year': [2000, 2001, 2002, 2001, 2002],
        'pop': [1.5, 1.7, 3.6, 2.4, 2.9]}
>>>frame=DataFrame(data)
>>>frame
     pop        state          year
0    1.5        Ohio           2000
1    1.7        Ohio           2001
2    3.6        Ohio           2002
3    2.4        Nevada         2001
4    2.9        Nevada         2002
```

2. DataFrame 的常用属性和方法

DataFrame 提供的是一个类似表的结构，由多个 Series 组成，而 Series 在 DataFrame 中称为 columns，可以使用表 4-10 的常用属性和方法查看数据属性，进行数据操作。

表 4-10　DataFrame 的常用属性和方法

属性/方法	说　　明
columns	查看有哪些列
index	查看索引
dtypes	查看每列的数据类型
info()	查看各列数据的数据类型
shape	查看行列的大小
size	查看总计有多少个单元格
len(dataFrame)	查看行数
head()	返回前几行，若 head() 中不带参数则会显示前五行数据
tail()	返回倒数几行，若 tail() 中不带参数则也会显示最后五行数据
rename()	修改列名
replace(to_replace, value)	将 to_replace 替换为 value。注意，只是返回的 DataFrame 中的值发生了变化，原始 DataFrame 的数据不变
value_counts()	查看某列中不同值的个数
sort_values(by='##',axis=0,ascending=True, inplace=False, na_position='last')	依据指定列进行排序，默认是升序
loc[]	按标签或布尔数组访问一组行和列，可以有两个输入参数，第一个指定行名，第二个指定列名。当只有一个参数时，默认是行名（即抽取整行），所有列都选中
iloc[]	按位置访问一组行和列，有两个输入参数，第一个指定行位置，第二个指定列位置。当只有一个参数时，默认是行位置（即抽取整行），所有列都选中

【例 4-12】DataFrame 的常用属性和方法。

```
>>>from pandas import DataFrame
>>>df=DataFrame([1, 2, 3, 5, 4], columns=['cols'], index=['a','b','c','d','e'])
>>>df.head(3)                         # 显示前 3 行数据
   cols
a     1
b     2
c     3
>>>df.size                            # 显示总计有多少个单元格
5
>>> df.columns                        # 查看有哪些列
index(['cols'], dtype='object')
>>> df.replace({4,8})                 # 将 df 中的数据 4 替换为 8
   cols
a     1
b     2
c     3
d     8
e     5
>>> df.sort_values('cols',ascending=False) # 将 'cols' 列降序排序
   cols
e     5
```

```
d      4
c      3
b      2
a      1
>>> df['cols'].value_counts()              #查 'cols' 列中每个值有多少个重复值
5    1
4    1
3    1
2    1
1    1
name: cols, dtype: int64
>>> df.loc['a']                            #单一标签，将行作为 Series 返回
cols    1
name: a, dtype: int64
>>> df.loc[['a','b']]              #标签列表，注意使用 [[]] 返回一个 DataFrame。
   cols
a     1
b     2
>>> df.loc['a']=20                          #为与标签列表匹配的所有项设置值
>>> df                                      #原始 DataFrame 中的数据发生了变化
   cols
a    20
b     2
c     3
d     4
e     5
>>> df.iloc[1]                              #输出第 2 行数据
cols    2
name: b, dtype: int64
>>> df.iloc[:,[0]]                          #输出第 1 列的所有行数据
   cols
a    20
b     2
c     3
d     4
e     5
```

3. 索引对象

Pandas 的索引对象负责管理轴标签和其他元数据（比如轴名称等）。构建 Series 或 DataFrame 时，所用到的任何数组或其他序列的标签都会被转换成一个 index 对象。在 Pandas 库中有多个内置的 index 类，这里主要介绍 index 类，它是最泛化的 index 对象，将轴标签表示为一个由 Python 对象组成的 NumPy 数组。

```
>>>obj=Series(range(3), index=['a', 'b', 'c'])
>>>index=obj.index
>>>index
index([a, b, c], dtype=object)
>>>index[1:]
index([b, c], dtype=object)
```

index 对象是不可修改的（immutable），因此用户不能对其进行修改。不可修改性非常重要，因为这样才能使 index 对象在多个数据结构之间安全共享。每个 index 对象都有一些方法和属性，它们可用于设置逻辑并回答有关该索引所包含的数据的常见问题。表 4-11 列出了 index 的常用函数。

表 4-11　index 的常用函数

函　　数	说　　明
index([x,y,...])	创建索引
append(index)	连接另一个index对象，产生一个新的index
diff(index)	计算差集，产生一个新的index
intersection(index)	计算交集
union(index)	计算并集
isin(index)	检查是否存在于参数索引中，返回bool型数组
delete(i)	删除索引i处元素，得到新的index
drop(str)	删除传入的值，得到新index
insert(i,str)	将元素插入到索引i处，得到新index
is_monotonic	属性：当各元素大于前一个元素时，返回true
is_unique	属性：当index没有重复值时，返回true
unique	属性：计算index中唯一值的数组

【例 4-13】index 属性和函数的示例。

```python
import pandas as pd
from pandas import Series
from pandas import DataFrame
if __name__=='__main__':
    s=pd.Series(['a', 'b', 'c'], index=['No.1', 'No.2', 'No.3'])
    # 将轴标签表示为一个由 Python 对象组成的 NumPy 数组
    ind1=s.index            #index(['No.1', 'No.2', 'No.3'], dtype='object')

    # 查看内容
    print(ind1[0])                    #No.1
    print(ind1[1])                    #No.2
    print(ind1[-1])                   #No.3
    print(s.index is ind1)            #true
    print('No.1' in ind1)             #true
    s2=pd.Series(['a', 'b', 'c', 'd'], index=['No.1', 'No.2', 'No.3', 'No.4'])
    ind2=s2.index           #index(['No.1', 'No.2', 'No.3', 'No.4'], dtype='object')
    #difference 计算索引的差集
    ret=ind1.difference(ind2)         #index([], dtype='object')
    ret=ind2.difference(ind1)         #index(['No.4'], dtype='object')
    #append(indexs) # 连接另一个 index 对象，产生一个新的 index
    ret=ind1.append(ind2)
    #index(['No.1','No.2','No.3','No.1','No.2','No.3','No.4'], type='object')
    #intersection(index) 计算交集
    ret=ind1.intersection(ind2) #index(['No.1', 'No.2', 'No.3'], dtype='object')
    #union(index) 计算并集
    ret=ind1.union(ind2)    #index(['No.1','No.2','No.3','No.4'], dtype='object')
```

```
#isin(index) 检查是否存在与参数索引中，返回bool型数组
print(ind1) #index(['No.1', 'No.2', 'No.3'], dtype='object')
print(ind2) #index(['No.1', 'No.2', 'No.3', 'No.4'], dtype='object')
ret=ind1.isin(ind2)                #[true  true  true]
ret=ind2.isin(ind1)                #[true  true  true false]
#delete(i) 删除索引 i 处元素，得到新的 index，不修改源 index
ret=ind1.delete(0)          #index(['No.2', 'No.3'], dtype='object')
#drop(str) 删除传入的值，得到新 index，不修改源 index
ret=ind1.drop('No.1')          #index(['No.2', 'No.3'], dtype='object')
#insert(i,str)      将元素插入到索引 i 处，得到新 index，不修改源 index
ret=ind1.insert(0, 'XXX')  #index(['XXX', 'No.1', 'No.2', 'No.3'], dtype='object')
#is_monotonic() 当各元素大于前一个元素时，返回 true
ret=ind1.is_monotonic      #true
#is_unique() 当 index 没有重复值时，返回 true
ret=ind1.is_unique                    #true 说明 ind1 中没有重复值
#unique 计算 index 中唯一值的数组，即去重后的 index
ret=ind1.unique
#<bound method indexOpsMixin.unique of index(['No.1', 'No.2', 'No.3'], dtype='object')>
```

4. 汇总和计算描述统计

Pandas 对象拥有一组常用的数学和统计方法。它们大部分都属于约简和汇总统计，用于从 Series 中提取单个值（如 sum 或 mean）或从 DataFrame 的行或列中提取一个 Series。跟对应的 NumPy 数组方法相比，它们都是基于没有缺失数据的假设而构建的，常用的汇总和计算函数如表 4-12 所示。

表 4-12　Pandas 常用的汇总和计算函数

函　数	说　　明	函　数	说　　明
idxmin	最小值的索引值	argmax	最大值的索引位置
idxmax	最大值的索引值	sum	总和
describe	一次性多种维度统计	mean	平均数
count	非NA值（即缺失值）的数量	median	算术中位数
min	最小值	mad	根据平均值计算平均绝对离差
max	最大值	var	样本值的方差
argmin	最小值的索引位置	std	样本值的标准差

【例 4-14】汇总数组中的成绩，程序运行结果如图 4-13 所示。

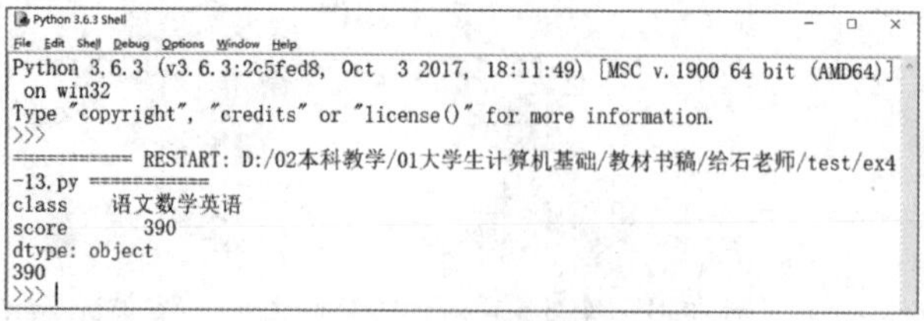

```
Python 3.6.3 Shell                                             □  ×
File Edit Shell Debug Options Window Help
Python 3.6.3 (v3.6.3:2c5fed8, Oct  3 2017, 18:11:49) [MSC v.1900 64 bit (AMD64)]
on win32
Type "copyright", "credits" or "license()" for more information.
>>>
=========== RESTART: D:/02本科教学/01大学生计算机基础/教材书稿/给石老师/test/ex4
-13.py ===========
class     语文数学英语
score         390
dtype: object
390
>>> |
```

图4-13　DataFrame汇总程序结果

```
import numpy as np
import pandas as pd
from pandas import DataFrame,Series
data={'class':[' 语文 ',' 数学 ',' 英语 '],'score':[120,130,140]}
```

```
frame=DataFrame(data)
print(frame.sum())                  # 汇总统计
sc=frame.score                      # 将 DataFrame 的列转成一个 Series
print(sc.sum())
```

5. 处理缺失数据

缺失数据（Missing Data）在大部分数据分析应用中都很常见。Pandas 的设计目标之一就是让缺失数据的处理任务尽量轻松。例如，Pandas 对象上的所有描述统计都排除了缺失数据。Pandas 使用浮点值 NaN（Not a Number）表示浮点和非浮点数组中的缺失数据。它只是一个便于被检测出来的标记而已。Python 内置的 None 值也会被当作 NA（在 Python 中，NA 表示缺省值）处理。

（1）滤除缺失数据

过滤掉缺失数据的办法有很多种。可以使用纯手工操作，也可以使用更实用一些的 dropna 函数。对于一个 Series，dropna 返回一个仅含非空数据和索引值的 Series。

```
>>>from numpy import nan as NA
>>>data=Series([1, NA, 3.5, NA, 7])
>>>data.dropna()
0    1.0
2    3.5
4    7.0
```

当然，也可以通过布尔型索引达到这个目的。

```
>>>data[data.notnull()]
0    1.0
2    3.5
4    7.0
```

而对于 DataFrame 对象，dropna 默认丢弃任何含有缺失值的行。

```
>>> data=DataFrame([[1., 6.5, 3.], [1., NA, NA],[NA, NA, NA], [NA, 6.5, 3.]])
>>>cleaned=data.dropna()
>>>data
     0    1    2
0    1   6.5   3
1    1   NaN  NaN
2  NaN   NaN  NaN
3  NaN  6.5   3
>>>cleaned
     0    1    2
0    1   6.5   3
```

如果在调用函数时，传入 how='all' 将只丢弃全为 NA 的那些行。

```
>>>data.dropna(how='all')
     0    1    2
0    1   6.5   3
1    1   NaN  NaN
3  NaN  6.5   3
```

如果要使用 dropna 函数丢弃全为 NA 的那些列，只需传入 axis=1 即可。

```
>>>data[4]=NA                          # 第 4 列置为 NA
>>>data.dropna(axis=1, how='all')      # 将全为 NA 的列删除
     0    1    2
0    1   6.5   3
```

```
1    1   NaN   NaN
2   NaN   NaN   NaN
3   NaN   6.5   3
```

（2）填充缺失数据

如果不想滤除缺失数据，而是希望通过其他方式填补那些"空洞"。对于大多数情况而言，可以使用 fillna 函数。通过一个常数调用 fillna 就会将缺失值替换为那个常数值。

```
>>>data=DataFrame([[1., 6.5, 3.], [1., NA, NA],[NA, NA, NA], [NA, 6.5, 3.]])
>>>data.fillna(0)
        0    1    2
0    1   6.5   3
1    1    0    0
2    0    0    0
3    0   6.5   3
```

4.3.3 数据加载、存储与文件格式

输入输出通常可以划分为几个大类：读取文本文件和其他更高效的磁盘存储格式，加载数据库中的数据，利用 Web Api 操作网络资源。如果不能将数据导入导出 Python，则前面介绍的这些工具就没什么大用。

1. 读写文本格式的数据

CSV 是一种通用的、相对简单的文件格式，被用户、商业和科学广泛应用。最广泛的应用是在程序之间转移表格数据。但是 CSV 并不是一种单一的、定义明确的格式，因此在实践中，术语"CSV"泛指具有以下特征的任何文件：

- 纯文本，使用某个字符集，比如 ASCII、Unicode、EBCDIC 或 GB 2312。
- 由记录组成（典型的是每行一条记录）。
- 每条记录被分隔符分隔为字段（典型分隔符有逗号、分号或制表符；有时分隔符可以包括可选的空格）。
- 每条记录都有同样的字段序列。

Pandas 提供了一些用于将表格型数据读取为 DataFrame 对象的函数，如表 4-13 所示，其中 read_csv 和 read_table 是最常用的。

表 4-13　常用的文本解析函数

函数	说　明
read_csv	从文件、url、文件型对象中加载带分隔符的数据，默认分隔符为逗号
read_table	从文件、url、文件型对象中加载带分隔符的数据，默认分隔符为制表符（"\t"）
read_fwf	读取定宽列格式数据（也就是没有分隔符）
read_clipboard	读取剪切板中的数据，可以看做read_table的剪切板。在将网页转换为表格时很有用

这些函数将文本数据转换为 DataFrame 时常用的技术可以分为以下几个大类：

- 索引：将一个或多个列当做返回的 DataFrame 处理，以及是否从文件、用户获取列名。
- 类型推断和数据转换：包括用户定义值的转换、缺失值标记列表等。
- 日期解析：包括组合功能，比如将分散在多个列中的日期时间信息组合成结果中的单个列。

● 迭代：支持对大文件进行逐块迭代。

● 不规整数据问题：跳过一些行、页脚、注释或其他一些不重要的东西（比如由成千上万个逗号隔开的数值数据）。

● 类型推断（type inference）是这些函数中最重要的功能之一，也就是说，不需要指定列的类型到底是数值、整数、布尔值，还是字符串，但是日期和其他自定义类型的进行另外处理。

首先我们来看一个以逗号分隔的（CSV）文本文件"ex1.csv"，文件的内容为：

```
a,b,c,d,info
1,2,3,4,ok
5,6,7,8,good
9,10,11,12,water
```

由于该文件以逗号分隔，所以可以使用 read_csv 将其读入一个 DataFrame。

```
>>>import pandas as pd
>>>df=pd.read_csv('ch04/ex1.csv')
>>>df
   a   b   c   d   info
0  1   2   3   4   ok
1  5   6   7   8   good
2  9  10  11  12   water
```

如果使用 read_table，则需要通过 sep 属性指定分隔符。

```
>>>pd.read_table('ch04/ex1.csv', sep=',')
```

如果文件没有标题行，则可以让 Pandas 为其分配默认的列名，也可以自己定义列名。

```
>>>pd.read_csv('ch04/ex1.csv', header=None)
>>>pd.read_csv('ch04/ex1.csv', names=['a','b','c','d','message'])
```

如果只想读取几行（避免读取整个文件），通过 nrows 进行指定即可。

```
>>>read_csv('ch04/ex1.csv', nrows=2)
   a   b   c   d   info
0  1   2   3   4   ok
1  5   6   7   8   good
```

2. 将数据写出到文本格式

数据也可以被输出为分隔符格式的文本。利用 DataFrame 的 to_csv 方法（Series 也有一个 to_csv 方法），可以将数据写到一个以逗号分隔的文件中，缺失值在输出结果中会被表示为空字符串。

```
>>>df=pd.read_csv('ch04/ex1.csv')    # 使用 read_csv 将其读入一个 DataFrame
>>>df.to_csv('ch04/out.csv')  # 利用 DataFrame 的 to_csv 方法将数据写到文件中
```

如果希望输出的文件使用其他分隔符，则可以在 to_csv 函数中，通过 sep 参数指定分隔符。

```
>>>df.to_csv('ch04/out.csv', sep='|')
```

注意：对于那些使用复杂分隔符或多字符分隔符的文件，CSV 模块就无能为力了。这种情况下，只能使用字符串的 split 方法或正则表达式方法 re.split 进行行拆分和其他整理工作。

3. JSON 数据

JSON（JavaScript Object Notation，JS 对象简谱）是一种轻量级的数据交换格式。它基于 ECMAScript（欧洲计算机协会制定的 JS 规范）的一个子集，采用完全独立于编程语言的文本格式来存储和表示数据。它层次结构简洁、清晰，易于阅读和编写，同时也易于机器解析和生成，并有效提升网络传输效率。JSON 已经成为通过 HTTP 请求在 Web 浏览器和其他应用程序之间发送数据的标准格式之一，如例 4-15 所示。

【例 4-15】JSON 数据格式。

```
obj="""
{"name": "Mary",
 "address": ["United States", "Spain", "Germany"],
 "pet": null,
 "siblings": [{"name": "John", "age": 25, "pet": "CoCo"},
              {"name": "William", "age": 33, "pet": "David"}]
}
"""
```

JSON 构建于 Python 标准库中，除其空值 null 和一些其他的细微差别（如列表末尾不允许存在多余的逗号）之外，JSON 非常接近于有效的 Python 代码。JSON 的基本类型有对象（字典）、数组（列表）、字符串、数值、布尔值以及 null，对象中所有的键都必须是字符串。许多 Python 库都可以读写 JSON 数据。通过 json.loads 即可将 JSON 字符串转换成 Python 形式。

```
>>>import json
>>>result=json.loads(obj)
>>>result
{u'name': u'Wes',
 u'pet': None,
 u'places_lived': [u'United States', u'Spain', u'Germany'],
 u'siblings': [{u'age': 25, u'name': u'Scott', u'pet': u'Zuko'},
               {u'age': 33, u'name': u'Katie', u'pet': u'Cisco'}]}
```

反之，json.dumps 则将 Python 对象转换成 JSON 格式。

```
>>>asjson=json.dumps(result)
```

4. 读取 Microsoft Excel 文件

Pandas 的 ExcelFile 类支持读取存储在 Excel 2003（或更高版本）中的表格型数据。由于 ExcelFile 用到了 xlrd 和 openpyxl 包，所以必须先安装它们才行。只要传入一个 xls 或 xlsx 文件的路径即可创建一个 ExcelFile 实例。

```
>>>import pandas as pd
>>>xls_file=pd.ExcelFile('data.xls')
```

存放在某个工作表中的数据可以通过 parse 读取到 DataFrame 中。

```
>>>table=xls_file.parse('Sheet1')
>>>table.head()
```

4.3.4 绘图和可视化

绘图是数据分析工作中最重要的任务之一，是探索过程的一部分，例如，帮助开发者找出异常值、必要的数据转换、得出有关模型的 idea 等。Python 有许多可视化工具，本书主要介绍 Matplotlib。Matplotlib 是一个用于创建出版质量图表的桌面绘图包（主要是 2D 方面），是目前最流行的用于绘制数据图表的 Python 库。它不仅支持各种操作系统上许多不同的 GUI 后端，而且还能将图片导出为各种常见的矢量（vector）和光栅（raster）图：PDF、SVG、JPG、PNG、BMP、GIF 等。通过 Matplotlib，开发者可以仅需要几行代码，便可以生成绘图、直方图、功率谱、条形图、错误图、散点图等。

要使用 Matplotlib 绘图，首先需要安装它。安装 Matplotlib 的命令是：

```
>>>pip install matplotlib
```

在 Matplotlib 库中，集成了大量用于定义图表的类和函数，其绘图的实现主要用到子库 pyplot。本书将介绍最常用的两种图形：折线图和散点图。

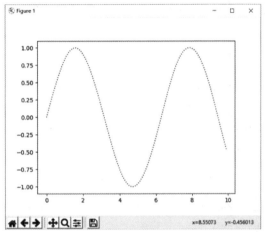

1. 折线图

plot 函数是在 pyplot 库中最常用的函数，主要用于绘制折线图。plot 函数的主要语法格式如下：

```
plot(x,y,format_string,**kwargs)
```

其中，x 表示 x 轴数据；y 表示 y 轴数据；format_string 控制曲线的格式字串，由颜色字符、风格字符和标记字符组成；**kwargs 为不定参数，表示第二组或更多。

【例 4–16】显示具有 x 轴信息的折线图，程序运行结果如图 4–14 所示。

图4–14　简单折线图

```
import matplotlib.pyplot as plt
import numpy as np
import math
x=np.arange(0,10,0.1)          #使用 arange 函数生成一个数组，数与数之间的间隔为 0.1
y=[math.sin(each) for each in x]    #将数组中的数使用 sin 函数变为正弦值
plt.plot(x,y,'r:')             #调用 plot 函数画图，字符 r 表示红色，':' 表示虚线
plt.show()                    #将图显示出来
```

2. 散点图

散点图和折线图需要的数组非常相似，区别是折线图会将各数据点连接起来；而散点图则只是描绘各数据点，并不会将这些数据点连接起来。调用 Matplotlib 的 scatter() 函数可以绘制散点图，该函数支持的常用参数如表 4–14 所示。

表 4–14　scatter() 函数常用参数表

参　数	说　　明
x	指定x轴数据
y	指定y轴数据
s	指定散点的大小
c	指定散点的颜色

续表

参　数	说　　明
alpha	指定散点的透明度
linewidths	指定散点边框线的宽度
edgecolors	指定散点边框的颜色
marker	指定散点的图形样式
cmap	指定散点的颜色映射，会使用不同的颜色来区分散点的值

【例 4-17】使用 scatter() 函数来绘制按到原点的距离增大点的散点图，程序运行结果如图 4-15 所示。

```python
import matplotlib.pyplot as plt
x=[0,2,4,6,8,10]
y=[0]*len(x)
s=[20*4**n for n in range(len(x))]
plt.scatter(x,y,s=s)
plt.show()
```

要使用 Matplotlib 组装一张图表，需要使用它的各种基础组件：数据展示（即图表类型：线型图、柱状图、盒形图、散布图、等值线图等）、图例、标题、刻度标签以及其他注解型信息。

3. Pandas 中的绘图函数

Series 和 DataFrame 都有一个用于生成各类图表的 plot 方法。默认情况下，他们所生成的是线型图。

【例 4-18】使用 pandas 绘制人均 GDP 曲线图，程序运行结果如图 4-16 所示。

```python
import pandas as pd
import matplotlib.pyplot as plt
df=pd.read_csv('data.csv',index_col='year')          # 读取数据
df['yuan'].plot(color='r', linestyle='--', marker='*')  # 折线图
plt.show()
```

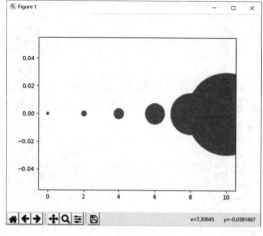

图4-15　按到原点的距离增大点的散点图

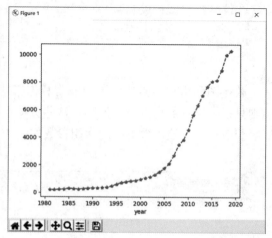

图4-16　人均GDP曲线图

如果需要绘制其他类型的图，可在 plot 函数中增加参数 kind 来指定图的类型，比如 kind='bar' 表示条形图。

4.3.5　数据聚类实例——鸢尾花分类

根据训练样本中是否包含标签信息，机器学习可以分为两类：监督学习（Supervised Learning）和无监督学习（Unsupervised Learning）。聚类分析是典型的无监督学习，起源于分类学，但不等于分类。聚类与分类的不同在于：聚类所要求划分的类是未知的。聚类分析通过学习没有分类标记的训练样本发现数据的内在性质和规律，其训练样本中只包含样本的特征，不包含样本的标签信息。

"数据聚类"是一种用以寻找紧密相关的事、人或观点，并将其可视化的方法。"物以类聚，人以群分"，这是人类几千年来认识世界和社会的基本能力。在日常生活中，几乎每时每刻都在分类。人们不自觉地用定性方法将人分为"好人""坏人"；按熟悉程度分为"朋友""熟人""陌生人"；收拾屋子，要把"有用"和"不用"的区分开等。

在聚类算法中，一个将数据集中的所有数据（即样本），利用样本的特征（或属性），将具有相似属性的样本划分到同一个类别中。也就是说，聚类分析要将数据集划分为若干个互不相交的子集（簇），每个子集中的元素在某种度量之下都与本子集内的元素具有更高的相似度，不同子集之间具有较低的相似性。聚类时常被用于数据量很大（Data-Intensive）的应用中。比如跟踪消费者购买行为的零售商们，除了利用常规的消费者统计消息外，还可以利用这些信息自动检测出具有相似购买模式的消费者群体。年龄和收入都相仿的人也许会有迥然不同的着装风格，但是通过使用聚类算法，就可以找到"时装岛屿"，并据此开发出相应的零售或市场策略。聚类在计量生物学领域里也有大量的运用，人们用它来寻找具有相似行为的基因组，相应的研究结果可以表明，这些基因组中的基因会以同样的方式响应外界的活动，或者表明它们是相同生化通路中的一部分。

聚类分析内容非常丰富，算法很多。K 均值（K-Means）算法是最常用的聚类算法。本节将使用 K 均值聚类算法分析不同品种的鸢尾花的花萼（Sepal）和花瓣（Petal）长度和宽度，使用花萼长度（Sepal Length）、花萼宽度（Sepal Width）等观测数据作为样本的特征，将鸢尾花划分为不同的子品种。

1. K 均值聚类算法

K 均值聚类算法即 K-Means 算法，是一种广泛使用的聚类算法。K 均值聚类算法是基于相似性的无监督的算法，它是一种简单的迭代型聚类算法，采用距离作为相似性指标，通过比较样本之间的相似性，将较为相似的样本划分到同一个类别中，从而发现给定数据集中的 K 个类，每个类有一个聚类中心，即质心。每个类的质心是根据类中所有值的均值得到。由于 K 均值聚类算法简单、易于实现等特点，K 均值聚类算法得到了广泛的应用，如在图像分割方面的应用。

使用 K 均值聚类，首先要确定算法希望生成的聚类数量 K，然后算法会根据数据的结构状况来确定聚类的大小。K-Means 是一个反复迭代的过程，它首先会随机确定 K 个中心位置，然后将各个数据项分配给最临近的中心点。待分配完成之后，聚类中心就会移到分配给该聚类的所有节点的平均位置处，然后整个分配过程重新开始。这一过程会一直重复下去，直到分配过程不再产生变化为止，如图 4-17 所示。

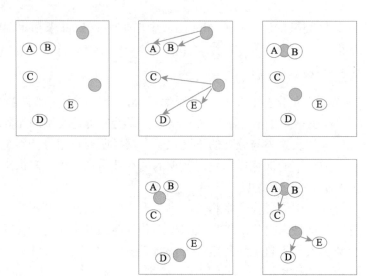

图4-17 包含两个聚类的K-均值聚类过程

在本例中，对于给定的一个包含 n 个 d 维数据点的数据集 X 以及要分得的类别 K，选取欧式距离作为相似度指标。聚类目标是使得各类的聚类平方和最小，即最小化，如公式 4-1 所示。

$$J=\sum_{k=1}^{K}\sum_{i=1}^{n}\|x_i-u_k\|^2 \qquad （公式4-1）$$

K 均值聚类算法共分为四个步骤：

①选取数据空间中的 K 个对象作为初始中心，每个对象代表一个聚类中心。

②对于样本中的数据对象，根据它们与这些聚类中心的欧几里德度量（Euclidean Metric，又称欧氏距离），按距离最近的准则将它们分到距离它们最近的聚类中心（最相似）所对应的类。

③更新聚类中心：将每个类别中所有对象所对应的均值作为该类别新的聚类中心，计算目标函数的值。

④判断聚类中心和目标函数的值是否发生改变。若不变，则输出结果；若改变，则返回步骤②。

2. Python 案例实践

（1）案例分析

不同品种的鸢尾花的花萼（Sepal）和花瓣（Petal）长度和宽度存在明显的差异，如图 4-18 所示。根据花萼、花瓣的长度和宽度可以将鸢尾花划为不同的品种。

本例使用的数据集是一个记录鸢尾属植物品种的样本集。数据集中共包含 150 条记录，每个品种的样本量为 50 条，每个样本包含它的萼片长度和宽度，花瓣的长度和宽度以及这个样本所属的具体品种。表4-15 中描述了 5 个样本的特征数据。从数据中可以看出，这 5 朵花的花瓣宽度都是 0.2 cm，第一朵花的花萼最长，是 5.1 cm。

Setisa（山尾）

Versicolour（杂色鸢尾）

Virginica（维吉尼亚鸢尾）

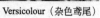

图4-18 鸢尾花卉

表 4-15 5 个鸢尾花样本的特征数据

花萼长度	花萼宽度	花瓣长度	花瓣宽度
5.1	3.5	1.4	0.2
4.9	3.	1.4	0.2
4.7	3.2	1.3	0.2
4.6	3.1	1.5	0.2
5.	3.6	1.4	0.2

（2）案例操作过程

① 导入程序使用的工具包：numpy、pandas 和 matplotlib。

其中 numpy 用于处理多维数组，pandas 用于从 CSV 文件中导入数据并转换为 DataFrame 形式，matplotlib 则用于绘制二维图形。

```python
import numpy                          # 用于处理多维数组的库
import pandas                         # 用于导入数据
import matplotlib.pyplot as plt       # 绘制二维图形的库
```

② 载入数据。

③ 数据由 CSV 文本保存，数据格式为四维坐标。

```python
def loadDataSet(inFile):
    df=pd.read_csv(inFile)            # 将数据以 DataFrame 的方式读入
    return df
```

④ 获得初始的聚类质心。

```python
def initCentroids(dataSet, k):
    return  dataSet.sample(k).values.tolist()   # 从 dataSet 中随机获取 k 个数据项返回
```

⑤ 计算两点之间的欧氏距离，通过欧氏距离来衡量两点之间的相似度。

```python
def calcuDistance(vec1, vec2):
    return numpy.sqrt(numpy.sum(numpy.square(vec1-vec2)))
```

⑥ 计算数据集 dataSet 中每点与 centroidList 中每个质心之间的距离，并根据相似度将其标记到对应的簇中。

```python
def getCluster(dataSet, centroidList):
    clusterDict=dict()                          # 用 dict 来保存簇类结果
    print(centroidList)
    for item in dataSet:
        vec1=numpy.array(item)                  # 转换成 array 形式
        print(vec1)
        flag=0
        minDis=float("inf")
        for idx in range(len(centroidList)):
            vec2=numpy.array(centroidList[idx])
            print(vec2)
            distance=calcuDistance(vec1, vec2)
            #print(vec1,vec2,distance)
            #print('=======')
            if distance<minDis:
                minDis=distance
```

```
                        flag=idx
            if flag not in clusterDict.keys():          # 簇标记不存在，进行初始化
                clusterDict[flag]=list()
                #print(flag, vec1)
            clusterDict[flag].append(vec1.tolist())      # 加入相应的类别中
        print(clusterDict)
        return clusterDict
```

⑦ 计算每次聚类后簇的质心。

```
def getCentroids(clusterDict):
    centroidList=list()
    for key in clusterDict.keys():
        centroid=numpy.mean(numpy.array(clusterDict[key]), axis=0)
        #计算每列的均值，即找到质心
        centroidList.append(centroid)
    return numpy.array(centroidList).tolist()
```

⑧ 计算簇集合间的均方误差，将簇类中各个向量与质心的距离进行累加求和。

```
def getVar(clusterDict, centroidList):
    sum=0.0
    for key in clusterDict.keys():
        vec1=numpy.array(centroidList[key])
        distance=0.0
        for item in clusterDict[key]:
            vec2=numpy.array(item)
            distance+=calcuDistance(vec1, vec2)
        sum+=distance
    return sum
```

⑨ 展示聚类结果。

```
def showCluster(centroidList, clusterDict):
    colorMark=['or', 'sb', '^g', 'ok', 'oy', 'ow']
    # 不同簇类的标记 'o' 代表圆, 'r' 代表 red, 'b' 代表 blue,'s' 代表方形,'^' 代表六边形
    centroidMark=['dr', 'sb', '^g', 'dk', 'dy', 'dw']  # 质心标记,同上 'd' 代表棱形
    for key in clusterDict.keys():
        plt.plot(centroidList[key][0],centroidList[key][1],centroidMark[key],
                markersize=12)                          # 画实心质心点
        for item in clusterDict[key]:
            plt.plot(item[0],colorMark[key],markfacecolr='none') # 画簇类下的点
    plt.show()
```

⑩ 主程序。

```
if __name__=='__main__':
    inFile="iris.csv"                                   # 数据集文件
    df=loadDataSet(inFile)                              # 载入数据集

    k=3                                                 # 设置群组数为 3
    centroidList=initCentroids(df, k)                   # 获得初始化质心,
    dataSet=df.values.tolist()                          # 将 DataFrame 转换为 list
    clusterDict=getCluster(dataSet,centroidList)        # 第一次聚类迭代
    # print(clusterDict)
    newVar=getVar(clusterDict, centroidList)
```

```
# 获得均方误差值，通过新旧均方误差来获得迭代终止条件
oldVar=-0.0001   # 开始时均方误差值初始化为 -0.0001
print('***** 第 1 次迭代 *****')
print()
print(' 簇类 ')
for key in clusterDict.keys():
    print(key, ' --> ', clusterDict[key])
print('k 个均值向量 : ',centroidList)
print(' 平均均方误差 : ',newVar)
print(showCluster(centroidList,clusterDict))                 # 展示聚类结果
j=2
while abs(newVar-oldVar)>=0.0001:  # 当连续两次聚类结果小于 0.0001 时，迭代结束
    centroidList=getCentroids(clusterDict)              # 获得新的质心
    clusterDict=getCluster(dataSet,centroidList)        # 新的聚类结果
    oldVar=newVar
    newVar=getVar(clusterDict,centroidList)
    # 展示聚类结果
    print('***** 第 %d 次迭代 *****' %j)
    print()
    print(' 簇类 ')
    for key in clusterDict.keys():
        print(key, ' --> ', clusterDict[key])
    print('k 个均值向量 : ',centroidList)
    print(' 平均均方误差 : ',newVar)
    print(showCluster(centroidList,clusterDict))
    j+=1
```

3. 结果验证和展示

　　利用上面的程序来计算鸢尾花的簇，设定在计算开始时随机选择三个点作为初始质心，并且要求聚类结束时，两次聚类结果平均均方误差必须小于 0.0001。检查程序运行的最佳方法之一就是将其可视化。一种可视化方法是绘制散点图（Scatter Plot）。数据散点图将一个特征作为 x 轴，另一个特征作为 y 轴，将每一个数据点绘制为图上的一个点。可惜，计算机屏幕只有两个维度，所以一次只能绘制两个特征（也可能是 3 个），用这种方法难以对多于 3 个特征的数据集作图，而鸢尾花有 4 个特征。解决这个问题的一种方法是绘制散点图矩阵（Pair Plot），从而可以两两查看所有的特征。这里，只对鸢尾花花萼长度和宽度这两维数据进行可视化，其运行结果如图 4-19 所示

　　在图 4-19 中，圆形、方形和三角形分别为每次聚类迭代后的不同簇，空心表示是原始样本数据，实心表示簇的质心。为了验证聚类的有效性，将实际生物数据中鸢尾花的三种类别山鸢尾、杂色鸢尾和维吉尼亚鸢尾也用二维图显示出来，并与聚类的结果相比较，如图 4-20 所示。

　　观察图 4-20 可以发现，山鸢尾（圆形）和杂色鸢尾（三角形）这两个品种都被准确地识别出来，只有维吉尼亚鸢尾（方形）样本的小部分被错分类为杂色鸢尾。由此可见，通过聚类可以比较准确地将同品种的鸢尾花识别出来。

　　注意：K-Means 需要输入划分簇的个数，这是比较头疼的问题，为了应用它得先用别的算法或者不断试算得出大致数据可分为几类。而且，它对初始中心点的选取比较敏感，

如果中心点选取不恰当，例如随机选取的中心点都较为靠近，那么最后导致的聚类结果可能不理想。为了避免此率发生，通常都要尝试多次，每次选取的中心点不同以此来保证聚类质量。聚类的目的是把数据分类，但是由于事先不知道如何去分，完全是由算法来判断各条数据之间的相似性，如果相似就放在一起。因此在聚类的结论出来之前，可能完全不知道每一类有什么特点，所以最终一定要根据聚类的结果通过人的经验来分析聚成的这一类的大概特点。

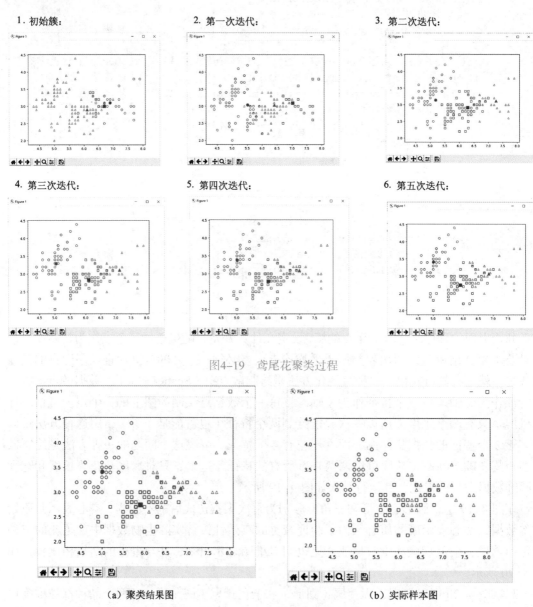

图4-19 鸢尾花聚类过程

（a）聚类结果图   （b）实际样本图

图4-20 鸢尾花实际样本与聚类结果差别图

4.3.6 机器学习库 Sklearn

Scikit-Learn 简称 Sklearn，是基于 Python 语言的机器学习工具，是机器学习中常用的第三方模块，它对常用的机器学习方法进行了封装，包括回归（Regression）、降维（Dimensionality Reduction）、分类（Classfication）、聚类（Clustering）等方法。

Sklearn 具有以下特点：

- 简单高效的数据挖掘和数据分析工具。
- 让每个人能够在复杂环境中重复使用。
- 建立在 NumPy、Scipy、MatPlotLib 之上。
- 开源，可商业使用，BSD 许可证。

1. 安装 Sklearn

Sklearn 安装要求 Python（2.7 以上版本）、NumPy（1.8.2 以上版本）、SciPy（0.13.3 以上版本）。如果已经安装 NumPy 和 SciPy，安装 Sklearn 可以使用 pip install sklearn。

2. 在机器学习主要步骤中 sklearn 的应用

（1）数据集

如果有现实中的任务，一般都有自己的数据集，但是对于学习者来说，Sklearn 提供了一些数据，主要包括两部分：一部分是通过方法加载网上的一些常用数据集；另一部分可以调用 Sklearn 库中的方法生成所设定的数据，比如 sklearn.datasets. make_blobs 方法常被用来生成聚类算法的测试数据，make_blobs 会根据用户指定的特征数量、中心点数量、范围等来生成几类数据，这些数据可用于测试聚类算法的效果，如例 4-19 所示。

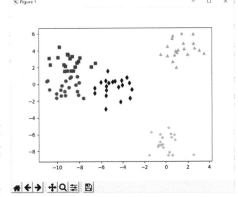

图4-21　模拟聚类数据显示

【例 4-19】使用 make_blobs 方法生成五类数据用于聚类（100 个样本，每个样本 2 个特征），程序运行结果如图 4-21 所示。

```
from sklearn.datasets import make_blobs
from matplotlib import pyplot
data,label=make_blobs(n_samples=100,n_features=2,centers=5)
# 绘制样本显示
colorMark = ['or', 'sb', '^y', '*c', 'dk']
for i in range(0,len(label)):
    pyplot.plot(data[i][0],data[i][1],colorMark[label[i]])
pyplot.show()
```

在 make_blobs 方法调用中，n_samples 表示产生多少个数据，n_features 表示数据是几维的，centers 表示数据点中心，可以输入 int 数字，代表有多少个中心，也可以输入几个坐标。在这个例子中，生成了 100 个 2 维的样本数据，这 100 个数据可分为 5 类，在图中使用不同的颜色标注出。

（2）数据预处理

Sklearn 库中的数据预处理包括降维、数据归一化、特征提取和特征转换（one-hot）等许多方法。这里简单地介绍归一化方法。归一化方法指通过对原始数据进行变换把数据映射到 (默认为 [0,1]) 之间，从而避免不同的数据在不同列数据的数量级相差过大。

```
>>>from sklearn.preprocessing import MinMaxScaler
>>>mm=MinMaxScaler()
>>>data=mm.fit_transform([[40, 23, 10, 40],[60, 24, 5, 45],[75, 37, 13, 2]])
>>>print(data)
[[0.          0.          0.625       0.88372093]
 [0.57142857 0.07142857 0.          1.         ]
 [1.          1.          1.          0.        ]]
```

（3）选择模型并训练

Sklearn 里面有很多的机器学习方法，可以查看 Api 找到需要的方法。Sklearn 统一了所有模型调用的 Api，易于调用。这里结合上一节的鸢尾花聚类案例，简单介绍一下如何使用 sklearn.cluster 中的 KMeans 聚类包来实现数据的聚类。

①首先导入程序使用的工具包：

```
from sklearn.cluster import KMeans
```

②使用 KMeans 类初始化分类器，根据不同的算法，需要给出不同的参数，一般所有的参数都有一个默认值。

KMeans 类的语法为：

```
Kmeans(n_clusters=8, init='k-means++', n_init=10, max_iter=300,
tol=0.0001, precompute_distances='auto', verbose=0, random_state=None,
copy_x=True, n_jobs=1, algorithm='auto')
```

其中的参数说明如表 4-16 所示。

表 4-16　KMeans 类参数说明

参　数	含　义
n_clsuters	int型，可选，默认值为8。聚类中心的个数，即聚类的类数
init	可选值'k-means++'、'random'或一个ndarray。初始化质心的方法，默认是'k-means++'，'random'随机从训练数据中选初始质心，如果传递一个ndarray，应该如(n_clusters, n_features)，并给出初始质心
n_init	int型，默认10，用不同质心初始化运行算法的次数，最终解是在inertia意义下选出的最优结果
max_iter	int型，默认300，执行一次K-means算法的最大迭代次数
tol	float型，默认0.0001
precompute_distances	可选值auto、True、False。预先计算距离值（更快，但占用更多内存），对一组数据只运行较少次聚类结果时，不需要预选计算
verbose	int型，默认0，是否打印中间过程，0是不打印
random_state	int型，RandomState的实例或None，可选，默认None。如果是int，random_state是随机数生成器使用的种子，如果是RandomState实例，random_state是随机数生成器，如果是None，随机数生成器是由np.random的RandomState实例
n_jobs	int型，使用的计算力的数量，通过计算并行运行的每个n_init来实现。如果是-1，则所有CPU全部使用，如果指定为1，则不使用并行代码，方便调试。该值小于-1，则使用 (n_cpus + 1 + n_jobs)。对于n_jobs = -2，使用n_cpus-1
algorithm	可选值'auto'、'full'、'elkan'。'full'是传统的K-Means算法，'elkan'是elkan K-Means算法，默认值'auto'会根据数据值是否稀疏，来决定如何选择'full'和'elkan'。一般，数据稠密选'elkan'，否则就是'full'

一般而言，用户只需要设置 n_clsuters 值即可，即确定聚类的簇数。

比如，需要将数据集分为 3 个簇：

```
>>>cluster=KMeans(3)
```

③对 KMeans 确定类别以后，就可以对数据集进行聚类，常用的方法如表 4–17 所示。

表 4–17　KMeans 类的常用聚类方法

fit(X[,y])	训练算法，计算k–Means聚类
fit_predictt(X[,y])	计算簇质心并给每个样本预测类别
fit_transform(X[,y])	计算簇并 transform X to cluster–distance space

比如，计算簇质心并给每个样本预测类别：

```
>>>s=cluster.fit_predict(dataSet)          #s 为每个样本的预测类别
```

④聚类之后，如果要了解聚类的结果，可以通过聚类的属性进行查看。聚类的常用属性如表 4–18 所示。

表 4–18　KMeans 聚类的常用属性

属性	含　义
cluster_centers_	向量[n_clsuters, n_features]，每个簇中心的坐标
labels_	每个数据的分类标签，从0开始
inertia_	float型，每个数据点到其簇的质心的距离之和，用来评估簇的个数是否合适

比如，查看聚类的质心：

```
>>>centroid=cluster.cluster_centers_
>>>centroid                                    # 查看质心
```

【例 4–20】使用 Sklearn 包中的 KMeans 算法实现数据聚类，程序运行结果如图 4–22 所示。

```
from sklearn.cluster import KMeans
import pandas as pd
import matplotlib.pyplot as plt
# 将保存在 csv 文件中的数据导入
dataSet=dpd.read_csv('iris.csv').values.tolist()
# 对 dataSet 数据集中的数据进行聚类
n_clusters=3                            # 设置聚类的个数为 3
cluster=KMeans(n_clusters)             # 初始化分类器
s=cluster.fit_predict(dataSet)         # 计算簇质心并给每个样本预测类别
# 将聚类的结果图示
x1=[x[0] for x in dataSet]
x2=[x[1] for x in dataSet]
colorMark = ['or','sb', '^g']
for i in range(0,len(x1)):
    plt.plot(x1[i],x2[i],colorMark[s[i]],markerfacecolor='none')
    centroid=cluster.cluster_centers_
for i in range(len(centroid)):
    plt.plot(cluster.cluster_centers_[i][0],cluster.cluster_centers_[i]
[1], colorMark[i])
plt.show()
```

比较图 4–22 和图 4–20，可以发现调用 Sklearn 包中的 KMeans 算法的聚类结果和人工编写算法的结果基本一样，调用 Sklearn 包内的算法来实现大数据分析，代码量大大减少（只需要几行代码即可），使用者只要了解算法的功能以及调用算法的参数，不需要了解算法的细节就可以得到想要的结果。

（4）模型评分

最简单的模型评估方法是调用模型自己的 score 方法。比如在例 4-20 中，可以使用 KMeans 算法的 score 方法进行模型评分。

```
>>>cluster.score(dataSet)
```

Sklearn 库拥有着完善的文档，具有着丰富的 Api，易学易用，在学术界颇受欢迎。开发者只要几行代码就可以用 Sklearn 实验不同的算法。Sklearn 不仅封装了许多知名的机器学习算法的实现，还封装了其他的 Python 库，如自然语言处理的 NLTK 库，同时还内置了大量数据集，可以节省获取和整理数据集的时间。同时，Sklearn 可以

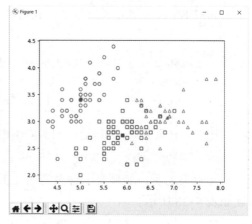

图4-22　调用Sklearn包中的KMeans算法聚类鸢尾花结果

不受任何限制，遵从自由的 BSD 授权。Sklearn 库存稳定性很好，许多 Sklearn 库的算法都可以快速执行而且可扩展，大部分代码都可以通过 Python 的自动化测试。

本章小结

Python 在人工智能、大数据、自动化运维、全栈开发方面有着得天独厚的优势，其作为一种科学语言的流行程度正在急剧上升，有许多机器学习库都是用 Python 编写的。在 Python 的安装程序中包含了大量已经定义好的库和模块，称为标准库。除了 Python 的标准库以外，还有很多重要的 Python 库，如 NumPy、Pandas、SciPy 以及 Sklearn 等，它们都在数据分析和人工智能应用中扮演着重要的角色。

🌐 工匠精神

"国之重器"——神威·太湖之光

2016 年 6 月 20 日，在德国法兰克福举办的 2016 年国际超级计算机大会上，世界首台峰值运算速度超过十亿亿次的"神威·太湖之光"超级计算机系统荣获高性能计算机 500 强（TOP500）世界第一，它出自江苏无锡。这是科技创新领域取得的一项重大标志性自主创新成果，将引领着我国计算机和新一代信息技术发展。

新华社美国盐湖城 2016 年 11 月 14 日电：新一期全球超级计算机 500 强（TOP 500）榜

"神威·太湖之光"超级计算机

单 14 日在美国盐湖城公布，中国"神威·太湖之光"以较大的运算速度优势轻松蝉联冠军。TOP500 榜单每半年发布一次。算上此前"天河二号"的六连冠，中国已连续 4 年占据全球超算排行榜的最高席位。更值得关注的是，"神威·太湖之光"首次采用国产核心处理器"申威 26010"，实现了包括处理器在内的所有核心部件的全部国产化。

2014 年 3 月，国家科技部批准"神威·太湖之光"立项，总的科研建设投入超过 18 亿元。据 2016 年 6 月 20 日发布的世界最新高性能计算机 TOP500 排名数据显示，"神威·太湖之光"浮点峰值运算速度高达每秒 12.5 亿亿次、持续运算速度 9.3 亿亿次、性能功耗比为每瓦 60.51 亿次，是世界上首台峰值运算速度超过十亿亿次的超级计算机，也是我国第一台全部采用国产处理器构建的超级计算机。该系统主机占地面积 1 000 平方米，包括 40 个运算机柜和 8 个网络机柜，全机采用了 40 960 个"申威 26010"高性能处理器，存储容量 20 PB。"申威 26010"处理器使用 64 位自主指令系统，260 核心，峰值性能 3TFLOPS，性能指标世界领先。

"神威·太湖之光"位于国家超级计算无锡中心，中心从 2015 年 12 月开始试运行。自 2016 年 6 月 20 日起，"神威·太湖之光"连续 4 次取得世界超级计算机冠军。

"神威·太湖之光"性能优异并取得了重大创新突破：首先，"神威·太湖之光"是我国第一台全部采用国产处理器构建的超级计算机，打破了国外技术封锁，具有里程碑意义。此外，我们还自主研发了全部软件，真正意义上实现了软硬件系统的自主可控、安全可靠。第二，"神

"神威·太湖之光"超级计算机

威·太湖之光"是目前世界上第一台峰值运算速度突破十亿亿次的超级计算机，其一分钟的计算能力相当于全球 72 亿人使用计算器不间断计算 32 年。第三，"神威·太湖之光"是目前世界上绿色节能效果最好的超级计算机。比第二名（原冠军中国"天河二号"）系统节能 60% 以上。

2018 年 5 月 28 日的两院院士大会上，习近平总书记提到了超算，超级计算机连续 10 次蝉联世界之冠，采用国产芯片的"神威·太湖之光"获得国际高性能计算应用最高奖——戈登·贝尔奖。"这是一代代超算人努力拼搏的结果，现在我们这一代更是赶上了科技发展的好时候。"国家超级计算无锡中心主任杨广文说，总书记的鼓励和"点赞"，激励着中心科研人员以时不我待的姿态投身超算事业——要让这台超级计算机，创造出世界一流的成果。

资料来源：

[1] 王梦然 . "神威"发力，开启超算应用蓝海 [EB/OL].http://kxjst.jiangsu.gov.cn/art/2019/9/4/art_15419_8701355.html，2019-08-30.

[2] 人民网 . 神威太湖之光：人民网专访研发专家组讲述创新故事 [EB/OL]http://js.people.com.cn/GB/360446/362760/376993/index.html，2016-06-22.

[3] 林小春 . 中国计算机轻松蝉联世界超算冠军 [EB/OL].http://www.xinhuanet.com/mrdx/2016-11/15/c_135830013.htm，2016-11-15.

第 5 章　图像处理 Photoshop

内容提要

◎工具箱的用途和使用方法

◎选区的建立和编辑

◎图像的绘制与色彩调整

◎滤镜的使用方法

◎图层、蒙版、通道与文字路径

随着计算机技术的不断发展，计算机图形图像处理被广泛应用于广告制作、平面设计、网页设计、出版和影视后期制作等领域。在众多的图形图像处理软件中，应用最为广泛的是 Adobe 公司的 Photoshop。Adobe Photoshop 简称"PS"，主要处理以像素所构成的数字图像，可以将摄影图片、绘图和图形剪辑等结合起来，并进行处理，产生各种绚丽甚至超越想象的艺术效果。Photoshop 简单易学，功能强大，在平面图形图像设计制作中占据着统治地位。本章将介绍 Adobe Photoshop CC 2018 快速入门的基础知识。

5.1　Photoshop 的工作界面

5.1.1　认识 Photoshop

启动 Photoshop CC 并打开一个图像文件后，将看到一个如图 5-1 所示的工作界面，它由以下几个部分组成：菜单栏、工具箱、工具选项栏、标题栏、文档窗（图像编辑窗）、状态栏和面板组。

图5-1　Photoshop CC 的工作界面

Photoshop 安装好以后，可以单击菜单栏"编辑"→"首选项"命令，在"首选项"子菜单里进行如工作区、参考线、暂存盘等一些设置，如图 5-2 所示，以方便 PS 更好地运行。例如，在图 5-3 所示的"界面"选项卡中可将默认的黑色界面改为灰色界面。

图5-2　"首选项"子菜单

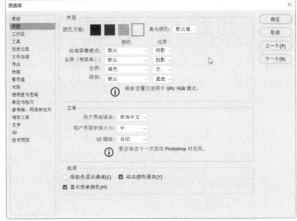

图5-3　"界面"选项卡

5.1.2　工作界面组成

Photoshop 的界面默认展示有多种工具、菜单和面板，并允许用户根据需要增添或隐藏，定制个性化界面。按【Tab】键可以显示或隐藏属性栏、工具箱和控制面板；按【Shift+Tab】组合键可以显示或隐藏控制面板，也可以在窗口菜单下选择这些选项。

1. 菜单栏

Photoshop CC 将所有命令分类后，放在 11 个菜单中，单击下拉菜单项，可以完成大部分 Photoshop CC 的图像编辑处理功能。

2. 工具箱

Photoshop CC 的工具箱包含了许多功能强大的工具，这些工具可以完成各种图像的基本操作。单击工具箱中的某个工具图标，就可以选择该工具。在工具图标的右下角的小三角形 ◢ 上单击并按住不放或在工具图标上右击，就可以打开隐藏的工具子菜单，如图 5-4 所示。按住【Alt】键，同时单击工具图标，可以循环切换同一组的工具子菜单项。

图5-4　工具箱

3. 工具选项栏

工具选项栏位于菜单栏的下方。在工具箱中选择一个工具后，工具选项栏就会显示出相应的工具属性，可以对当前所选工具属性进行设置。在工具箱中选择不同的工具，工具选项栏的内容也会随之变化。图5-5所示为在工具箱中选择"渐变工具"时的选项栏。

图5-5　选择"渐变工具"时的选项栏

4. 面板组

面板在默认状态下是以面板组的形式位于 Photoshop CC 工作界面的右侧，用于设置颜色、工具参数以及执行编辑命令等，当需要使用某个面板时，单击其标签即可。单击面板组右上角的双箭头 ▸▸，可以将面板折叠为图标，或将图标展开为面板。在面板组标签名称上按住鼠标左键拖动，可以将面板拖到需要的位置上单独显示，或者拖回原来面板组位置。用户可以根据需要自由组合面板。单击"窗口"菜单，可以选择或关闭某个面板。图 5-6 所示为图层面板、通道面板和样式面板。

5. 标题栏

标题栏显示 Photoshop CC 中打开的图像文件名称、颜色模式等信息。

6. 文档窗（图像编辑窗）

在 Photoshop CC 中打开一个图像文件，即可创建一个文档窗（图像编辑窗）。若同时打开了多个图像文件，这些文档窗将以选项卡的形式显示出来。在文档窗的标题栏按住鼠标左键拖动，可以将文档窗拖出成为可移动的浮动窗口。对图像进行的各种编辑的效果都能在浮动窗口中显示。

7. 状态栏

状态栏位于 Photoshop CC 文档窗的最底端，单击状态栏右侧的箭头形按钮 ⟩，可弹出图 5-7 所示的菜单，从中选择不同的选项，状态栏将显示与之相应的内容。

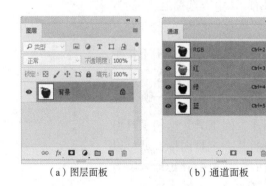
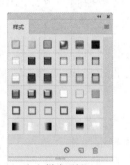

（a）图层面板　　　　　（b）通道面板　　　　　（c）样式面板

图5-6　面板图　　　　　　　　　　　　　　　　图5-7　状态栏菜单

5.2　工具箱的使用

单击菜单栏"窗口"→"工具"命令，可以显示或隐藏工具箱。Photoshop 工具箱中的工具极为丰富，其中许多工具都非常有特点，使用这些工具可以完成绘制图像、编辑图

像、修饰图像、制作选区等操作。Photoshop 为了让用户更
容易地了解工具功能，专门给出了增强的动态工具提示，
当光标置于某个工具上时，会显示一个简单的教学动画以
及相应的功能说明，帮助用户快速了解该工具的作用。如
图 5-8 所示，将鼠标置于橡皮擦工具上，出现教学小动画。

图5-8　教学小动画

5.2.1　选区工具

在使用 Photoshop 处理图像时，需要对图像的局部区
域进行编辑，这就必须精确地选取出这些区域来。选区是
在图像中创建的选取范围。选区的创建是 Photoshop 中
最基本的编辑功能。创建选区后，将选区内的图像内容
进行隔离，便可进行图像的复制、移动、填充和颜色校
正等基本操作。按【Ctrl+D】组合键可快速取消选区，
Photoshop 工具箱有图 5-9 所示的三组选区工具：选框工
具、套索工具、快速选择工具。

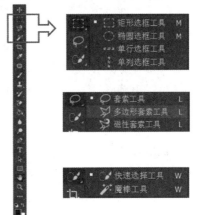

图5-9　选区工具

● 移动工具：使用频率非常高的工具之一，主要功能
是负责图层、选区等的移动、复制操作。

● 矩形（椭圆）选框工具：可以对图像建立一个矩形
（椭圆）的选择范围，按住【Alt】键的同时拖动鼠标可
绘制一个以当前位置为中心点的矩形（椭圆）选区。按
住【Shift】键的同时拖动鼠标可绘制正方形（圆形）选区。

● 单列（行）框选工具：用于创建高（宽）度为 1 像素的选区，一般用于制作网格效果。

● 套索工具：可按住鼠标不放并任意拖动出一个不规则的选择范围。

● 多边形套索工具：用于创建转角比较强烈的选区。可用鼠标在图像上选定一点，然
后进行多线段绘制，选中要选择的范围，没有圆弧的图像勾边可以用这个工具，但无法勾
出弧度。

● 磁性套索工具：通过颜色上的差异自动识别对象的边界。这个工具模仿磁铁的吸附
功能，不须按鼠标左键而直接移动鼠标，在工具头处会出现自动跟踪的线，这条线总是走
向颜色与颜色边界处，边界越明显磁力越强，将首尾连接后可完成选择，一般用于颜色差
别比较大的图像选择。

● 快速选择工具：依据图像颜色建立选区。选择大小合适的笔，在主体内单击鼠标左
键并稍加拖动，选区会自动延伸，查找到主体的边缘。

● 魔棒工具：依据图像颜色建立选区。用鼠标对图像中某颜色单击一下对图像颜色进
行选择，在工具选项栏中可调整容差度，数值越大，表示魔棒所选择的颜色差别大，反之，
颜色差别小。

5.2.2　常用工具一

常用工具一包括如图 5-10 所示的多种工具，它们的具体功能介绍如下。

● 裁剪工具：可以对图像进行剪裁。选择后一般出现八个节点框，用户用鼠标对着节
点进行缩放，用鼠标置于框外可以对图像进行旋转，用鼠标对着选择框双击或按回车键即

可以结束裁切。

● 橡皮擦工具：使用类似画笔描绘的方式将像素更改为背景色或透明。如果对背景层进行擦除，则擦除部分变为透明色；如果对背景层以上的图层进行擦除，则会将这层颜色擦除，显示出下一层的颜色。

● 画笔工具：用来绘制边缘较柔和的线条。可以绘制出类似于用毛笔画出的线条效果和具有特殊形状的线条效果。选用此工具后，在图像内按住鼠标左键不放并拖动，即可以进行画线。

● 污点修复画笔工具：移去标记或污点。无须设置取样点，自动对所修饰区域的周围进行取样，消除图像中的污点或某个对象。

● 修复画笔工具：先按住【Alt】键单击以定义用于修复图像的源点，然后就可以利用源点的样本像素进行绘画。

● 修补工具：利用样本或图案来修复所选图像区域中不理想的部分。使用方法是先绘制一个自由选区，然后将该区域内的图像拖动到目标位置，从而完成对目标处图像的修复。

● 内容感知移动工具：用于移动选区中的图像时，智能填充物体原来的位置。

● 红眼工具：用于去除闪光灯导致的瞳孔红色反光。

● 仿制图章工具：按住【Alt】键取样，将图像上的一部分绘制到另一个位置上，或者将其绘制到具有相同颜色模式的其他图像中。

● 历史记录画笔工具：恢复图像最近保存或打开图像的原来的面貌，如果对打开的图像操作后没有保存，使用这工具，可以恢复这幅图原打开的面貌；如果对图像保存后再继续操作，则使用这工具则会恢复保存后的面貌。

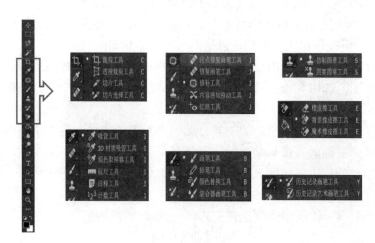

图5-10　工具箱常用工具一

5.2.3　常用工具二

常用工具二包括如图 5-11 所示的多种工具，它们的具体功能介绍如下。

● 渐变工具：创建颜色之间的渐变混合，在其渐变编辑器内可设置渐变模式。与它并列的有：油漆桶工具、3D 材质拖放工具。

● 模糊工具：主要是对图像进行局部加模糊，按住鼠标左键不断拖动即可操作，一般用于颜色与颜色之间比较生硬的地方加以柔和。

● 锐化工具：与模糊工具相反，它是对图像进行清晰化，它使作用范围内的全部像素清晰化，如果作用太强，图像中每一种组成颜色都将显示出来，所以会出现花花绿绿的颜色。使用了模糊工具后，再使用锐化工具，图像不能复原，因为模糊后颜色的组成已经改变。

● 涂抹工具：可以将颜色抹开，好像是一幅图像的颜料未干而用手去抹使颜色走位一样，一般用在颜色与颜色之间边界生硬或颜色与颜色之间衔接不好时使用这个工具，将过渡过颜色柔和化，有时也会用在修复图像的操作中。

● 减淡工具：也可以称为加亮工具，主要是对图像进行加光处理以达到对图像的颜色进行减淡。

● 加深工具：与减淡工具相反，也可称为减暗工具，主要是对图像进行变暗以达到对图像的颜色加深。

● 海绵工具：它可以对图像的颜色进行加色或进行减色，可以在右上角的选项中选择加色或减色。实际上也可以是加强颜色对比度或减少颜色的对比度。其加色或减色的强烈程度可以在工具选项栏中设置。

● 钢笔工具：用于绘制形状或路径。绘制开放型路径时，可按【Esc】键终止路径的继续绘制；绘制闭合型路径则需要将钢笔工具移回到路径的起点上并单击，使路径闭合。

● 自由钢笔工具：与套索工具相似，可以在图像中按住鼠标左键不放直接拖动可以在鼠标轨迹下勾画出一条路径。

● 添加锚点工具：将鼠标光标移动到路径上，单击即可添加一个锚点。

● 路径选择工具：选择整个路径。与它并列的是直接选择工具。

● 横排文字工具：用于创建水平文字图层。

● 直排文字蒙版工具：用于创建垂直文字形状的选区。

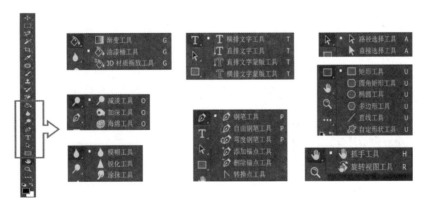

图5-11　工具箱常用工具二

5.2.4　路径的运用——制作禁烟标志

在 Photoshop CC 中，使用"钢笔工具"可以绘制精确的矢量图形，还可以通过创建的路径对图像进行选取，将其转换成选区后，即可对选区进行相应的编辑或创建蒙版。

路径是指在文件中使用路径工具或形状工具创建的贝赛尔曲线轮廓。路径可以是直线、曲线或封闭的形状轮廓，多被用于自行创建矢量图形或对图像的某个区域进行精确抠图。

【例 5-1】使用矩形选框工具和椭圆选框工具，利用钢笔工具创建路径，绘制矢量图形，制作禁烟标志。

PhotoshopCC
创建矢量图

① 单击菜单栏"文件"→"新建"命令，弹出"新建文档"对话框，如图 5-12 所示。

② 设置宽度为 500 像素，高为 400 像素，分辨率为 72 dpi，背景色为白色，文件名为 jybz，单击"创建"按钮。在文档窗出现一个背景为白色的画布。

③ 单击菜单栏"视图"→"标尺"命令，标尺会显示在画布周围，用鼠标左键按住上方的标尺往下拖，拖出一根参考线，再用鼠标左键按住左方的标尺往右拖，也拖出一根参考线，两参考线交于画布中央，建立十字型参考线。

④ 在工具箱中，单击"矩形选框工具"[ ]，鼠标的 ┼ 光标与参考线交点重合，按住【Alt】键的同时按住鼠标左键，向右拖动鼠标，绘制一个以交点为中心点的长条矩形，如图 5-13 所示。

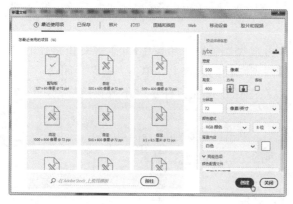

图5-12 "新建文档"对话框

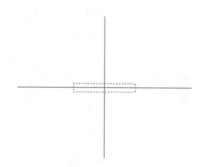

图5-13 绘制长条矩形

⑤ 在工具箱的"矩形选框工具"[ ]上右击，出现图 5-14 所示的快捷菜单，单击"单列选框工具" ，在选项栏上单击"从选区减去"按钮 ，在矩形选区的右侧合适位置分别单击两次，效果如图 5-15 所示。

图5-14 快捷菜单

图5-15 选区减去效果

⑥ 在矩形选区上右击，从弹出的快捷菜单中选择"填充"命令，在"内容"列表框中选择"颜色"，利用拾色器将选区填充为黑色，按【Ctrl+D】组合键取消选区，如图 5-16 所示。

⑦ 在工具箱的"钢笔工具" ⑤.上右击，出现图 5-17 所示的快捷菜单，单击"弯度钢笔工具" ⑥，在烟头处单击 8 次，点出 8 个锚点，调整锚点的位置和路径的弯度，绘制出图案"冒烟"的路径，效果如图 5-18 所示，按下【Ctrl+Enter】组合键建立图 5-19 所示选区，设置前景色为黑色，用"油漆桶工具" ⑥将选区填充为黑色，按组合键【Ctrl+D】取消选区，如图 5-20 所示。

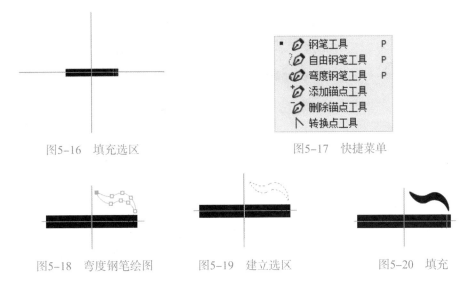

图5-16　填充选区　　　　　　　　　　　图5-17　快捷菜单

图5-18　弯度钢笔绘图　　　　图5-19　建立选区　　　　　　图5-20　填充

⑧ 选择"椭圆选框工具"○，在选项栏上单击"新选区"按钮▣，鼠标的 ÷ 光标与参考线交点重合，按住【Shift+Alt】组合键的同时按住鼠标左键，拖动鼠标，绘制一个以中心点为圆心的正圆选区，如图 5-21 所示。再次选择"椭圆选框工具"○，在选项栏上单击"从选区减去"按钮▣，在中心点按住鼠标左键，同时按住【Shift+Alt】组合键，在原来的选区内再绘制一个小一些的正圆选区，如图 5-22 所示。选择"矩形选框工具"▢，在选项栏上单击"添加到选区"按钮▣，以中心点为中心绘制一个矩形选区，效果如图 5-23 所示。

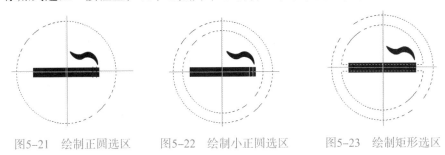

图5-21　绘制正圆选区　　　图5-22　绘制小正圆选区　　　图5-23　绘制矩形选区

⑨ 单击菜单栏"选择"→"变换选区"命令，在工具选项栏的"设置旋转"输入框中输入"135"，按下【Enter】键或单击工具选项栏的"提交变换"按钮✓，效果如图 5-24 所示。将选区填充为红色，按【Ctrl+D】组合键取消选区，如图 5-25 所示。

⑩ 在工具箱的"横排文字工具"Ｔ上单击，分别输入文字"禁止吸烟"和"NO SMOKING"，设置字体为黑体，居中，黑色，如图 5-26 所示。单击菜单栏"视图"→"清除参考线"命令，也可以按【Ctrl+;】或【Ctrl+H】组合键隐藏参考线效果如图 5-27 所示。

⑪ 单击菜单栏"文件"→"存储为"命令，将图像保存为文件 jybz.psd。

PSD 是 Photoshop 的专用文件格式，支持图层、通道、蒙版和不同色彩模式的各种图像特征。由于可以保留原始信息，PSD 文件有时体积很大。对于未制作完成的图像，建议用 PSD 格式保存。

图5-24　设置旋转　　　图5-25　填充红色　　　图5-26　设置旋转　　　图5-27　清除参考线

 小知识

　　Photoshop CC 的"历史"面板会将编辑图像的每一步操作都记录下来。通过"历史"面板，可以随时回到某一次操作状态中。但当回到某一次操作状态时，此次操作以下的所有操作均变暗，而且无法恢复。

5.3　图　　层

　　图层是 Photoshop CC 中很重要的一部分内容，也是很多图像处理软件的基本概念之一。通过建立图层，可以产生富有层次又彼此关联的艺术效果。

5.3.1　图层的概念

　　图层类似于图纸绘图中使用的重叠在一起的一张张透明的图纸，每个图层各自包含不同的文字或图形等元素，透过图层的透明区域可看到下面的图层，一层层按顺序叠放在一起，组合起来形成画面的最终效果，如图 5-28 所示。在编辑处理相应图层中的图像内容时，不会影响其他图层中的图像内容。

　　图层中可以加入文本、图片、表格、插件，也可以在里面再嵌套图层。图层可以复制、移动，也可以调整堆叠顺序，改变图层的顺序和属性可以改变图像的最后效果。

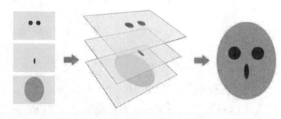

图5-28　图层的概念

5.3.2　图层的类型

　　图层被存放在"图层面板"中，根据其功能和用途的不同，主要分为背景图层、调整图层、文字图层、形状图层、填充图层和普通图层等。

　　● 背景图层：用于图像的背景，位于图层的底层，是一种不透明的图层，默认为锁定状态，且不能应用任何类型的混合模式。不可以改变背景层的顺序、不透明度和混合模式。若要改变，则要将背景图层转化为普通图层。

　　● 调整图层：用于控制色调和色彩的调整。

　　● 文字图层：使用文字工具输入、编辑文本时创建的图层，不会改变像素值，而且可以重复编辑。

- 形状图层：使用弯度钢笔工具或自定形状工具时，可以生成形状图层。
- 填充图层：在当前图层中进行纯色、渐变或图案 3 种类型的填充，并结合图层蒙版的功能产生的一种遮蔽效果。
- 普通图层：用一般方法建立的图层，由于存放和绘制图像。普通图层可以通过图层混合模式实现与其他图层的融合。普通图层可以转化为背景图层。

5.3.3　图层面板

在 Photoshop CC 的图层面板中显示了图像的所有图层，列出所有图层、图层组和图层效果，可以通过其中的相关功能来完成图像编辑工作，如对图层进行创建、隐藏、复制和删除等操作。

单击菜单栏"窗口"→"图层"命令，则会打开"图层面板"，如图 5-29 所示。

- 选取图层类型：当图层数量较多时，可在该下拉列表框中选择一种图层类型（包括"类型"、"名称"、"效果"、"模式"、"属性"、"颜色"、"智能对象"、"选定"和"画板"等）。
- 混合模式：用来设置当前图层中的图像与下面图层中的图像之间的混合效果。
- 图层锁定工具栏：包含"锁定透明像素"、"锁定图像像素"、"锁定位置"、"防止在画板内外自动嵌套"和"锁定全部"等。

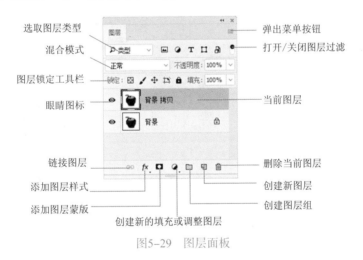

图5-29　图层面板

- 眼睛图标：显示或隐藏图层。
- 链接图层：将选择的多个图层进行链接。当对某一图层进行移动、旋转和变换操作时，与该图层具有链接属性的图层也会相应发生变化。
- 添加图层样式：单击此按钮，弹出"图层样式"子菜单，可选择需要的图层样式应用到图层中。
- 添加图层蒙版：为当前图层创建一个图层蒙版。
- 创建新的填充或调整图层：单击此按钮，在弹出的子菜单中可以选择相应的填充或调整命令，用来创建填充或调整图层。
- 创建图层组：在图层面板中新建一个用于放置图层的组。
- 创建新图层：在图层面板中新建一个空白图层。

- 删除当前图层：将当前图层从图层面板中删除。
- 当前图层：当前选中的图层。
- 打开／关闭图层过滤：启动或停用图层过滤功能。
- 弹出菜单按钮：单击此按钮，弹出图层面板的编辑菜单，用于在图层中进行编辑操作。

5.3.4 实例——梦幻骏马图

【例5-2】利用骏马图像素材，通过设置图层混合模式，制作图像的梦幻效果。

① 单击菜单栏"文件"→"打开"命令，打开骏马图像文件，如图5-30所示。

② 单击菜单栏"窗口"→"图层"命令，在打开的图层面板中，用鼠标左键按住背景图层拖动，拖到图层面板底端的"创建新图层"按钮 上（或

图层混合模式

图5-30　骏马

在背景图层上右击鼠标，在快捷菜单中选择"复制图层"），产生"背景拷贝"图层，如图5-31所示。

③ 单击菜单栏"滤镜"→"模糊"→"高斯模糊"命令，弹出"高斯模糊"对话框，设置半径为6.0像素，如图5-32所示。单击"确定"按钮，图像效果如图5-33所示。

图5-31　"背景拷贝"图层

图5-32　"高斯模糊"对话框

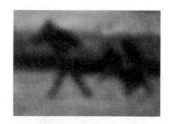

图5-33　"高斯模糊"效果

④ 在图5-34所示的图层面板中设置"背景拷贝"图层的"混合模式"为"柔光"，图像效果如图5-35所示。

图5-34　"背景拷贝"图层

图5-35　"柔光"效果

⑤ 在图层面板的底端单击"创建新图层"按钮 ，新建图层"图层1"，在工具箱中选择"渐变工具"按钮 ，在选项栏设置"渐变样式"为"径向渐变" ，单击渐变识别器下拉列表，

选择"渐变类型"为"蓝，黄，蓝"，如图 5-36 所示。

⑥ 在图像中心点位置按住鼠标左键，向外任意方向拖动鼠标，产生填充渐变，渐变效果如图 5-37 所示。

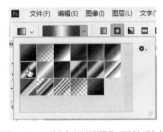

图5-36　"渐变识别器"下拉列表

图5-37　"渐变"效果

⑦ 在图层面板上，设置"图层 1"图层的混合模式为"叠加"，单击"不透明度"下拉列表，移动滑块选择一个合适的不透明度，如图 5-38 所示。例如，调整不透明度为 15% 和 35% 的图像渐变效果分别如图 5-39 和图 5-40 所示。

⑧ 将最后的效果图像存储为 PSD 文件。

图5-38　调整不透明度

图5-39　调整不透明度为15%

图5-40　调整不透明度为35%

5.3.5　实例——你的眼睛有星空

【例 5-3】利用黑白眼睛图像素材，通过设置图层混合模式，制作彩色眼妆描绘效果。

① 单击菜单栏"文件"→"打开"命令，打开眼影图像文件，再打开星空图像文件，并将星空图层拖拽到眼影图层，如图 5-41 所示。

图5-41　眼睛

② 选中图层 1，在工具栏中单击"椭圆选框工具"按钮 ，按住【Shift】键在图层 1 上面画一个眼珠大小的圆，如图 5-42 所示，然后同时按住【Ctrl+Shift+I】组合键进行反选，再按【Delete】键删除，得到一个圆，按【Ctrl+D】组合键去掉虚线，如图 5-43 所示。

图5-42 星空

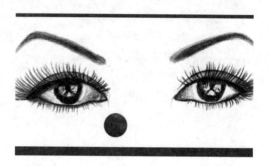

图5-43 圆

③ 在工具栏单击"移动工具"按钮 ，将图层 1 的圆移动到与图层 0 中眼珠重合的位置，然后按【Ctrl+T】组合键后，再按住【Shift】键调整其大小与眼珠大小相同，并在右下方图层面板中调整其混合模式为"正片叠底"，适当调整其不透明度，如图 5-44 所示；用鼠标左键按住图层 1 拖动到图层面板底端的"创建新图层"按钮 上，产生"图层 1 拷贝"图层，并用"移动工具"将其移动到另一眼珠位置，如图 5-45 所示。

图5-44 调整透明度

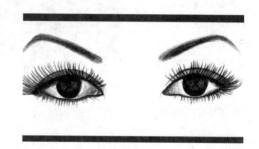

图5-45 眼睛里有星星

④ 在右下角单击"创建新图层"按钮 ，新建图层 2，在工具栏选择"画笔工具"按钮 ，适当调整画笔的大小，硬度为 30% 左右，如图 5-46 所示，再选择合适的画笔颜色；在图层 2 上画出两只眼睛上眼皮部分，如图 5-47 所示；在图层面板的混合模式中选择"正片叠底"，效果如图 5-48 所示。

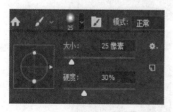

图5-46 画笔

图5-47 粉眼影

图5-48 粉眼影正片叠底

⑤ 再新建一个图层 3，同样使用"画笔工具"，选择合适的颜色，画出如图 5-49 所示的样子，然后在图层面板中设置其混合模式为"柔光"，效果如图 5-50 所示。

图5-49　紫眼影　　　　　　　　　　图5-50　紫眼影柔光

⑥ 新建一个图层 4，使用"画笔工具"，调整其颜色，画出如图 5-51 所示的样子，然后在图层面板中设置图层 4 的混合模式为"叠加"，最终效果如图 5-52 所示。

图5-51　红眼影　　　　　　　　　　图5-52　红眼影叠加

⑦ 将最终的效果图像存储为 PSD 文件。

5.4　蒙　版

蒙版是浮在图层上的一块挡板，它本身不包含图像数据，只是对图层的部分数据起遮挡作用。当对图层进行操作处理时，被遮挡的数据将不会受影响。

5.4.1　蒙版的概念

蒙版在 Photoshop 里的应用相当广泛，蒙版最大的特点就是可以反复修改，但却不会对图层产生影响。如果对蒙版调整的图像不满意，则可以去掉蒙版，而原图像不会受任何影响。蒙版其实就是 Photoshop 里面的一个层，最常见的是单色的层或有图案的层，叠在原有的照片层上面，就像是在一张照片上面放一块玻璃的道理一样，单色的层就是单色玻璃，有图案的层就是花纹玻璃，然后透过玻璃看照片就会有颜色或花纹的变化。比如，放了绿色的蒙版之后画面的绿色就加强了。蒙版的好处也像玻璃一样，不论对蒙版进行何种操作都不会直接影响到原有的图片，当然如果合并了层就有直接影响了。相对于调曲线和调色阶，蒙版是最简单易学的，因为要调节的参数不多，通常就只有一个透明度需要调整，而且保存为 PSD 文件可以保留蒙版层，所以即使有突发事件也可以保存供日后继续调整。用蒙版调色适合于恢复色调比较灰的照片，如果要全面修改画面的色调，那么最好配合其他工具一起使用。

简而言之，蒙版是一种选区，但与常规选区又不同。常规选区是对选区进行编辑处理，蒙版则是对选区进行保护，使其避免受到操作的影响，不会对图像进行破坏。蒙版的作用是将不同灰度值转换为不同的透明度，并作用到它所在的图层，使图层不同部位的透明度产生相应的变化。

5.4.2 蒙版的类型

蒙版分为快速蒙版、图层蒙版、矢量蒙版和剪贴蒙版等多种形式，根据不同的设计需求会用到不同的蒙版类型，建议初学者要掌握两种以上。

- 快速蒙版：在当前图像中创建一个半透明的图像。可以将任何选区作为蒙版进行编辑。
- 图层蒙版：可以将图像进行合成，可使用各种工具在蒙版中涂色：涂黑色的区域表示图层蒙版中的图像是隐藏的；涂白色的区域表示图层蒙版中的图像是可见的；灰色区域表示图层蒙版中的图像变为半透明，透明度取决于涂色的深浅。
- 矢量蒙版：由路径工具创建的蒙版，可以通过路径与矢量图形控制图形的显示区域。
- 剪贴蒙版：也称剪贴组，通过使用下方图层的形状来限制上方图层的显示状态。

5.4.3 蒙版面板

在图层面板中，选择需要添加图层蒙版的图层或图层组，单击图层面板底端的"添加蒙版"按钮，添加图层蒙版，在属性面板中出现"图层蒙版"属性。"属性"面板用于调整图层中的图层蒙版、矢量蒙版的不透明度和羽化范围。"属性"面板如图 5-53 所示。

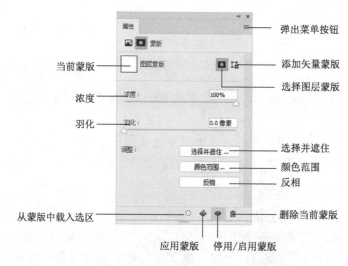

图5-53 "属性"面板

当前蒙版：当前选择的蒙版，显示了在图层面板中选择的蒙版类型。

浓度：拖动滑块可以控制蒙版的不透明度，即蒙版的遮盖强度。

羽化：拖动滑块可以柔化蒙版的边缘。

从蒙版中载入选区：将蒙版载入为选区。

应用蒙版：将蒙版效果应用到图层中。

停用 / 启用蒙版：停用或启用蒙版。

删除当前蒙版：单击此按钮，可以删除当前蒙版。

反相：可以反转蒙版的遮盖区域。

颜色范围：单击此按钮，可以弹出"色彩范围"对话框，可在图像中取样并调整颜色容差来修改蒙版范围。

选择并遮住：调整图像的蒙版遮盖程度和边缘。

选择图层蒙版：选择当前图层的蒙版。

添加矢量蒙版：单击此按钮，为当前图层添加矢量蒙版。

弹出菜单按钮：单击此按钮，弹出通道面板的编辑菜单，用于在通道中进行编辑操作。

【例 5-4】将图 5-54 所示的汽车图像，复制到图 5-55 所示的树木图像中，利用画笔和滤镜编辑图层蒙版，合成特殊效果的图像。

　　　图5-54　汽车图像　　　　　　　图5-55　树木图像

① 单击菜单栏"文件"→"新建"命令，弹出"新建"对话框，设置宽度为 500 像素，高为 400 像素，分辨率为 72 dpi，新建一个图像文件。

② 在工具箱中选择"渐变工具"按钮■·，在选项栏设置"渐变样式"为"径向渐变"■，单击渐变识别器下拉列表，选择"渐变类型"为"透明彩虹渐变"，如图 5-56 所示。

③ 在工具箱中选择"渐变工具"按钮■·，从新图像的左上角顶点向右下角顶点按住鼠标左键拖动，产生填充渐变，渐变效果如图 5-57 所示。此时图层面板只有一个"背景"图层，如图 5-58 所示。

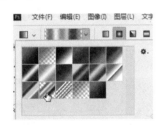　　　　

图5-56　"渐变识别器"下拉列表　　　图5-57　渐变效果　　　　图5-58　背景图层

④ 打开树木图像素材文件 tree.jpg，选择"矩形选框工具"□拖动鼠标，产生一个选区，如图 5-59 所示。单击菜单栏"编辑"→"拷贝"命令和"编辑"→"粘贴"命令，将此图复制到新文件中，在新文件中同样选择"矩形选框工具"□创建一个选区如图 5-60 所示。此时图层面板多了一个"图层 1"图层，如图 5-61 所示。

⑤ 单击菜单栏"图层"→"图层蒙版"→"显示选区"命令，产生"图层 1"蒙版，如图 5-62 所示。

⑥ 编辑图层蒙版：在图层面板中选择"图层 1"蒙版，单击菜单栏"滤镜"→"滤镜库"命令，在弹出的对话框中，选择"画笔描边"→"喷溅"，设置"喷色半径"为 18，"平滑度"为 3，效果如图 5-63 所示。

⑦ 单击菜单栏"滤镜"→"扭曲"→"挤压"命令，设置"数量"为 50%；单击菜单栏"滤镜"→"扭曲"→"旋转扭曲"命令，设置"角度"为 300°，图像效果如图 5-64 所示，图层面板如图 5-65 所示。

图5-59 树木图像选区

图5-60 新图像选区

图5-61 "图层1"图层

图5-62 "图层1"蒙版

图5-63 "喷溅"效果

图5-64 "扭曲"效果

⑧ 打开汽车图像素材文件 car.jpg，选择"矩形选框工具" ，拖动鼠标，产生一个选区。单击菜单栏"编辑"→"拷贝"命令和"编辑"→"粘贴"命令，将此图复制到新文件中。图层面板产生了"图层 2"图层，如图 5-66 所示。按组合键【Ctrl+T】出现尺寸框，调整汽车图像大小，调整好后按【Enter】键确认。选择"移动工具" ，将汽车移动到合适的位置，效果如图 5-67 所示。

图5-65 "图层1"蒙版

图5-66 "图层2"图层

图5-67 复制、调整汽车

⑨ 在图层面板单击底端的"添加蒙版"按钮 ，添加图层蒙版，在图层面板中产生"图层 2"蒙版，如图 5-68 所示。

⑩ 选择"图层 2"蒙版，将"颜色"面板或工具箱的前景色设置为"黑色"，选择"画笔工具" ，用画笔涂抹汽车的背景。涂抹图像内部时，按【] 】键可以增加画笔的直径，加快涂抹速度。涂抹图像边缘细微处时，按【 [】键可以减少画笔的直径，确保涂抹精确。若图像涂抹过多，则将前景设置为"白色"，将涂抹失误的地方重新涂抹回原样。涂抹完成后效果如图 5-69 所示。此时图层面板的"图层 2"蒙版如图 5-70 所示。

⑪ 将最后的效果图像存储为 PSD 文件。

图5-68　新建"图层2"蒙版　　　　图5-69　最后效果图像　　　　图5-70　修改后的"图层2"蒙版

 小知识

　　在涂抹过程中，如需进行黑色前景色和白色背景色的互换，可在英文输入法状态的情况下按着【X】键进行互换。在窗口左下角可设置图像的显示比例，也可以使用【Ctrl++】组合键或【Ctrl+-】组合键，放大或缩小图像进行仔细涂抹。

5.4.5　实例——灯泡鱼效果

　　【例 5-5】利用画笔涂抹实现对蒙版的编辑，进而建立特殊选区，将灯泡、小鱼、水花三幅素材图像合成灯泡鱼效果的图像。

　　① 单击菜单栏"文件"→"打开"命令，打开灯泡图像文件，如图 5-71 所示。

　　② 寻找一张水花素材打开，并在工具栏选择"移动工具"按钮![移动工具]，将其拖入灯泡图层中，如图 5-72 所示。

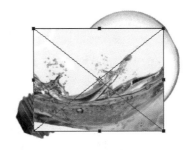

图5-71　灯泡图　　　　　　　　　　图5-72　水花图

　　③ 选中图层水花，按【Ctrl+T】组合键来调出自由变换控制框，进行调整确认；在工具栏选择"移动工具"按钮![移动工具]，将其放置在灯泡图像的右上方位置，如图 5-73 所示。

　　④ 在图层面板的右下方单击"图层蒙版"按钮![图层蒙版]，为图层水花添加图层蒙版，设置前景色为黑色，在工具栏选择"画笔工具"按钮![画笔工具]，并在其左上方的工具选项条![选项]中设置适当的画笔大小和硬度，在图层蒙版缩略图中进行涂抹，效果如图 5-74 所示。

　　⑤ 寻找鱼的素材，解锁（双击图层上的锁）拖入制作文件图中，按住【Ctrl+T】组合键调出自由变换控制框，按住【Shift】键（按住【Shift】键变换是为了使图像保持原比例进行缩放）拖动自由变换控制缩小图像，确认变化操作（即单击选框中的勾号![勾号]或者按一下【Enter】键）。

⑥ 将鱼放置于气泡下方位置，并给鱼图层添加图层蒙板（即单击右下方的图层蒙版按钮█）。设置前景色为黑色选择画笔工具，并在其工具选项条中设置适当的画笔大小和硬度进行涂抹，得到最终效果，如图 5-75 所示。

图5-73 调整水花

图5-74 水花蒙版

图5-75 鱼

⑦ 在工具栏选择"套索工具"按钮█，将鱼身体与灯丝交接处圈中，如图 5-76 所示。按【Ctrl+J】组合键（复制图层按钮）得到图层 3，在右下方的图层面板中设置图层 3 混合模式为"正片叠底"，如图 5-77 所示。

⑧ 单击图层 3，在工具栏选择"魔术橡皮擦工具"按钮█，鼠标左键单击白色部分最后效果图如图 5-78 所示。

⑨ 将最终的效果图像存储为 PSD 文件。

图 5-76 灯丝

图5-77 正片叠底

图5-78 灯泡鱼

5.5 通 道

通道是存储图像颜色信息和选区信息等不同类型信息的灰度图像。通道是 Photoshop CC 的重要内容之一，它与图像内容、色彩和选区相关。在通道中可以存储选区、单独调整通道的颜色，应用图像及计算命令等高级操作。

5.5.1 通道的概念

通道的概念，是由蒙版演变而来的，也可以说通道就是选区。在通道中，以白色代表透明，表示要处理的部分 (选择区域)；以黑色代替表示不需处理的部分 (非选择区域)。因此通道与蒙版一样，没有其独立的意义，而只有在依附于其他图像 (或模型) 存在时，才能体现其功用。

在 Photoshop 中，不同的图像模式下，通道是不一样的。首先，以 RGB 颜色模式为例，一个通道层同一个图像层之间最根本的区别在于：图层的各个像素点的属性是以红绿蓝三原色的数值来表示的，而通道层中的像素颜色是由一组原色的亮度值组成的。再说通俗点，通道中只有一种颜

图像处理之
通道

色的不同亮度，是一种灰度图像。通道最初是用来储存一个图像文件中的选择内容及其他信息的。举个例子，你费尽千辛万苦从图像中勾画出了一些极不规则的选择区域，保存后，这些"选择"即将消失。这时，我们就可以利用通道，将"选择"存储成为一个个独立的通道层；需要选择哪些时，就可以方便地从通道将其调入。这个功能，在特技效果的照片上色实例中得到了充分应用。通道的另一主要功能是用于同图像层进行计算合成，从而生成许多不可思议的特效，这一功能主要用于特效文字的制作。此外，通道的功能还有很多，在此就不一一列举。

5.5.2　通道的类型

通道根据其存储信息的类型的不同，主要分为复合通道、颜色通道、Alpha 通道和专色通道。

● 复合通道：用户可以同时预览和编辑所有颜色通道。

● 颜色通道：用于记录图像颜色信息的通道。是在打开新图像时自动创建的，同时还创建了复合通道。图像的颜色模式决定了所创建的颜色通道的数目。例如，RGB 图像的每种颜色（红色、绿色和蓝色）都各有一个通道。

● Alpha 通道：将选区存储为灰度图像。可以添加 Alpha 通道来创建和存储蒙版，这些蒙版用于处理和保存图像中的某些区域。Alpha 通道是计算机图形学中的术语，指的是特别的通道。

● 专色通道：保存专色信息，具有 Alpha 通道的特点，也具有保护选区的作用。每个专色通道可以存储一种专色信息，而且是以灰度来存储的。

5.5.3　通道面板

在 Photoshop CC 中，通道有自己单独的一个面板。通道面板显示了图像中的所有通道。对于 RGB、CMYK 和 Lab 图像，首先列出复合通道。通道略缩图显示在通道名称的左侧，在编辑通道时，会自动更新略缩图。

单击菜单栏"窗口"→"通道"命令，则会打开"通道面板"，如图 5-79 所示。

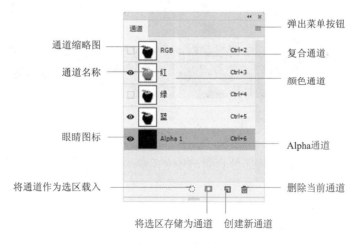

图5-79　通道面板

- 通道略缩图：显示该通道的内容。
- 通道名称：显示对应通道的名称。
- 眼睛图标：也称为"指示通道可视性"按钮，用于显示 / 隐藏当前通道。若隐藏某一个颜色通道，则复合通道 RGB 自动隐藏；若显示复合通道，则所有颜色通道都显示。
- 将通道作为选区载入：单击该按钮，可以载入所选通道内的选区。
- 将选区存储为通道：单击该按钮，可以将图像中的选区保存在通道内。
- 创建新通道：单击该按钮，可以创建 Alpha 通道。
- 删除当前通道：单击该按钮，可以删除当前通道，但复合通道不能删除。
- Alpha 通道：原来保存选区的通道。
- 颜色通道：用于记录图像颜色信息的通道。
- 复合通道：面板中最先列出的通道是复合通道，在复合通道下可以同时预览和编辑所有颜色通道。
- 弹出菜单按钮：单击此按钮，弹出通道面板的编辑菜单，用于在通道中进行编辑操作。

5.5.4 实例——美肤效果

【例 5-6】利用通道抠图实现美肤效果，并使用仿制印章工具祛痘。

① 单击菜单栏"文件"→"打开"命令，打开修图文件，在工作区图层面板复制一个新的图层，如图 5-80 所示。再单击通道面板，选择痘痘看起来最浅的通道，这里是红通道，如图 5-81 所示。

图5-80　原图　　　　　　　　　　　　　　　图5-81　红通道

② 复制红通道，得到红通道副本，如图 5-82 所示。选择左边工具栏中的套索工具，在副本通道图层把有痘痘的皮肤部分套索选中（套索工具的羽化值选择适当值，留出五官），如图 5-83 所示。

③ 单击菜单栏"滤镜"→"杂色"→"蒙尘与划痕"，在弹出窗口中调节半径和阈值的大小，如图 5-84 所示。调好后按【Ctrl+D】组合键取消选择。

图5-82　红通道 副本

图5-83　圈住痘痘

④ 回到历史记录面板，单击快照，右下角垃圾箱旁边的相
机按钮，然后按【Ctrl+A】组合键全选，再按【Ctrl+C】组合
键复制。回到图层，新建空图层，按【Ctrl+V】组合键粘贴如
图 5-85。调整图层为"明度"，如图 5-86 所示。

⑤ 在菜单栏中选择"图像"→"调整"→"亮度 / 对比度"，
选项根据图片亮度的变化情况向右拖动滑块，调整完成后单击
"确定"按钮，如图 5-86 所示。在菜单栏中选择"图像"→"调
整"→"曲线"选项，根据图片亮度的变化情况调整曲线弧度
至合适的位置，即痘痘与周围皮肤对比最强烈的位置，图片亮
度调整完成后单击"确定"按钮，如图 5-87 所示。

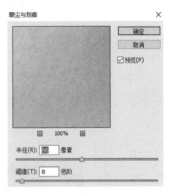

图5-84　蒙尘与划痕

图5-85　粘贴

图5-86　明度

⑥ 使用放大工具，查看皮肤细节，对剩余痘痘使用"仿制图章工具"，调整需要的
仿制图章像素大小和硬度，设置完成后按住【Alt】键，单击图案然后松开【Alt】键，接着
将鼠标移到需要仿制的地方，然后鼠标左键单击画布，即可将痘痘遮盖住得到图 5-88 所示
效果。

⑦ 将最终的效果图像存储为 PSD 文件。

图5-87 曲线

图5-88 修图后

5.5.5 实例——硝烟中的变形金刚

【例 5-7】有图 5-89 所示的三幅素材图，利用通道抠图分离出白云、篝火和变形金刚并合成为如图 5-90 所示的硝烟效果图。

图5-89 三幅素材图

① 单击菜单栏"文件"→"打开"命令，打开蓝天白云图、篝火图和变形金刚三幅原始素材图。

② 观察蓝天白云图的通道面板，对比其对应的红、绿、蓝三个颜色通道，挑选出黑白对比最强烈、能最大限度完整抠选出白云的一个通道，对比之下发现红色通道最适合，如图 5-91 所示。

注意：此时如果直接转为选区可马上抠图，但抠出的白云过于厚重，为了能更好地模拟稀薄的烟雾效果，可先调整色阶。

③ 将红通道拖拉到下方的新建按钮上，形成"红拷贝"通道，如 5-92 所示。

④ 单击菜单栏"图像"→"调整"→"色阶"命令，打开图 5-93 所示的对话框，拖动色阶调节点至合适位置后单击"确定"按钮，使得选中的白云较为稀薄。

图5-90 硝烟中的变形金刚效果图

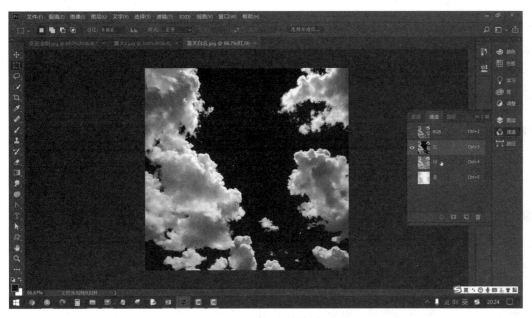

图5-91　蓝天白云图的红色通道

图5-92　复制红通道

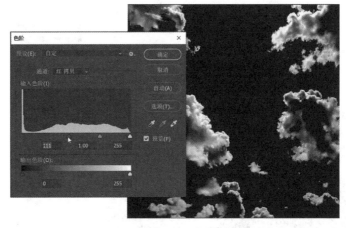

图5-93　色阶对话框

⑤ 单击通道下方的"转为选区"按钮，转换为选区，如图 5-94 所示。然后切换到"RGB"复合通道，如图 5-95 所示，可看到建立好的白云选区。

⑥ 单击菜单栏"编辑"→"拷贝"命令，将选区图像送到剪贴板。

⑦ 切换到变形金刚图，单击菜单栏"编辑"→"粘贴"命令，形成一个新的图层 1。

⑧ 单击菜单栏"编辑"→"自由变形"命令，调整烟雾的尺寸，并移动烟雾到合适的位置，如图 5-96 所示。

图5-94　转换为选区

图5-95 切换到"RGB"复合通道

图5-96 调整烟雾大小和位置

⑨ 同理，打开篝火图，选择红通道，直接单击下方的"转为选区"按钮转换为选区，如图 5-97 所示。然后切换到"RGB"复合通道，将篝火选区复制粘贴到变形金刚图中形成图层 2，并调整篝火的大小和位置，合成如图 5-98 所示的变形金刚穿行在硝烟中的效果。

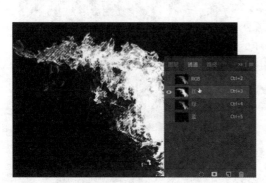

图5-97 红通道直接转换为选区

图5-98 硝烟中的变形金刚效果图

5.6 综合实例——"飞扬的青春"宣传海报

【例 5-8】利用图层蒙版与文字工具，将跳跃图像与山峰图像进行融合，制作"飞扬的青春"宣传海报。

① 单击菜单栏"文件"→"打开"命令，打开图 5-99 所示跳跃图像文件和图 5-100 所示的山峰图像文件。

② 在跳跃图像的标题栏上拖动鼠标，使图像窗成为浮动窗，在工具箱

图像处理之综合案例

单击"移动工具"按钮✛，将山峰图像拖入跳跃图像中，利用"移动工具"按钮移动图像，按组合键【Ctrl+T】出现尺寸框，调整山峰图像大小，调整好后效果如图 5-101 所示。此时在"图层"面板产生图层"图层 1"。

图5-99　跳跃图像　　　　　　图5-100　山峰图像　　　　　　图5-101　合并图像

③ 单击图层蒙版底端的"添加图层蒙版"按钮 ▣，为"图层 1"图层添加一个空白图层蒙版（黑的表示看得见，白的表示看不见），如图 5-102 所示。

④ 将前景色和背景色分别设置为白色和黑色。在工具箱单击"渐变工具"按钮▣，在选项栏设置"渐变样式"为"线性渐变"▣，单击渐变识别器下拉列表，选择"渐变类型"为"前景色到背景色渐变"（只要渐变效果是由白到黑的线性渐变即可），如图 5-103 所示。属性面板中的"羽化"设置为 5 像素，如图 5-104 所示。

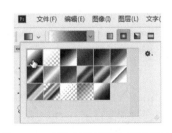

图5-102　空白图层蒙版　　图5-103　"渐变识别器"下拉列表　　图5-104　"属性"面板

⑤ 在图 5-101 所示的合并图像中，从山峰到跳跃的人物处拖鼠标，然后放开鼠标，此操作可重复多次，产生蒙版的由白到黑的线性渐变，直到上下两图像之间的渐变达到渐变的要求，效果如图 5-105（a）所示。对于渐变效果不太满意的地方，可通过画笔涂抹来调整：选择"图层 1"蒙版，选择"画笔工具"✐，调整画笔的透明度为 59%，对于前景的黑白颜色（白色表示出现山峰，黑色表示遮盖山峰）用画笔涂抹山峰，涂抹出半透明的山峰图像，使两幅图像很好地渐变融合在一起。涂抹效果如图 5-105（b）所示。此时图层面板如图 5-106 所示。

⑥ 在工具箱单击"横排文字工具"按钮 T，在图像的左上角拖出文本框，设置字体为"叶根友毛笔行书 2.0 版"，字号为"12 点"，字体颜色为"#fed805"，输入文字"飞扬的"。单击菜单栏"窗口"→"样式"命令，打开"样式"面板，在"默认样式"中选择"过喷（文字）"样式，效果如图 5-107 所示。

⑦ 在工具箱选择"横排文字工具"按钮 T，在图像的左上角拖出文本框，字号为"18点"，输入文字"青春"。在"样式"面板的右上角单击样式编辑菜单按钮▤，选择"Web

样式"，在弹出的确认窗中单击"确认"按钮，在"Web样式"中选择"黄色回环"样式，效果如图5-108所示。在工具箱选择"移动工具"按钮✛，适当调整文字的位置。

（a）由白到黑的线性渐变　　（b）涂抹效果

图5-105　渐变和涂抹效果　　　　　　　　图5-106　"图层"面板

⑧ 单击菜单栏"文件"→"存储为"命令，将效果图像存储为PSD文件。

另外，也可以运用弯度钢笔工具制作路径文字，以产生特殊文字效果。以上第⑥步和第⑦步的操作，也可以换成下面的操作：

⑨ 在工具箱选择"弯度钢笔工具"按钮✏，在工具选项栏的"选择工具模式"下拉列表中选择"路径"，在图像的左上部绘制弧形路径，如图5-109所示。

图5-107　"飞扬的"效果图　　　图5-108　"飞扬的青春"效果图　　　图5-109　弧形路径

⑩ 在工具箱选择"横排文字工具"按钮T，设置字体为"叶根友毛笔行书2.0版"，字号为"12点"，字体颜色为"#fed805"，将鼠标指针移动到路径的左端，当鼠标指针为图案↓时，单击并输入文字"飞扬的青春"。如图5-110所示。单击菜单栏"窗口"→"样式"命令，打开"样式"面板，在"默认样式"中选择"过喷（文字）"样式，效果如图5-111所示。

图5-110　输入"飞扬的青春"　　　　　　　图5-111　效果图

本章小结

    Photoshop 作为主流的图形图像处理软件，在实际的工作中有非常广泛的用途。本章介绍了 Photoshop 工具箱的使用，使读者认识 Photoshop 的丰富功能，并使用其进行图像编辑、合成、修补、文字美化等操作。本章主要讲解 Photoshop 工具箱中各种工具的用途和使用方法；各种形状选区的建立和编辑；图像的绘制与色彩调整；滤镜的使用方法；图层、蒙版、通道与文字路径的相关知识。通过每小节的操作案例，引导读者快速有效地学习使用技能。Photoshop 看似博大精深，可制作令人叹为观止的图像效果，事实上并不复杂，但需要在实际操作中去仔细体会，实践出真知。

🌐 工匠精神

麒麟5G芯片背后的研发故事

    前不久，伴随着华为麒麟 985 5G SoC 的发布，麒麟芯片形成了从顶级旗舰到中高端旗舰芯片覆盖多维度、多赛道的格局，麒麟 820、985、990 三款 5G SoC 的 5G 性能均领先同级，属全球最快。

    华为技术有限公司（以下简称"华为"）成立于 1987 年，得益于改革开放，经过 30 多年的拼搏努力，华为这艘大船已经划到了"与世界同步的起跑线"上。华为从小到大、从大到强、从国际化到全球化的全过程，就是基于创新的成功。

    日前，华为心声社区发文，讲述了麒麟 5G 芯片背后的攀登、创新、研发故事，简单来说，与华为的先发 5G 布局和艰辛测试分不开。2009 年起，华为正式启动 5G 领域研究。那个时间点，国际电信联盟公布 3G 通信标准才一年，全球互联网的移动化转型刚刚开始，3G 用户和应用也寥寥无几。

麒麟820芯片

    要做 5G，华为所面临的第一道门槛就是缺乏标准。与 2G/3G/4G 时代不同，5G 芯片的研发和标准制定是同步进行的，就像打靶一样，之前的标靶明确，瞄准目标就行了。而 5G 的研发只知道一个大概方向，完全是摸着石头过河。对于未来的通信标准风险，华为只能靠技术储备来化解，这非常考验华为的判断能力。也是因为这种"敢为天下先"的精神，才成就了华为成为全球 5G 标准的重要制定者之一。

华为 5G 芯片的艰辛测试之路

    在芯片发布商用之前，还需要经过一系列复杂的测试流程，以保证芯片在各种工况下的稳定性能。而测试一颗芯片，会有多难呢？

    （一）实验室阶段

    华为在 5G 芯片早期测试过程中，面临着业界仪器仪表商尚未成熟的困难，也就是说没有外部服务商可以支持基础的测试仪表。基于真实网络，华为在公司内部自主开发了联调对接，测试数量达到几万例以上，仅在实验室里搭建的网络，就足够建设几个城市的 5G 网络。

在有实力挑战 5G 芯片的多家厂商中，5G 测试一般只停留在实验室里，因为实验室测试环境更为理想，受到不同制式和频段的信号干扰较少，但缺点是无法真正测出一款芯片的实际商用能力。于是，华为还自主搭建了外场测试环境，向难度更大的场外测试发起挑战。

麒麟985芯片

（二）场外测试阶段

通过海量场外测试，麒麟 5G 芯片实现了业界最佳的现网 5G 上下行速率和最佳 5G 低时延，带来最快的 5G 速度，显著降低了 5G 功耗，让手机用户享受到更持久的 5G 续航体验。另外，针对 5G 商用初期出现的各项体验难题，麒麟芯片创新设计多项领先算法和灵活架构，用技术升级体验。

截至 2019 年 7 月 17 日，在 IMT–2020(5G) 推进组公布的主流终端芯片测试进展中，巴龙5000 是唯一完成全部测试的 5G 终端芯片，5G 商用成熟度业界第一。

（三）实地测试阶段

华为 5G 芯片完整地完成了 NSA/SA 的室内功能和室外性能测试，累计在全球 30 多个国家和地区进行实地测试，经历了 400 万次电话拨打、超过 6 000 小时语音时长和 200TB 以上测试数据的打磨。华为针对高铁、地铁、公路等通信条件复杂场景进行深度研究，并持续优化。每月测试人员的行程总里程高达 8 万公里，相当于绕地球赤道两圈，测试任务的复杂艰巨可想而知。

（四）专项测试阶段

除了外场测试之外，华为还通过 5G 算法和架构创新对芯片进行了专项优化。麒麟芯片创新推出基于增强的信号干扰抑制引擎，在人群密集场景下实现业界最强的 5G 通信抗干扰能力，通信体验始终稳定。

在 5G 高速移动场景下，创新支持自适应接收机，提供基于机器学习的 AI 信道模型匹配，实现精准的信道响应评估，在高速交通工具中实现更稳定的 5G 体验；全新 5G 超级上行技术能够针对上行场景加速，充分考虑 5G 时代用户上传视频、直播等应用场景的需求，最高比普通5G 上行快了 420%，体验提升非常显著。

华为 5G 芯片硕果累累

华为芯片、终端和网络部门聚集了大量通信领域的顶尖科学家和算法领域的数学家，甚至包括获得国家科技进步奖特等奖荣誉的行业顶尖人才，他们贡献了 5G 领域的众多先进算法创新，推动了行业发展，也造就了麒麟芯片在 5G 研发上的强大实力。

截至 2019 年 3 月底，华为投入 5G 研发的专家工程师有 2000 多位，在全球已经建立十余个 5G 研究中心，向欧洲电信标准化协会 ETSI 声明 2570 族 5G 领域基本专利，占全球该领域的17%，居全球第一。当前，华为已在全球 30 个国家获得了 46 个 5G 商用合同，5G 基站发货量超过 10 万个，居全球首位。

麒麟芯片在行业中多次拿下权威大奖，其中最重磅的就是麒麟团队参与的 TD–LTE 项目曾获得 2016 年度国家科技进步特等奖，这是国家设立的科技最高奖项。之后，华为凭借技术实力多次获得 GTI 全球顶级奖项，这一奖项被称作"TD–LTE 产业界的奥斯卡"，具有极高的含金量。

麒麟990芯片

2019 年上半年，在面临巨大的外部挑战和压力下，得益于客户的信任、伙伴的支持以及社会各界的帮助，华为依然取得了 23% 的同比增长，销售收入 4013 亿元人民币，净利润 8.7%。巨大的外部压力，不仅压不垮华为，只会使华为抛弃幻想，变得更加强大。

资料来源：

[1] 华为终情 . 在线分享：华为 5G 芯片背后的研发故事 [EB/OL].https://www.sohu.com/a/393 588063_289340，2020-05-07.

[2]TOP 科技资讯 . 麒麟 985 与麒麟 990、麒麟 820 三款 5G 芯片对比 [EB/OL].https://baijia hao.baidu.com/s?id=1664029763734854423&wfr=spider&for=pc，2020-04-15.

第6章 Web 前端网页设计

内容提要

◎ 网站和网页基础知识

◎ HTML 常用标签

◎ Dreamweaver 的使用

◎ 利用 CSS 样式美化网页

◎ 使用 DIV+CSS 布局网页 CSS 浮动

随着互联网技术的发展，网站已逐渐成为政府、企业、机构和个人对外展示、信息沟通最方便快捷的桥梁。从网络上获取信息或反馈信息都离不开网站和网页。前端开发即网站前台设计工作，指创建 Web 网页或 App 界面等人机交互页面的开发过程。这些千姿百态的页面大都是以 HTML 文件为基础制作出来的。在设计页面布局时，HTML 可将元素进行定义，CSS 可对展示的元素进行定位。DIV+CSS 布局方式可将数据与表现形式分离，既便于维护站点的外观，也使 HTML 文档代码更加简练，缩短浏览器的加载时间，同时使页面对搜索引擎更加友好，给用户带来良好的浏览体验。网页设计工具软件种类较多，本章选择目前比较流行的 Adobe Dreamweaver CC 2018 版本作为入门讲解的对象。

6.1 初识网页设计

网站按其内容的不同，可以分为企业网站、政府及机构网站、电子商务网站、娱乐游戏网站、个人网站和门户网站等。这些网站给互联网用户提供了一个浏览丰富多彩的信息的平台。

6.1.1 网站和网页基础知识

1. 网站、网页

一个网站通常由多个网页页面（Web Page）组成，并通过站内链接把这些网页页面有机结合起来，构成一个内容完整、资源丰富的网站。一个网页就是一个文件，通过浏览器看到的信息就是网页。网页是构成网站的基本元素。网页经由网址（URL）来识别与存取。当用户在浏览器中输入网址后，经过域名系统的解析，网页文件会被传送到用户的计算机，然后再通过浏览器解释网页的内容，显示到用户屏幕上。通常人们看到的网页可能是以".html"或".htm"为扩展名的静态页面，也可能是其他类型的动态页面，如 CGI、ASP、PHP 和 JSP 文件等。主页的名称是特定的，一般为 index.htm、index.html、default.htm、 default.html、default.asp、index.asp 和 index.jsp 等。

（1）静态网页

静态网页通常指纯粹 HTML 格式的网页，没有后台数据库的支持。静态网页将文本、图像、声音、视频和动画等嵌在 HTML 标签中形成网页文件。图 6-1 所示是一个静态网页，网页文件名为 9032.htm。静态网页若不修改更新，网页内容将保持不变，不能实现 Web 服务器与后台数据库服务器之间的信息交互。静态网页常见的扩展名有 ".htm"、".html"、".shtml" 和 ".xml" 等。

（2）动态网页

动态网页与网页上的各种 GIF 格式的动画、Flash 动画、滚动字幕等视觉上的"动态效果"没有直接关系，动态网页内含程序语言代码，通过 Web 服务器与后台数据库服务器之间的交互，由后台数据库服务器提供实时数据更新和数据查询服务，然后在客户端的浏览器中通过用户的请求返回包含相应内容的网页。图 6-2 所示是一个动态网页，需要用户在客户端输入检索条件，后台服务器首先根据用户的检索条件进行数据查询，然后将查询到的结果以网页的形式在客户端显示，查询的结果是动态的。动态网页的扩展名一般根据不同的程序设计语言而不同，常见的扩展名有 ".asp"、".aspx"、".php"、".jsp"、".perl" 和 "cgi" 等。

图6-1　静态网页

图6-2　动态网页

2. 网页中的常用元素

（1）文字

文字是网页中最常见的元素，是向用户传达信息的媒介。网页中文字的运用必须精心设计，并充分发挥它们的微妙个性，使它为整体服务。

（2）图片

在网页中使用的图片一般是 GIF、JPEG 和 PNG 等压缩格式的图片。JPEG 格式的图片对色彩的信息保留较好；GIF 格式图片的特点是支持透明色、压缩比高，在压缩过程中不会丢失像素资料，最多只能存储 256 色；PNG 曾试图替代 GIF 格式，它支持索引颜色、灰度和真彩色，且支持透明的 Alpha 通道。

（3）动画

目前 Internet 上比较常用的动画展示方式有动态 GIF、Java 和 Flash 等，其中动态 GIF、Java 适宜做一些比较简单的动画效果。GIF 动画文件使用了无损数据压缩方法中压缩率较高的 LZW 算法，文件尺寸相对较小，Internet 上采用的彩色动画文件大多为 GIF 动画文件。

（4）音乐

有的网站中设计了背景音乐，这能让访问者有特别的音效感受。网页背景音乐通常使用 MIDI、MP3、WAV 格式的音乐，其中 MIDI 音乐的优点是体积小、使用广泛，缺点是音色单调、效果较差；MP3 音乐虽然音质较好，但文件体积较大；而 WAV 音乐比 MP3 音乐的文件体积还要庞大。一般尽量不要使用声音文件作为背景音乐，那样会影响网页的下载速度。可以在网页中添加一个打开背景音乐的超链接，让用户自行选择是否需要播放背景音乐。

（5）视频

目前网上视频播放的效果虽然有时还不尽如人意，但随着网络带宽的增加和网速的提高，以及多媒体技术的发展，其发展前景十分看好。当前，网上音视频广播采用的几乎都是流媒体技术，流媒体技术能自动根据网络的速度传输相应图像声音，使音视频播放时断时续的问题得以解决。

（6）超链接

WWW 能流行起来的最主要的原因是超链接技术。超链接是从一个网页指向另一个目标的链接：例如，可以指向另一个网页或同一网页的不同位置，也可以指向一幅图片、一个文件、一个程序、一个电子邮件地址等。

（7）表格

网页中的表格在制作网页时，除了用来罗列数据，有时也用来控制显示信息的位置布局。不仅可以使用表格精确定位各种网页信息，还可以使用表格行和列的属性来设计网页文字和图像的显示位置。

（8）表单

用户在浏览网页时，表单可以接收用户在浏览器端的输入信息，然后将信息发送到网页文件中设置的目标。这个目标可以是服务器端的应用程序、电子邮件、文本和网页等。例如，表单可以让用户输入会员号及密码、填写反馈意见及评价等。

3. 网站主页

网站的主页（Home Page）是网站的起点，是访问网站所看到的第一个页面。一个网站的主页只有一个，而网页则可能成千上万。图 6-3 所示是百度网站的主页。当访问一个网站域名时，由于服务器的设置，实际上访问的是这个域名所在目录下的主页文件。

图6-3　美食天下网站的主页

4. 常见网页制作软件

随着网络技术的高速发展，网页制作的方法越来越多。在进行网页制作时，如果综合运用好各种网页制作软件，就可以制作出丰富多彩且精美的网页。目前较常见的网页制作软件有 Dreamweaver、Sublime、Hbuilder、WebStorm 和 Atom 等。

（1）Adobe Dreamweaver

Adobe Dreamweaver 是 Adobe 公司推出的功能强大的网页设计与制作软件，而且用户最多、应用最广。Dreamweaver 用于网页的整体布局、设计和制作、创建和管理网站，可以可视化地制作出充满动感的网页。

（2）Sublime

Sublime 体积小，运行速度快，具有漂亮的用户界面，功能强大，支持编译功能，且可在控制台看到输出。内嵌 Python 解释器，支持插件开发以达到可扩展目的，支持 Windows、Linux、Mac OS 等操作系统，是目前主流的前端开发工具。

（3）Hbuilder

Hbuilder 是一款支持 HTML5 的 Web 开发 IDE，速度快，通过完整的语法提示和代码输入法、代码块等，大幅提升 HTML、JS、CSS 的开发效率。

（4）WebStorm

WebStorm 功能强大，为 JS（JavaScrip）开发做了很多优化，被许多 JS 开发者誉为 "Web 前端开发神器"、"最强大的 HTML5 编辑器" 和 "最智慧的 JS IDE" 等，适合用来做项目，但占用内存大。

（5）Atom

Atom 是一款开源的、跨平台的代码编辑器，具有简洁和直观的图形用户界面，丰富的插件几乎能满足所有 Web 开发需求，支持 CSS、HTML 和 JavaScript 等编程语言。缺点是打开大文件的速度很慢。

> 小知识
>
> 集成开发环境（Integrated Development Environment，IDE）是用于提供程序开发环境的应用程序，一般包括代码编辑器、编译器、调试器和图形用户界面等工具。例如微软的 Visual Studio 系列、Borland 的 C++ Builder 和 Delphi 系列等，此处的 IDE 表示多被用于开发 HTML 的应用软件。

6.1.2　网站设计的原则

Internet 上的网站浩如烟海，要让人们从中选择并访问自己的站点，就不是那么简单了，因为鼠标和键盘永远掌握在上网者手中。设计者要想设计出达到预期效果的站点和网页，需要对用户需求有深刻的理解，并对人们上网时的心理进行分析和研究。以下是规划网站时应该注意的一些问题。

1. 符合人们的阅读习惯

网页文字的字号不宜设得太小、也不能太大。文本最好左对齐，而不是居中。标题一般居中，这样符合读者的阅读习惯。注意不要使背景的颜色冲淡了文字的视觉效果，一般来说，浅色背景配深色文字为佳，深色背景配浅色文字为宜。遵循网页配色的基本原则，熟练地运用色彩搭配，做出的网页应和谐得体，令人赏心悦目。

2. 网站导航要清晰

所有的超链接应清晰且无误地标识出来，而且所有导航性质的设置，比如图像按钮等，也要清晰地标识出来，这样才能让用户看得明白。

清晰的导航还要求：读者进入目的网页的点击次数最好不要超过3次。如果3次以上还找不到，会导致读者失去耐心。

3. 网页风格要统一

网页上所有的图像、文字，包括图像背景颜色、区分线、字体、标题、注脚等，都要统一风格，贯穿全站，这样读者浏览时会感觉自然、舒适，并留下一个"很专业"的印象。

4. 动静要搭配好

网页中可以嵌入Flash、Gif等动画或者JavaScript效果。这些东西单独看起来效果都很好，但太多了会让浏览者眼花缭乱、找不到网页内容的重点，而且还会影响到网站的浏览速度，最终失去了浏览网站的兴趣。所以，制作网页动态的部分，不宜过多，达到画龙点睛的效果就可以了。

5. 突出新内容

网站中应专门开辟一块区域显示更新的内容，也可以用不同的颜色或者小动画之类的图片突出显示更新内容，这样就能一眼看到网站是否有更新、更新了哪些内容，不必花费时间"寻找"，使网站具有亲和力。

6.1.3 Dreamweaver 的工作界面

Adobe Dreamweaver简称"DW"，是Adobe公司出品的一款可视化网页编辑器，它采用多种先进技术，能够快速高效地创建极具表现力和动态效果的网页，而且可以生成精练、高效的HTML源代码，这也是多数专业网页制作者的希望和要求。

启动Dreamweaver CC 2018，新建或打开一个网页文件后，将看到图6-4所示的工作界面，它由以下几个部分组成：菜单栏、文档工具栏、标准工具栏、通用工具栏、文档窗、代码窗、标签选择器、属性面板和面板组。这些是直接进行文字、图像、表格和Div标签等元素排版布局的主要工作场所。

图6-4　Dreamweaver CC 的工作界面

1. 菜单栏

Dreamweaver CC 将所有命令分类后，共 9 个菜单项：文件、编辑、查看、插入、工具、查找、站点、窗口和帮助。单击下拉菜单项，可以完成大部分 Dreamweaver CC 的网页编辑处理功能。

2. 文档工具栏

文档工具栏中的按钮方便用户在文档的各种视图之间进行切换，查看当前文档的内容、设计效果及网页的 HTML 源代码，如图 6-5 所示。

（a）拆分实时视图　　　　　　　　　　　　　　（b）拆分设计视图

图6-5　文档工具栏

代码：显示代码视图，单击此按钮，文档窗切换为代码视图，仅显示和修改本网页的 HTML 源代码。

拆分：在这种视图状态下，网页文档窗一分为二，上半部分是实时视图 / 设计视图，下半部分是代码视图。这种视图的优点是在修改源代码的同时可以动态地看到网页修改的效果。

实时视图：显示实时视图，是默认的视图方式。在文档窗中模拟用浏览器浏览网页的效果。单击"实时视图"旁的三角形按钮 ▾ ，选择"设计"，则返回设计视图。

设计：显示设计视图，以可视化的方式在文档窗编辑网页，同时显示网页的设计、排版效果。

3. 标准工具栏

标准工具栏为用户提供常用的网页编辑功能，如："新建"、"打开"、"保存"、"全部保存"、"打印代码"、"剪切"、"拷贝"、"粘贴"、"还原"及"重做"等。

4. 通用工具栏

通用工具栏为用户提供常用的网页文件管理功能，如："打开文档"、"文件管理"、"实时视图选项"、"显示 / 隐藏可视媒体查询栏"、"打开实时视图和检查模式"及"自定义工具栏"等。

5. 文档窗和代码窗

网页文档窗和代码窗是网页设计的主窗，可以用来显示、设计和编辑各式各样的网页文档，进行 HTML 源代码的编辑工作。在 Dreamweaver CC 中允许同时打开多个文档窗和代码窗进行编辑。

6. 标签选择器

标签选择器位于主窗口底部的状态栏中，如图 6-6 所示，它显示环绕当前选定内容的标签层次结构。单击该层次结构中的标签可以选择该标签及其全部内容。

图6-6　标签选择器

7. "属性"面板

利用"属性"面板可以设置和修改对象的属性，"属性"面板会根据插入对象的不同随时变化的，例如"图像"和"表格"所对应显示的属性就不一样。单击"属性"面板右下角的小三角 ▲，就可以根据需要缩小或展开"属性"面板，如图 6-7 所示。

图6-7　"属性"面板

8. "文件"面板

"文件"面板主要功能就是管理网站，是 Dreamweaver CC 中最重要的窗口。"文件"面板很像 Windows 中的资源管理器，一方面具有管理本地站点的能力，包括建立、复制、重命名文件或文件夹、管理本地站点结构等操作；另一方面，它还可以管理远端站点，包括文件上传和文件更新等。在站点管理器中无论移动、复制任何文件，如果涉及超链接，系统都会自动更新。

9. 其他面板

除了"属性"面板之外，Dreamweaver CC 还有一些未打开的面板。打开"窗口"菜单，如图 6-8 所示，可根据需要选择显示或隐藏面板。在这些面板中包含了 Dreamweaver CC 大部分的功能，常用的面板包括"文件"面板、"插入"面板、"资源"面板、"CSS 设计器"面板、"CSS 过滤效果"面板和"行为"面板，如图 6-9 所示。

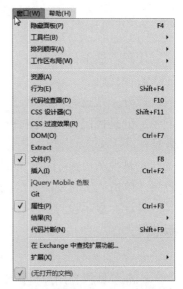

图6-8　"窗口"菜单

（a）"文件"面板

（b）"插入"面板

（c）"资源"面板

图6-9　各种面板

6.1.4　HTML 初体验

　　HTML 的全称是 Hypertext Markup Language，中文名称是超文本标签语言。它是在普通文本文件的基础上，加上一系列标签来描述文本文件的格式、颜色，再配上图像、声音、动画和视频等，经过浏览器解释后形成精彩的网页画面。用 HTML 编写的纯文本文档称为 HTML 文档，它能独立于各操作系统平台。HTML 文件的扩展名是 .html 或 .htm，采用标准 ASCII 文件结构存储。本节介绍的 HTML 版本是 HTML5，HTML5 较之前的版本移植更为简单；提高了可用性和改进用户的友好体验；增加了几个新的标签，有助于开发人员定义重要的内容；可以给站点带来更多的多媒体元素（视频和音频）；可以很好地替代 FLASH 和 Silverlight。现在 HTML5 的应用已经相当广泛，未来移动互联网都需要用到 HTML5 开发应用。

1. 体验用 HTML 语言编写的网页

　　HTML 文档是由 HTML 元素组成的文本文件，HTML 元素由 HTML 标签组成，既简单又方便，它通常使用 < 标签名 ></ 标签名 > 的格式来表示标签的开始和结束，例如 <body>...</body>，在开始和结束标签之间的文本是元素内容。HTML 标签不区分大小写字母。例如 <HR> 和 <hr> 作用是一样的。可以使用记事本、Dreamweaver 等编辑工具来编写 HTML 文件。

创建 Hello 网页

　　【例 6-1】用 Dreamweaver CC 编辑一个网页，在文本区中显示"Hello, HTML5! So easy!"字样。观察 HTML 源代码构成。

　　① 在 Dreamweaver CC 中依次单击菜单栏"文件"→"新建"命令，在弹出的"新建文档"对话框的"标题"中输入网页标题"hello！"，此时的文档类型默认为 HTML5，单击"创建"按钮，如图 6-10 所示。

　　② 单击"创建"按钮后，将建立一个空白网页文件，输入相关文字，在"文档"工具栏中选择"设计"和"拆分"，观察自动生成的代码，如图 6-11 所示。

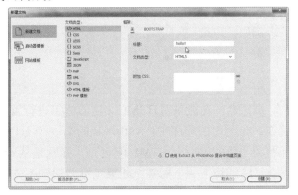

图6-10　"新建文档"对话框

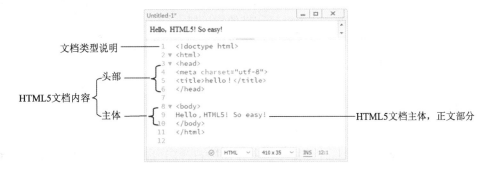

图6-11　HTML5源代码

每个标准的 HTML 文档都应当从一个文档类型说明开始，如 <!doctype html>。HTML 文档内容全部包含在 <html> 与 </html> 标签对之间，<html></html> 标签在最外层，表示 HTML 文档从 <html> 开始，到 </html> 结束。HTML 主要由头部和主体两部份组成，<head>...</head> 区段，称为头部，<body>...</body> 区段，称为主体。在 <head></head> 标签对之间可包含标题标签 <title></title>、脚本标签 <script></script> 等。<body> 标签是文档主体部分开始的第一个标签，<body></body> 标签对内可包含许多其他标签。

2. HTML 语言的基本语法与格式

大部分 HTML 标签都具有起始和结束标签，放在它所描述的内容两边，结束标签前要加 "/"。当然也有不成对的单独标签，需要说明的是，在早期的 XHTML 版本中，对于单独的标签，必须在后面加上空格和 "/" 进行关闭，但这个规定在 HTML5 版本中并不严格要求。

以下是常见的 3 种 HTML 语法格式：

① < 标签名 > 文本 </ 标签名 >。

例如：

```
<title> 我的第一个 HTML 网页 </title>
```

② < 标签名 属性名 = " 属性值 "> 文本 </ 标签名 >。

例如：

```
<body bgcolor="red"> 本网页采用红色背景 </body>
```

③ < 标签名 >。

例如：

```
第一行文字
<br>
第二行文字
```

浏览器的功能是对 HTML 文档的标签进行解释，显示出文字、图像、动画以及播放声音等。例如，在上面的程序中：<title> 我的第一个 HTML 网页 </title>，就是告诉浏览器本网页的标题为 "我的第一个 HTML 网页"，标题是从 <title> 开始到 </title> 结束，解释结束后浏览器会继续解释下一个标签，如果浏览器遇到不支持的某个标签，通常只是把它忽略掉。

3. Dreamweaver 的代码提示功能

在使用 Dreamweaver 编码时，利用智能代码提示功能可以快速插入和编辑代码，减少拼写和其他常见错误，最大限度缩短编码时间。方法是输入标签名称，然后按空格键即可显示目前可使用的有效属性名称，如图 6-12 所示。Dreamweaver 支持下列语言和技术的代码提示：HTML、CSS、JavaScript 、PHP。

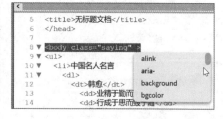

图6-12 Dreamweaver的代码提示功能

4. HTML 注释

在写 HTML 代码的时候，往往需要进行说明该行代码或该段代码是用来做什么的。这个时候就需要用到 HTML 注释标签了。注释的内容将不在浏览器中显示。HTML 注释标签只有一个，单行和多行都是使用同一个标签来注释。语法如下：

```
<!-- 这是单行注释 -->
<!--
    这是多行注释
    这是多行注释
    这是多行注释
-->
```

在后面的学习中会接触到该功能，这里不做展示。

6.1.5　建立一个站点

每个网站在制作网页之前都需要创建站点，将相关的网页文件、图像文件和 CSS 样式等分别放在各自类别的文件夹中，以便于站点统一进行管理和维护。

要建立一个网站，一般先在本机上做好站点，然后再传到网上的服务器空间里。建立站点的主要步骤为：在本地磁盘新建一个文件夹→在 DreamweaverCC 中把文件夹定义成站点→在站点内添加网页→编辑网页→测试、上传网站。

小知识

在 Dreamweaver CC 中建立站点时，建议所有的文件及文件夹名称均使用半角英文字母。如果使用汉字字符，可能出现不兼容的情况，导致创建的网页不能正确显示。

【例 6-2】在本机上创建一个站点 lemon，仅包含一个空网页 index.html。

① 在本机硬盘（这里选择 F 盘）中新建一个文件夹 web，在文件夹 web 下新建一个子文件夹 image，把本书配套的图像素材文件复制到 image 文件夹中。

② 启动 Dreamweaver CC，单击菜单栏 "站点"→"新建站点" 命令，弹出 "站点设置对象" 对话框，在 "站点名称" 中输入站点的名称："lemon"，单击 "本地站点文件夹" 右边 "浏览文件夹" 按钮，弹出 "选择根文件夹" 窗口，选择存放的位置 F:\web，如图 6-13 所示。单击 "保存" 按钮，完成 lemon 站点的创建。

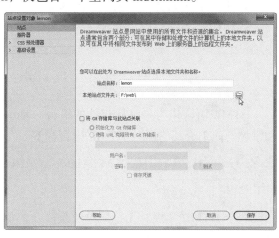

图6-13　"站点设置对象"对话框

③ 在 "文件" 面板中出现建立好的站点列表，如图 6-14 所示。在 "文件" 面板的 "站点 –lemon（F:\web）" 站点上右击，在弹出的快捷菜单中选择 "新建文件" 命令，给新建的文件输入名称 "index.html" 后按【Enter】键，第一个空网页（主页）就建好了，双击打开即可编辑，如图 6-15 所示。在该图所示的代码窗中，显示的是制作空白网页的 HTML 代码，这就是 lemon 网站的主页文件 index.html。

同类型的文件，最好放在一个文件夹中，例如把图片文件都放在 image 文件夹中。把同一栏目的所有文件放在一个文件夹中，在链接网页和维护时会很方便。

图6-14　在站点中新建网页

图6-15　第一个空网页

可以在本机上建立和管理多个站点：在"文件"面板中的站名"lemon"的右边单击按钮 ∨，在弹出的下拉列表中选择"管理站点"命令（或单击菜单栏"站点"→"管理站点"命令），在弹出的图 6-16 所示的"管理站点"对话框中可以对站点进行新建站点和其他的站点编辑管理操作。

"管理站点"对话框中各按钮功能如下：

- 按钮 **━** 表示删除当前选定的站点。
- 按钮 **🖉** 表示编辑当前选定的站点。
- 按钮 **🗗** 表示复制当前选定的站点。
- 按钮 **🖙** 表示导出当前选定的站点。

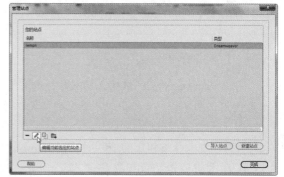

图6-16　"管理站点L"对话框

6.2　HTML 语言的常用标签

HTML 语言作为一种标识性的语言，是由一些特定符号和语法组成的，十分容易理解和掌握。以下介绍常见的 HTML 语言标签。

6.2.1　\<html>\<head>\<title>\<meta>\<body> 标签

1. \<html> 标签

一个 HTML 文档，无论简单还是复杂，都是以 \<html> 开头，以 \</html> 结尾，故通常称之为"根元素"。

2. \<head> 标签

\<head> 和 \</head> 构成 HTML 文档的头部，在此标签对之间可以使用 \<title>\</title>、\<script>\</script> 等标签元素，常用于描述网页的标题以及设置对整个网页的总体风格（如字体等）的默认定义等。

3. \<title> 标签

\<title> 标签是 \<head> 标签的子标签。如：

```
<title> 学院网站 </title>
```

浏览器会以特殊的方式来使用标题，并且通常把它放置在浏览器窗口的标题栏或状态栏上。同样，当把文档加入用户的链接列表或者收藏夹或书签列表时，标题将成为该文档链接的默认名称。

4. <meta> 标签

<meta> 标签位于文档的头部 <head></head> 标签内，不包含任何内容。用来描述一个 HTML 网页文档的属性，例如字符编码、作者、日期和时间、网页描述、关键词、页面刷新等。例如：

```
<meta name="keywords" content="大学，教育，文化，科研">
```

可用来告诉搜索引擎网页的关键字，类似这样的定义可能对于进入搜索引擎有帮助。

5. <body> 标签

<body>…</body> 是 HTML 文档的主体部分，在此标签对之间可包含 <p>…</p>、<h1>…</h1>、
 等众多的标签，它们所定义的文本、图像等将会在浏览器的框内显示出来。

6.2.2　<link> <base><script> <style> 标签

1. <link> 标签

<link> 标签显示本文档和其他文档之间的链接关系。一个最常见的应用就是 CSS 外部层叠样式表的定位。例如：

```
<link rel="stylesheet" type="text/css" href="style.css">
```

rel 参数说明两个文档之间的关系，type 参数说明目标文档的类型，href 参数说明目标文档名。

2. <base> 标签

<base> 标签用于为页面上所有链接规定默认地址或默认目标。例如：

```
<base href="http://www.gxu.edu.cn/" target="_blank">
```

href 指定文档中所有链接的基准 URL 地址。在这里指定 href 的属性，所有的相对路径的前面都会加上 href 属性中的值。target 指定文档中所有链接的默认打开窗口的方式。

3. <script> 标签

<script> 标签用来在页面中加入脚本程序。语法格式如下：

```
<script language="JavaScript ">…</script>
```

在 language 中一定要指定脚本语言的种类。如 JavaScript、VBScript 等。

4. <style> 标签

在 <head> 中可以含有任意数量的 <style> 标签。该标签用于在文档中嵌入样式表单。例如：

```
<head>
  …
  <style type="text/css">
    hr {color: sienna}
    p {margin-left: 20px}
    body {background-image:    url("images/back40.gif")}
```

```
    </style>
    ...
</head>
```

6.2.3 <a><p>
<hr><hn> 标签

1. <a> 标签

利用 <a> 标签可以指定链接，在起始标签 <a> 和结束标签 </a> 之间的文本或图像组成链接的内容，用户通过在浏览器中单击它们触发超链接。

例如：

```
<a href="http://www.baidu.com/"> 请到百度搜索 </a>
```

例如：

```
<a href="mailto:abc123@163.com"> 请联系我们 </a>
```

例如：

```
<a href="http://www.baidu.com /"><img src="a.jpg"></a>
```

2. <p> 标签

在编写 HTML 文档时，段落的表示方法是在 <p>…</p> 标签对之间加入的文本将按照段落的格式显示在浏览器上。

**3.
 标签**

 标签是一个空标签，不需要起始标签和结束标签，主要用于换行或输入一个空行，而不是用来分割段落。

4. <hr> 标签

<hr> 标签也是一个空标签，不需要起始标签和结束标签。使用 <hr> 标签可在 HTML 文档中加入一条水平线，通常用于分隔页面的不同部分。

5. <hn> 标签

HTML 语言提供了一系列对文本中的标题进行操作的标签对：<h1></h1> ~ <h6></h6>，即一共有 6 对标题的标签对。标题字体是一种比正文大一些的粗体文字。<h1></h1> 是最大的标题，而 <h6></h6> 则是最小的标题。

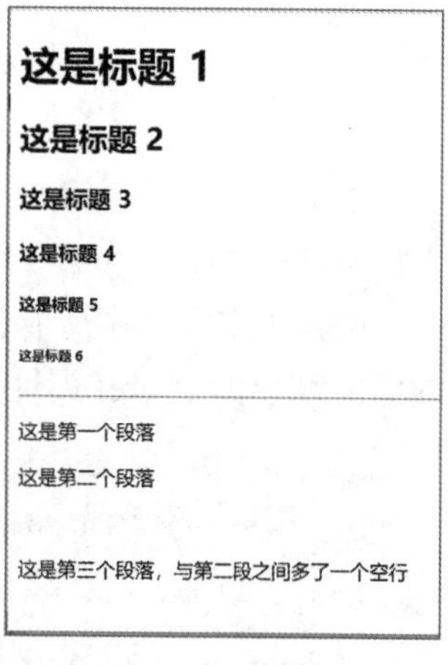

【例 6-3】实现如图 6-17 所示网页效果的 HTML 代码。

图6-17　网页效果图

```
<body>
<h1> 这是标题 1</h1>
<h2> 这是标题 2</h2>
<h3> 这是标题 3</h3>
<h4> 这是标题 4</h4>
<h5> 这是标题 5</h5>
<h6> 这是标题 6</h6>
<hr>                        <!-- 此处添加一条水平线 -->
<p> 这是第一个段落 </p><p> 这是第二个段落 </p>
<br>
```

```
<p> 这是第三个段落，与第二段之间多了一个空行 </p>
</body>
```

6.2.4　<ol><li><ul><dl><dt><dd> 标签

1. 有序列表

排序列表中，每个列表项前标有数字，表示顺序。它以 <ol> 标签表示排序列表开始，以 <li>...</li> 标签对罗列列表项，最后以 </ol> 标签表示列表结束，如图 6-18 所示。

2. 无序列表

无序列表不用数字标识每个列表项，而采用某个项目符号，如圆黑点。它以 <ul> 标签表示无序列表开始，以 <li>...</li> 标签对罗列列表项，最后以 </ul> 标签表示列表结束，如图 6-19 所示。

图6-18　有序列表示例图　　　　　　图6-19　无序列表示例

3. 定义列表

定义列表通常用于术语的定义。以 <dl> 标签表示定义列表开始，以 </dl> 标签表示列表结束。列表中的每一个术语都以 <dt> 标签开始，每一项解释都以 <dd> 标签开始，以 </dd> 标签表示解释结束。<dd></dd> 里的文字如图 6-20 所示缩进显示。

【例 6-4】编辑一个网页，实现列表标签嵌套效果，如图 6-21 所示。

图6-20　定义列表示例　　　　　　图6-21　网页效果图

实现其网页效果的 HTML 代码如下：

```
<body>
<ul>
  <li> 中国名人名言
    <dl>
      <dt> 韩愈 </dt>
        <dd> 业精于勤而荒于嬉 </dd>
        <dd> 行成于思而毁于随 </dd>
      <dt> 华罗庚 </dt>
        <dd> 聪明出于勤奋 </dd>
        <dd> 天才在于积累 </dd>
```

```
      </dl>
    </li>
    <li>外国名人名言
      <dl>
       <dt>达·芬奇</dt>
          <dd>勤劳一日，可得一夜安眠</dd>
          <dd>勤劳一生，可得幸福长眠</dd>
      </dl>
    </li>
  </ul>
</body>
```

6.2.5 \<div\>\<span\>\<img\> 标签和转义字符

1. \<div\> 标签

div 全称 division，意为"分区"。\<div\>\</div\> 标签对把文档分割成独立的、不同的部分，常用来设置字、图、表格等的摆放位置。它有 id、class 等属性，通常与 CSS 一起使用，以允许用户添加样式到页面的某个部分。有关 CSS 部分内容在后续章节中将详细介绍。

2. \<span\> 标签

\<span\> 标签主要用来分组子元素，以便用样式来格式化它们。例如：要在一个句子或一个段落的某个部分分组，可以使用 \<span\> 标签。

3. \<img\> 标签

要将图像放到网页中，通常使用 \<img\> 标签，其格式为：\<img src="filename"\>。src 属性在 \<img\> 标签中是必须赋值的，这个值是图像文件的路径及文件名，也可以是网址。

4. 转义字符

在 HTML 中，\<、\>、& 等字符已被保留为特殊字符使用，要与文本一起显示这些字符，需要使用对应的字符串格式（也称转义字符）来表达表 6-1 列出了部分转义字符的书写方法。

【例 6-5】实现如图 6-22 所示网页效果的 HTML 代码。

表 6-1 HTML 转义字符

转义字符	代表字符	描　述
		非换行空格符
&quot;	"	双引号
&copy;	©	版权符号
&reg;	®	注册符号
&lt;	<	小于字符
&gt;	>	大于字符
&amp;	&	and符号
&tilde;	~	颚化符号

图6-22 网页效果

```
<body>
<img src="pic02.jpg" >
<div id="sum">
    99% 的汗水 <br>
```

```
+1% 的灵感 <br>
------------ <br>
       天才
</div>
</body>
```

6.3　表格和表单

6.3.1　<table><tr><td><th> 标签

1. <table> 标签

表格一般由表头、表格行和单元格 3 部分组成。<table></table> 标签对可用来创建一个表格。

2. <tr> 标签

<tr> 标签对用来创建表格行。此标签对只能放在 <table></table> 标签对之间使用，而在此标签对之间加入文本是不规范的，因为在 <tr></tr> 标签对之间只能紧跟 <td></td> 标签对才是有效的语法。

3. <td> 标签

<td> 标签对用来创建表格中的单元格，此标签对也只有放在 <tr></tr> 标签对之间才是有效的，想要输入的文本也只有放在 <td></td> 标签对中才有效。

4. <th> 标签

<th> 标签对用来设置表格头部单元格，大多数浏览器将其显示为粗体居中文字。

【例 6-6】建立一个四行六列表格，如图 6-23 所示。

中学生身体素质汇总表					
优		良		合格	
男	女	男	女	男	女
1000	1002	50	51	23	29

图 6-23　四行六列表格

创建网页
表格

其 HTML 源代码如下：

```
<!doctype html>
<html>
<head>
<meta charset="utf-8">
<title> 表格 </title>
</head>
<body>
<table width="597" height="130" border="2" cellpadding="2" cellspacing="2">
  <tbody>
    <tr>
      <td colspan="6" align="center"> 中学生身体素质汇总表 </td>
```

```
  </tr>
  <tr>
    <td colspan="2" align="center">优 </td>
    <td colspan="2" align="center">良 </td>
    <td colspan="2" align="center">合格 </td>
  </tr>
  <tr>
    <td width="90" align="center">男 </td>
    <td width="90" align="center">女 </td>
    <td width="90" align="center">男 </td>
    <td width="90" align="center">女 </td>
    <td width="90" align="center">男 </td>
    <td width="90" align="center">女 </td>
  </tr>
  <tr>
    <td align="center">1000</td>
    <td align="center">1002</td>
    <td align="center">50</td>
    <td align="center">51</td>
    <td align="center">23</td>
    <td align="center">29</td>
  </tr>
  </tbody>
</table>
</body>
</html>
```

 小知识

    图 6-23 所示为一个非标准的四行六列表格。第 8 行代码的 `<table width="597" height="130" border="2" cellpadding="2" cellspacing="2">` 语句，里面有很多属性是格式、美化等表现型属性，实际上是不符合现代网页设计理念的，因为最新的 HTML5 里已经去掉了表现型的属性，例如 cellpadding（单元格之间的距离），cellspacing（单元格中的内容与单元格边缘的距离）都属于逐渐淘汰的标签属性，提倡的替代做法是：合并表格边框，然后在 CSS 中用 `<th>`、`<td>` 的 padding 设置内容和边框之间的空隙。

6.3.2 利用表格布局创建网页

    表格是网页制作的一个非常重要的内容。表格不仅是制作行和列形式的表格，更重要的是能够把图片、文字、数据和表单等信息有序并有规则地排列。熟练运用表格的各种属性，可以使网页丰富多彩、赏心悦目。

    通过在网页中插入表格，可以对网页内容进行精确地定位。只需通过设定表格宽度、高度、间距等属性，把不同的网页元素分别放置在不同的单元格之中，编辑表格与单元格，就可以达到利用表格布局创建网页的目的。下面通过一个例子讲解如何利用表格布局创建网页。

【例 6-7】续上例 6-2，利用表格布局编辑 index.html 网页。

① 双击打开"文件"面板的 index.html 网页，在"文档"工具栏上选择视图方式为"设计"，定位光标在第一行的顶端。单击菜单栏"插入"→"Table"命令，建立一个 3 行 3 列，宽 1 000 像素，填充、边距、间距均为 0 的表格，如图 6-24 所示。在文档窗中出现一个 3 行 3 列的虚线表格，如图 6-25 所示。

编辑 index.html 网页

图6-24　创建表格

图6-25　3行3列的虚线表格

② 在表格中选择第一行的第二列和第三列共两个单元格，在这两个单元格上右击，选择"表格"→"合并单元格"命令，此两个单元格合并为一个单元格，同理，合并第三行的三个单元格为一个单元格。在表格中选择第二行的第一列单元格，在这个单元格上右击，选择"表格"→"拆分单元格"命令，在弹出的"拆分单元格"对话窗中设置拆分为两列，则此一个单元格拆分为两个单元格，如图 6-26 所示。

图6-26　合并单元格

③ 把"文件"面板中的 image/a2.jpg 图像文件拖放到表格的第一行第一列单元格中，用鼠标在图像尺寸控制点上调整图像大小，再用鼠标拖动表格的列线，调整表格单元格的宽度。同理，把 a1.jpg 图像文件拖放到第二行第四列单元格中，再次调整图像大小和单元格的宽度。鼠标指针定位在柠檬图片所在的单元格，在"属性"面板中设置水平"右对齐"，如图 6-27 所示。在表格中输入相应文字，设置第三行文字水平"居中对齐"，效果如图 6-28 所示。

图6-27　"属性"面板

④ 在第一行第二个单元格里定位光标，在"属性"面板中设置文字格式为"标题 1"，单元格水平"居中对齐"，如图 6-29 所示。单击"CSS"，设置字体为"叶根友毛笔行书

2.0 版"（若无此字体，可设置为"楷体"），字体颜色为"#F98D03"，如图 6-30 所示。同理，设置第二行文字的文字格式为"标题 2"，单元格水平"居中对齐"，设置字体为"楷体"，字体颜色为"#066510"。

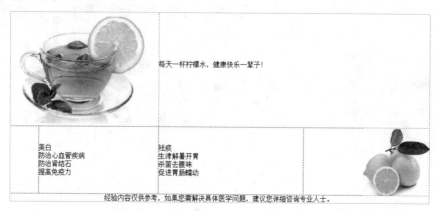

图6-28　合并单元格

图6-29　居中对齐

图6-30　设置字体和字体颜色

⑤ 在第三行的单元格中定位光标，设置文字格式为标题 5，水平居中对齐，背景色为 #FECD00，高 58 像素，如图 6-31 所示。用鼠标调整各单元格的宽度，效果如图 6-32 所示。

图6-31　设置第三行

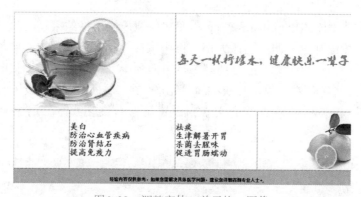

图6-32　调整字体、单元格、图像

⑥ 单击第二行的 a1.jpg 柠檬图像，单击"属性"面板中"链接"右边的 按钮，在弹出的"选择文件"窗中选择网页文件 lemon.html（该文件将在例 6-14 中创建），设置目标 (G) 为"_blank"，如图 6-33 所示。

⑦ 拖动选中的第三行的文字"专业人士"，设置超链接到 mailto:webmaster@163.com，如图 6-34 所示。

图6-33　图像超链接

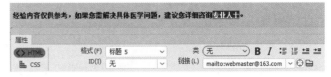

图6-34　E-mail超链接

⑧ 在标签选择器中单击"body"标签，在"属性"面板的"文档标题"处输入"柠檬水"，如图 6-35 所示，则网页的标题栏将显示文字"柠檬水"。

⑨ 单击菜单栏"文件"→"保存"命令，单击工具栏最右边的"实时浏览"按钮 ![button]，在弹出的菜单中选择一种浏览器（例如"360 安全浏览器"），如图 6-36 所示，以便在该浏览器中观看网页实际效果。在网页中单击文字"专业人士"，将启动本机默认的收发电子邮件客户端软件，并创建一封以

图6-35　设置文档标题

webmaster@163.com 为收件人地址的新邮件。网页效果如图 6-37 所示。单击"文档"工具栏的"代码"，在代码视图中显示了产生该网页效果的 HTML 源代码，如图 6-38 所示。

从图 6-38 所示可看出，在 <body></body> 标签中插入了用于创建表格的表格标签 <table></table>，<tbody></tbody> 标签标识表格主体，<tr></tr> 标签表示创建表格的行，<td></td> 标签表示创建表格的单元格，在各标签中的参数用于设置表格本身和各个单元格的属性。在这段 HTML 源代码中，大部分的标签都是成对出现的。当然，有个别是单独的标签，如：
 标签表示换行。

图6-36　选择浏览器

图6-37　网页效果

从图 6-38 所示还可看出，第 15 行代码中出现了符号" "。在 HTML 中，" "是一种转义字符，表示空格。

 小知识

可以右击单元格，通过快捷菜单中的"表格""段落格式""列表""字体""样式"等命令，设置单元格和单元格中的文字的属性。

```
index.html*
<!doctype html>
<html>
<head>
<meta charset="utf-8">
<title>柠檬水</title>
</head>
<body>
<table width="1000" border="0" cellspacing="0" cellpadding="0">
  <tbody>
    <tr>
      <td height="288" colspan="2" align="left"><img src="image/a2.jpg"
      width="357" height="276" alt=""/></td>
      <td colspan="2" align="center"><h1 style="font-family: '叶根友毛笔行书2.0
      版'; color: #F98D03;">每天一杯柠檬水，健康快乐一辈子！</h1></td>
    </tr>
    <tr>
      <td width="162" height="163"> </td>
      <td width="304"><h2 style="font-family: '楷体'; color: #066510;">美白
      <br>
        防治心血管疾病 <br>
        防治肾结石 <br>
      提高免疫力</h2></td>
      <td width="234"><h2 style="font-family: '楷体'; color: #066510;">祛痰
      <br>
        生津解暑开胃<br>
        杀菌去腥味<br>
      促进胃肠蠕动</h2></td>
      <td width="300" align="right"><a href="lemon.html"><img
      src="image/a1.jpg" width="159" height="156" alt=""/></a></td>
    </tr>
    <tr>
      <td height="58" colspan="4" align="center" bgcolor="#FECD00"><h5>经验内容
      仅供参考，如果您需解决具体医学问题，建议您详细咨询<a
      href="mailto:webmaster@163.com">专业人士</a>。</h5></td>
    </tr>
  </tbody>
</table>
</body>
</html>
body  table  tbody  tr  td  h2          HTML  INS  21:19
```

图 6-38　HTML 源代码

6.3.3　移动端网页的制作

随着智能手机和平板电脑的普及，使用手机和平板电脑浏览网页的用户数量远远大于使用计算机的用户数量。由于移动端（手机、平板电脑）产品类别和型号众多，其显示窗口和计算机的显示屏浏览网页的特点各不相同，故对于移动端网页的制作，应该尽量简化内容、减少文字，网页的内容适应移动端窗口大小。

可利用 <meta> 标签来制作自适应网页，适应计算机和移动端的窗口屏幕的宽度。在网页头部加上这样一条 <meta> 标签：

```
<meta name="viewport" content="width=device-width, initial-scale=1.0,
minimum-scale=1.0, maximum-scale=2.0, user-scalable=yes">
```

各属性功能如下：

① width=device-width：表示网页默认显示宽度等于设备屏幕宽度，设备可为移动端、计算机。

② initial-scale=1.0：表示初始的缩放比例，范围 0 ~ 10，网页初始大小占屏幕面积的 100%。

③ minimum-scale=1.0：表示允许用户最小的缩放比例。

④ maximum-scale=2.0：表示允许用户最大的缩放比例。

⑤ user-scalable=yes：表示用户可以调整缩放比例。

⑥ user-scalable=no：表示用户不可调整缩放比例。

上述 <meta> 语句表示网页窗口默认显示宽度等于浏览网页设备屏幕的宽度，网页宽度初始比例为 1.0，最小缩放比例为 1.0，最大缩放比例为 2.0，用户不可扩展，页面可以缩放。

由于网页会根据屏幕宽度调整布局，所以布局和各元素不能使用固定的像素表示。

em 在 CSS 中是相对长度单位，任意浏览器的默认字体高都是 16px。由于在一个 CSS 选择器被写入时，浏览器就有了一个 "16px" 大小的默认字体，因此在浏览器下默认的设置是 1em =16px。

例如，图像的宽度和高度应该使用相对值表示。在 <img> 标签中不能指定像素宽度 width:*px，只能指定百分比宽度 width:*%，或者 width:auto；字体也不能使用绝对大小（px），而只能使用相对大小（单位 em）。一般可不设置字体，使用默认值。

制作手机自
适应网页

例如：body {font: normal 100% Helvetica，Arial，sans-serif;} 表示字体大小是页面默认大小的 100%，即 16px。

【例 6-8】续上例，通过在网页中使用 <meta> 标签，制作一个介绍柠檬特点的手机自适应网页。

①在站点 lemon 下新建一个空白的网页文件 intrduce-lemon.html，在文档工具栏上单击 "设计"，进入设计视图，在 "属性" 面板中的 "文档标题" 处输入文字 "柠檬"。HTML 代码如图 6-39 所示。在第 4 行代码后插入此代码：

```
<meta name="viewport" content="width=device-width, initial-scale=1.0,
minimum-scale=1.0, maximum-scale=2.0, user-scalable=yes">
```

插入后 HTML 代码如图 6-40 所示。

图6-39　HTML代码

图6-40　插入后HTML代码

② 单击菜单栏 "插入" → "Table" 命令，弹出图 6-41 所示的 "Table" 对话框，设置一个 1 行 2 列、表格宽度为 95% 的表格。选择该表格，在图 6-42 所示的 "属性" 面板中设置对齐方式 "Align" 为 "居中对齐"。

③ 在 "文件" 面板中，在 "lemon" 站点的 "Image" 文件夹下，用鼠标将图像文件 a1.jpg 拖表格第一列中，选择此图像，在图 6-43 所的示 "属性" 面板中设置图像的 "宽 (W)" 为 "50%"，"高 (H)" 为 "50%"。在 "标签选择器" 选择 "td"，在图 6-44 所示的 "属性" 面板中设置 "水平 (Z)" 为 "居中对齐"，"宽 (W)" 为 "50%"。

图6-41　"Table" 对话框

图6-42　"属性"面板设置表格"Align"

图6-43　"属性"面板设置图像相对高度和宽度

④ 双击打开"lemon"站点的"image"文件夹下的素材文本"lemon.txt"，将相应文本复制到表格第二列，单击文字所在单元格，在"标签选择器"选择"td"，在图 6-45 所示的"属性"面板中设置 "宽(W)"为"50%"。保存网页文件，计算机端的网页效果如图 6-46 所示。当用鼠标改变浏览器窗口的宽度时，网页内容会自动调整。

图6-44　设置单元格相对宽度

图6-45　设置单元格相对宽度

图6-46　计算机端的网页效果

⑤ 模拟手机屏幕浏览网页：在"标签选择器"选择分辨率为"375 × 667 iPhone 6s"，如图 6-47 所示，同时"375 × 667 iPhone 7"也会被选择。在"实时视图"中的手机网页效果如图 6-48 所示。选择分辨率前的"实时视图"中的计算机网页效果如图 6-49 所示。可将图 6-48 与图 6-49 的效果作对比。

图6-47　选择分辨率

图6-48　手机网页效果

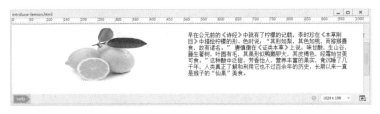

图6-49　计算机网页效果

6.3.4　表单的创建与编辑

使用表单能收集网站浏览用户的信息，表单可以用于实现用户注册、登录、情况调查、订购、和信息查询等。一个表单由两个部分构成，一个是用来收集数据的表单对象，另一个是用来处理表单数据的应用程序，如 ASP、CGI 等。

一个表单可能会包含多个对象，这些对象也可被称为控件。表单对象包括文本域、密码域、单选按钮、复选框和列表框等。

【例 6-9】续上例，通过在网页中插入表单、文本、密码和按钮等表单元素，制作"登录大数据智能分析平台"的用户登录网页。为了让文字在显示时排列整齐，使用了单元格拆分。

① 在站点 lemon 下新建一个空白的网页文件 form.html，在文档工具栏上单击"设计"，进入设计视图，在"属性"面板中的"文档标题"处输入文字"登录大数据智能分析平台"。在设计视图的第一行第一个字符位置定位光标，单击菜单栏"插入"→"表单"→"表单"命令，将光标定位在表单虚线框内。

② 单击菜单栏"插入"→"Table"命令，弹出图 6-50 所示的"Table"对话框，设置一个 1 行 1 列，表格宽度为 800 像素的表格。选择该表格，在图 6-51 所示的"属性"面板中设置对齐方式"Align"为"居中对齐"。

图6-50　"Table"对话框

图6-51 "属性"面板中设置Align

③ 在"文件"面板中，在"lemon"站点的 "Image"文件夹下，用鼠标将图像文件 b.jpg 拖到页眉标签栏表格中，选择此图像，在图 6-52 所示的"属性"面板中设置"宽 (W)"为"800 px"，"高 (H)"为"180 px"。效果如图 6-53 所示。

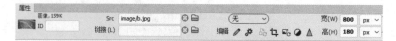

图6-52　"属性"面板中设置宽、高

图6-53　插入图像

④ 重复第②步的操作，单击菜单栏"插入"→"Table"命令，在背景图下插入一个表格：8行1列，表格宽度为800像素。选择该表格，在"属性"面板中设置单元格的"高（H）"为30，效果如图6-54所示。

⑤ 在表格第一行单元格中输入文字"登录大数据智能分析平台（带＊的为必填项）"，字体为"黑体"，字体大小为"18 px"。在"属性面板"中设置单元格文字对齐方式"水平（Z）"为"居中对齐"。

图6-54　插入8行1列的表格

⑥ 选择表格第二行，在属性面板单击"拆分单元格的行或列"按钮，拆分为两列。在表格的第二行第一列输入文字"用户名："，设置文字右对齐。选择表格的第二行第二列单元格，单击菜单栏"插入"→"表单"→"文本"命令，选择插入的文本域，设置属性面板的"Size"为"10"，"Maxlength"为"30"，如图6-55所示。将表单前面的英文"Text Field:"删除，在表单的右边输入"＊"。

图6-55　属性面板

⑦ 同理，对于表格第三行单元格，重复第⑥步的操作方法，插入"密码："表单。

⑧ 与第⑥步类似，选择表格第四行，在属性面板单击"拆分单元格的行或列"按钮，拆分为两列。在表格的第四行第一列输入文字："性别："，设置文字右对齐。选择在表格的第四行第二列，单击菜单栏"插入"→"表单（F）→"单选按钮"命令，插入一个单选按钮，将单选按钮右边输的文字"Radio Button"替换为"男"；同理，在单选按钮"男"的右边插入单选按钮"女"。效果如图6-56所示。

图6-56　插入表单和单选按钮

⑨ 同理，对于表格第五行单元格，重复第⑥步的操作方法，插入"电子邮箱："表单。

⑩ 选择表格第六行单元格，单击菜单栏"插入"→"表单→"提交"按钮，插入一个"提交"按钮，再插入一个"提交"按钮，在属性面板上设置单元格水平居中对齐。选择第二个"提交"按钮，在图 6-57 所示的"属性"面板上将"Value"的值由"提交"更改为"取消"。

图6-57   "属性"面板中设置Value值

⑪ 选择表格第五行单元格，输入文字："如有问题，请与我们联系：dsjznfxpt@sina.com"，在"属性"面板上设置背景颜色为"#1FA2F5"，单元格水平居中对齐。

⑫ 保存网页文件。网页效果如图 6-58 所示。

图 6-58   网页效果

6.3.5 进一步了解表单标签 <form><input><select><option>

1. <form> 标签

在网页中要与用户交互并向服务器传输数据时则需用到表单，一个网页可以包含任意数量的表单，例如一个页面可同时存在登录表单、搜索表单、调查表单等，但是用户一次只能向服务器发送一个表单的数据。表单是由 <form> 标签和 <input> 等标签组合而成的。表单的基本语法格式如下：

```
<form  action="" method="" target="">        （定义表单）
<label for="">…</label>                       （定义表单控件的标识）
<input type="" id="" />                        （定义表单控件）
…
<input type="submit" />                        （提交表单）
</form>                                        （表单结尾）
```

<form></form> 标签对用来创建一个表单，即定义表单的开始和结束位置，在标签对之间的一切都属于表单的内容。<input> 标签的作用是为用户提供输入信息的手段，如文本框、单选按钮等。

2. <input> 标签

<input> 标签用来定义一个用户输入区，用户可在其中输入信息，此标签必须放在

<form></form> 标签对之间。<input> 标签提供了多种类型的输入区域，具体是哪一种类型由 type 属性决定。表 6-2 所示为 <input> 标签中的属性及其用途。

表 6-2　<input> 标签中的属性及其用途

属　性	用　　途
id	定义当前input元素的标识号
name	定义当前input元素的控件名称，用于发送给服务器的"名/值"对中
type	决定了输入数据的类型。常见的有"text"（单行文本）、"password"（密码）、"checkbox"（复选框）、"radio"（单选按钮）、"submit"（提交按钮）、"button"（普通按钮）
value	用于设置输入默认值，即如果用户不输入的话，就采用此默认值
src	是针对type=image的情况来说的，定义以提交按钮形式显示图像的URL
checked	表示复选框中此项被默认选中
maxlength	表示在输入单行文本的时候，输入字符的最大个数
size	用于设定在输入多行文本时的最大输入字符数，采用width、height方式
onclick	表示在单击时调用指定的子程序
onselect	表示当前项被选择时调用指定的子程序

3. <select> 和 <option> 标签

<select> 标签可创建单选或多选菜单，供用户从列表各数据项中选择一项或多项数据输入。当提交表单时，浏览器会提交选定的项目，或者收集用逗号分隔的多个选项，将其合成一个单独的参数列表，并且在将 <select> 表单数据提交给服务器时包括 name 属性。在 <select> 标签中至少包含一个 <option> 标签以创建选项，例如：

```
<select name="color" id="color">
    <option value="red" selected="selected">红 </option>
    <option value="green">绿 </option>
    <option value="blue">蓝 </option>
</select>
```

6.4　用 CSS 样式美化网页

6.4.1　CSS 样式概述

CSS（Cascading Styleshee，层叠样式表）是一组样式，用于控制 Web 页面的外观。它可以有效地对页面的布局、字体、颜色、背景和其他效果实现更加精确的控制。通过使用 CSS 样式设置页面的格式，可将页面的内容与表现形式分离，易于实现一个网站整体风格的一致性。也就是说，页面内容存放在 HTML 文档中，而用于定义表现形式的 CSS 规则则存放在另一个文件中或 HTML 文档的文件头部分。将数据与表现形式分离，是网页设计的常用方法。CSS 样式不仅可使维护站点的外观更加容易，而且还可以使 HTML 文档代码更加简练，缩短浏览器的加载时间，页面对搜索引擎更加友好。

1. CSS 的语法结构

所有样式表的基础就是 CSS 规则。每一条规则都是一条单独的语句，它确定应该如何设计样式，以及应该如何应用这些样式。浏览器用它来确定页面的显示效果。CSS 定义是由 3 个部分构成。

```
选择器 { 属性：值；}
```

例如：

```
body { background:#000000;}          /* 设置页面背景为黑色 */
h1,h2,h3,h4,h5,h6{color:green}       /* 六种标签的文字均为绿色 */
```

CSS 采用 /* ... */ 来表示注释，注释有利于以后编辑和更改代码时理解代码的含义。在浏览器中，注释是不显示的。

2. 选择器

选择器是指这组样式编码所要针对的对象，可以是一个 HTML 标签，如 body、p、table 等，也可以是定义了 id 或 class 的标签，还可以使用包含选择器（以空格隔开）等。浏览器将对 CSS 选择器进行严格的解析，每一组样式均会被浏览器应用到对应的对象上。常见选择器如表 6-3 所示。

表 6-3　常见选择器

选择器	说　　明
#box	表示选择了 <div id="box">，即一个名称为 box 的 id 对象
.newbox	表示选择了 <div class ="newbox">，即一个名称为 newbox 的 class对象
.newbox p	表示选择了 <div class ="newbox">中包含的所有<p>对象
img	表示选择了所有<img>对象
*	表示选择了所有对象
a:link	表示选择所有未访问链接
a:visited	表示选择所有访问过的链接
a:active	表示选择活动链接
a:hover	表示选择鼠标在链接上面时
input:focus	表示选择具有焦点的输入元素
:valid	用于匹配输入值为合法的元素
:invalid	用于匹配输入值为非法的元素

3. id 属性

id 属性是根据文档对象模型原理所创建的选择符类型。对于一个网页，每个标签均可以使用 id="" 的形式对 id 属性进行名称指定，id 可以认为是一个标识，在网页中，每个 id 名称只能使用一次。例如：

```
<div id="box"></div>
```

在此 <div> 标签中，id 名称为 box。相应的，在 CSS 样式中，id 名称使用 "#" 进行标识。例如，对 id 名称为 box 的标签设置样式，可书写如下：

```
#box{
height: 300px;
width: 200px;
margin-top: 2px;
margin-right: 0px;
margin-bottom: 2px;
```

```
margin-left: 0px;
}
```

4. class 属性

clas 称为类或类别，是对 HTML 多个标签的一种组合。可以对 HTML 的标签使用 class="" 的形式对 class 属性进行名称指定。与 id 不同的是，class 允许重复使用，即对于网页中的多个元素，都可以使用同一个 class 定义。class 在 CSS 中使用符号"."和 class 名称的形式对 class 对象进行指定。例如：

```
<div class="box"></div>
<h2 class="box"></h2>
<h5 class="box"></h5>
```

对 class 为 box 的对象进行样式指定，可书写如下：

```
.box{
margin:20px;
background-color:green
}
```

上面代码中，所有使用了 class="box" 的标签，如 <div> 标签、<h2> 标签和 <h5> 标签均使用此样式进行 class 属性设置。

6.4.2　应用 CSS 样式到网页中

CSS 样式表可以多种方式灵活地应用到所设计的页面中，选择方式根据设计的不同要求来制定。

1. 内联样式

内联样式又称为行内样式，将 CSS 样式所定义的内容写在 HTML 代码行内，其基本语法格式如下：

```
<body style="background-color:#F00"> 页面背景色为红色 </body>
```

style="background-color:#F00" 这样一句额外代码就是内嵌样式表的书写方式，它出现在要控制其格式的标签内部，以 Style=" " 开始，引号中间则是样式控制的命令。

2. 内部样式表

将 CSS 样式统一放置在页面的一个固定位置，与 HTML 的具体标签分离开来，从而可以实现对整个页面范围的内容显示进行统一的控制与管理。一般放置在 <head>…</head> 区段中，并且用 <style> 标签定义，其基本语法格式如下：

```
<head>
<style type="text/CSS">
    # 选择器 1 { 属性 1：属性值 1；属性 2：属性值 2；属性 3：属性值 3；}
    . 选择器 2 { 属性 1：属性值 1；属性 2：属性值 2；属性 3：属性值 3；}
</style>
</head>
<body>
   < 标签名 id= 选择器 1> 内容 </ 标签名 >
   < 标签名 class= 选择器 2> 内容 </ 标签名 >
</body>
```

说明：<style> 标签一般位于 <head> 标签中 <title> 标签之后，也可以放在 HTML 文档的任何地方，使用样例如图 6–59 所示。type="text/CSS" 在 HTML5 中允许省略。

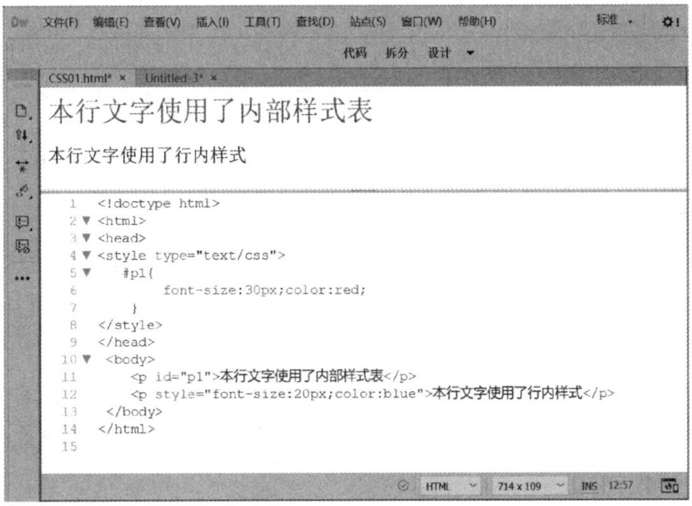

図6–59　内部样式表使用示例

```
<head>
<style type="text/CSS">
    # 选择器 1 { 属性 1：属性值 1；属性 2：属性值 2；属性 3：属性值 3；}
    . 选择器 2 { 属性 1：属性值 1；属性 2：属性值 2；属性 3：属性值 3；}
</style>
</head>
<body>
   < 标签名  id= 选择器 1> 内容 </ 标签名 >
   < 标签名  class= 选择器 2> 内容 </ 标签名 >
</body>
```

3. 外部样式表

　　外部样式表是相对于内部样式表而言的，它实际上是一个扩展名为 .css 的文件，独立于 HTML 页面，放置于网站文件夹内某个位置，我们也把这样的外部样式表称为 CSS 样式表文件。样式表文件的内容和内部样式表类似，都是样式的定义。外部样式表通过在某个HTML 页面中添加链接的方式生效。外部样式表基本语法格式如下。

　　（1）CSS 文件内容

```
@charset "utf-8";
/* CSS Document */
# 选择器 1 { 属性 1：属性值 1；属性 2：属性值 2；属性 3：属性值 3；}
. 选择器 2 { 属性 1：属性值 1；属性 2：属性值 2；属性 3：属性值 3；}
```
> CSS
> 文件内容

　　（2）HTML 文件内容

```
<head>
   <link rel="stylesheet" type="text/css" href="CSS 件路径和文件名 " />
</head>
<body>
    < 标签名  id= 选择器 1> 内容 </ 标签名 >
```
> HTML
> 文件内容

```
<标签名 class=选择器2> 内容 </ 标签名 >
</body>
```

说明：link 标签需要放在 head 头部标签中，并且应指定 link 标签的如下三个属性。

● href：定义所链接外部样式表文件的 URL，可以是相对路径，也可以是绝对路径。

● type：定义所链接文档的类型，在这里需要指定为 "text/CSS"，表示链接的外部文件为 CSS 样式表。

● rel：定义当前文档与被链接文档之间的关系，在这里需要指定为 "stylesheet"，表示被链接的文档是一个样式表文件。

同一个外部样式表可以被多个网页甚至是整个网站的所有网页所采用，这就是它最大的优点。如果说前面介绍的内部样式表在总体上定义了一个网页的显示方式，那么外部样式表可以说在总体上定义了一个网站的显示方式。外部样式表调用示例如图 6-60 所示。

图6-60　外部样式表调用示例

4. 样式表优先级

CSS 对于页面的某个元素允许同时应用多个样式，即层叠样式。页面元素的最终样式即为多个样式的叠加效果。当同时应用上述三类样式，样式之间存在冲突时，页面元素遵循下列优先次序：

行内样式 > 内部样式 > 外部样式表

例如，同一个 <div> 标签，如果三种样式都在描述其宽高，则以行内样式为准；若行内样式没有描述，则以内部样式表为准，以此类推。

6.4.3　CSS 常用属性

CSS 可以控制 HTML 标签对象的 CSS 宽度、CSS 高度、float 浮动、文字大小、字体、CSS 背景等样式达到想要的网页布局效果。CSS 的样式非常丰富，下面总结了一些常用的 CSS 标签。

1. 文本属性

CSS 常用文本属性如图 6-61 所示。

```
1    @charset "utf-8";
2    /* CSS Document */
3 ▼  .div1{
4         font-family:'Microsoft Yahei'; /*字体*/
5         font-style:normal/italic;/*字体样式*/
6         font-weight:bold/lighter/100~900;/*字体粗细*/
7         font-size:10px/10%;/*字体大小*/
8         color:颜色名如red/颜色值如#FFFFFF /*字体颜色*/
9         opacity:0~1;/*字体透明度0全透明，1不透明*/
10        line-height:10px;/*文本高度*/
11        text-align:left/center/right; /*文本对齐方式*/
12        letter-spacing:10px;/*文本字与字之间的间距*/
13        text-decoration:underline/line-through/overline/none;/*文本修饰属性*/
14        overflow:auto/scroll/hidden;/*文本超出范围显示方式，自动显示/始终显示滚动条/超出文本隐藏*/
15        text-overflow:clip/ellipsis;/*多余文字显示方式，裁剪/使用...代替*/
16        white-space:normal/nowrap/pre;/*元素内空白符，忽略/行末不断行/保留*/
17        text-shadow:5px 6px 6px blue;/*文本阴影 水平/垂直/模糊距离/颜色*/
18        text-indent:10px;/*首行缩进*/
19        -webkit-text-stroke:2px yellow;/*文字描边*/
20        font:italic bold 75%/1.8 'Microsoft Yahei';(font:font-style font-weight font-
          size/line-height font-family)
21        }
```

图6-61　CSS常用文本属性

2. 背景属性

CSS 常用背景属性如图 6-62 所示。

```
1    @charset "utf-8";
2    /* CSS Document */
3 ▼  .div2{
4         background-color:red;/*背景颜色*/
5         background-image:url(../image/share.jpg);/*背景图像*/
6         background-repeat:no-repeat/repeat/repeat-x/repeat-y;/*背景图是否平铺，不平铺/平铺/水
          平平铺/垂直平铺*/
7         background-size:200px/contain/cover;/*背景图大小，指定宽度和高度/等比缩放（不会完全覆
          盖）/等比缩放（完全覆盖）*/
8         background-position:left/right/top/bottom/center/50px -50px;/*背景图的起始位置*/
9         background-origin:border-box/padding-box/content-box;/*背景图定位方式 边框外缘/内缘/
          文字内容区*/
10        background-clip:border-box/padding-box/content-box;/*裁切背景和背景色显示区域*/
11        background-attachment:scroll/fixed;/*背景图是否固定*/
12        background:red url(../image/share.jpg) no-repeat fixed 50px -50px;/*背景简写，
          color image repeat attachment position */
13        }
14
```

图6-62　CSS常用背景属性

3. 边界和框线属性

CSS 常用边界和框线属性如图 6-63 所示。

```
1    @charset "utf-8";
2    /* CSS Document */
3 ▼  .div3_biankuang{
4         padding-top:10px; /*上边框留空白*/
5         padding-right:10px; /*右边框留空白*/
6         padding-bottom:10px; /*下边框留空白*/
7         padding-left:10px; /*左边框留空白*/
8         border-top : 1px solid #6699cc; /*上框线*/
9         border-bottom : 1px solid #6699cc; /*下框线*/
10        border-left : 1px solid #6699cc; /*左框线*/
11        border-right : 1px solid #6699cc; /*右框线*/
12        margin-right:10px; /*右边界值*/
13        margin-bottom:10px; /*下边界值*/
14        margin-left:10px; /*左边界值*/
15   }
```

图6-63　CSS常用边界和框线属性

4. 超链接属性

CSS 超链接属性如图 6-64 所示。

```
1    @charset "utf-8";
2    /* CSS Document */
3 ▼  .div4_link{
4        a:link {color:#000000;}        /* 未访问链接*/
5        a:visited {color:gray;}    /* 已访问链接 */
6        a:hover {color:#FF00FF;}   /* 鼠标移动到链接上 */
7        a:active {color:blue;}   /* 鼠标点击时 */
8        a:link {text-decoration:none;}   /* 去除下划线 */
9        a:visited {text-decoration:none;} /* 去除下划线 */
10       a:hover {text-decoration:underline;} /* 有下划线 */
11       a:active {text-decoration:underline;}/* 有下划线 */
12   }
```

图6-64　CSS超链接属性

5. CSS 符号属性

CSS 符号属性如图 6-65 所示。

```
1    @charset "utf-8";
2    /* CSS Document */
3 ▼  .div5_fuhao{
4        list-style-type:none; /*不编号*/
5        list-style-type:decimal; /*阿拉伯数字*/
6        list-style-type:lower-roman; /*小写罗马数字*/
7        list-style-type:upper-roman; /*大写罗马数字*/
8        list-style-type:lower-alpha; /*小写英文字母*/
9        list-style-type:upper-alpha; /*大写英文字母*/
10       list-style-type:disc; /*实心圆形符号*/
11       list-style-type:circle; /*空心圆形符号*/
12       list-style-type:square; /*实心方形符号*/
13       list-style-image:url(/dot.gif); /*图片式符号*/
14       list-style-position: outside; /*凸排*/
15       list-style-position:inside; /*缩进*/
16
17   }
```

图6-65　CSS符号属性

【例 6-10】根据给定的字库文件，采用 HTML+CSS 外部样式表的形式制作服装广告软文网页。

① 在站点 lemon 下新建一个空白的网页文件 example.html，在文档工具栏上单击"拆分"，进入拆分视图，输入如图 6-66 所示的 HTML 代码，注意在 <head>…</head> 标签对中加入与外部样式表的链接语句：

```
<link href="style03.css" type="text/css" rel="stylesheet"/>
```

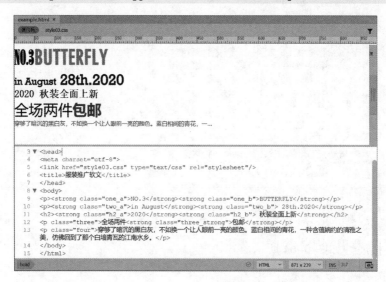

图6-66　HTML代码

② 复制字库 font 文件夹到站点 lemon 根目录中，并在 lemon 下新建 CSS 样式文件 style03.css，输入如图 6–67 所示的 CSS 规则。

```
1    @charset "utf-8";
2    /* CSS Document */
3        *{margin:0; padding:0;}
4        @font-face{font-family:ONYX; src:url(font/ONYX.TTF);}
5        @font-face{font-family:TCM; src:url(font/TCCM____.TTF);}
6        @font-face{font-family:ROCK; src:url(font/ROCK.TTF);}
7        @font-face{font-family:BOOM; src:url(font/BOOMBOX.TTF);}
8        @font-face{font-family:LTCH; src:url(font/LTCH.TTF);}
9        @font-face{font-family:jianzhi; src:url(font/FZJZJW.TTF);}
10 ▼    .one_a{
11          font-family:ONYX;
12          font-size:48px;
13          color:#333;
14      }
15 ▼    .one_b{
16          font-family:TCM;
17          font-size:58px;
18          color:deepskyblue;
19      }
20 ▼    .two_a{
21          font-family:ROCK;
22          font-size:24px;
23          font-weight:bold;
24          font-style:oblique;
25          color:#333;
26      }
27 ▼    .two_b{
28          font-family:ROCK;
29          font-size:36px;
30          font-weight:bold;
31          color:#333;
32      }
33 ▼    h2_a{
34          font-family:BOOM;
35          font-size:60px;
36      }
37 ▼    h2_b{
38          font-family:LTCH;
39          font-size:50px;
40          color:#e1005a;
41      }
42 ▼    .three{
43          font-family:"微软雅黑";
44          font-size:36px;
45      }
46 ▼    .three_strong{
47          color:#e1005a;
48      }
49 ▼    .four{
50          width:500px;
51          font-family:"微软雅黑";
52          font-size:14px;
53          color:#747474;
54          white-space:nowrap;
55          overflow:hidden;
56          text-overflow:ellipsis;
57      }
58
```

图6–67　style03.css样式文件内容

 6.5　DIV+CSS 网页布局

表格布局是网页早期布局实现的主要手段，当时的网页构成相对也比较简单，多是以文本以及静态图片等组成的，类似于报纸的形式，分区分块显示，<table> 标签的结构表现恰好可以满足这样的要求。但是随着网页要求的提高和技术的不断探索更迭，尤其是 W3C

（万维网联盟）及其他标准组织制定的标准出台后，明确了 <table> 标签不是布局工具，仅作为呈现表格化数据的作用，而提倡使用 DIV+CSS 的布局组合。

6.5.1 什么是盒模型

1. 盒模型概念

用 DIV+CSS 布局网页的核心所在是盒模型。W3C 组织建议把网页上所有的对象都放在一个盒子中，定义所有的元素都可以拥有像盒子一样的外形和平面空间，即都包含边界、边框、填充、内容区域，如图 6-68 所示。在元素内容与边框之间的空白区域，被称做元素的填充（padding），也称之为元素的内边距、补白或内框；在元素边框外边的空白区域，被称做边界（margin），也称之为元素的外边距或外框。

盒模型规范了网页元素的显示基础。盒模型关系到网页设计中排版、布局、定位等操作，任何一个元素都必须遵循盒模型规则，如 div，span，hl ~ h6，p，strong 等。

2. 准盒模型和怪异盒模型

标准盒模型（W3C 盒子模型）中，实际宽度 = width + border（左右）+ padding（左右）+ margin（左右），实际同理也适用于高度 height，如图 6-69 所示。

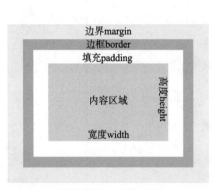

图6-68　盒模型

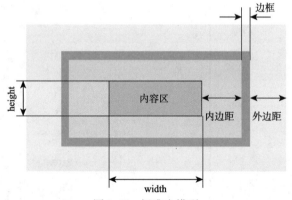

图6-69　标准盒模型

需要说明的是，在 IE 5.x 和 6 怪异盒模式中使用自己的非标准模型。这些浏览器的 width 属性不是内容的宽度，而是内容、内边距和边框的宽度的总和。即在怪异盒模型中，实际宽度 =width（包含 padding 和 border）+margin（左右）。

6.5.2 使用 DIV+CSS 布局网页

DIV+CSS 布局的基本构造块是 <div> 标签。DIV 全称为 Division，意为"区分"。<div> 是一个 HTML 标签，在大多数情况下用作文本、图像或其他页面元素的方框容器。

使用 DIV+CSS 布局网页在网站建设中已经应用得很普遍。当要进行 DIV+CSS 布局排版网页时，首先需要将网页的页面使用 div 标签划分为若干个板块，再对各板块进行 CSS 定位，设置 CSS 属性，然后在各板块添加相应的内容。图 6-70 是包含两个 DIV 的布局示例。

对于初学者来说，直接编写 CSS 代码有些困难，所幸 Dreamweaver CC 拥有良好的编程向导，而且是可视化的操作界面，直接利用鼠标操作和少量的参数填写就可完成 CSS 属性的设置，并自动生成 CSS 代码。下面利用 DIV+CSS 布局创建一个标题为"柠檬片泡水的功效"的网页 lemon.html。

```
 2 ▼ <html>
 3 ▼ <head>
 4    <title>演示盒模型</title>
 5    <meta http-equiv="content-type" content="text/html; charset=UTF-8">
 6 ▼ <style type="text/css">
 7    * {margin:0px;}           /*星号 (*) 表示匹配所有元素*/
 8    .divClass1 {
 9    width:100px;height:50px;padding:20px;border:2px;background-color: yellow;}
10    .divClass2 {
11    width:150px;height:50px;padding:20px;border:2px;background-color: pink;}
12    </style>
13    </head>
14
15 ▼ <body>
16    <div class="divClass1">我是div1</div>
17    <div class="divClass2">我是div2</div>
18    </body>
19    </html>
20
```

图6-70　DIV+CSS 布局示例

【例 6-11】续上例 6-10，利用 DIV+CSS 布局网页文件 lemon.html。通过手动插入 div 标签，定义网页页面内容的逻辑区域，对这些 div 标签应用 CSS 样式来创建网页布局，如图 6-71 所示。

图 6-71　lemon.html网页布局设计

① 在站点 lemon 下新建一个空白的网页文件 lemon.html，在文档工具栏上单击"代码"，进入代码视图，直接将 <title> 标签的内容更改为"柠檬片泡水的功效"。此时的 HTML 代

码如图 6-72 所示。

② 单击菜单栏"插入"→"Div(D)"命令，弹出"插入 Div"对话框，在"ID"处输入"box-lemon"，单击"新建 CSS 规则"按钮，如图 6-73 所示，弹出"新建 CSS 规则"对话框，在："选择器名称"处默认显示"#box-lemon"，单击"确定"按钮，如图 6-74 所示。

图6-72 HTML代码

图6-73 "插入Div"对话框

③ 弹出"#box-lemon 的 CSS 规则定义"对话框，如图 6-75 所示。在默认的"类型"分类中，设置字体"Font-family(F)"为"楷体"，字号"Font-size(S)"为"16px"。

图6-74 "新建CSS规则"对话框

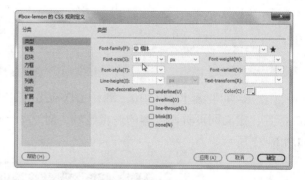

图6-75 设置方框"类型"分类

④ 选择"方框"分类，如图 6-76 所示。设置宽度"Width(W):"为"800px"，在"Margin"区单击"全部相同"，设置上边界"Top(P):"为"0px"，右边界"Right(R):"为"auto"，左边界"Left(L):"为"auto"，单击"确定"按钮，在弹出的图 6-77 所示的"插入 Div"对话框中单击"确定"按钮。

图6-76 设置"方框"分类

图6-77 "插入Div"对话框

⑤ 在"文档"工具栏单击"设计"，进入设计视图，再单击"拆分"，如图 6-78 所示。

在设计视图中显示出 id 为 box-lemon 的 div，在代码窗显示 DIV 的 HTML 代码。

box-lemon的DIV及其CSS属性

box-lemon的DIV代码

图6-78　id为box-lemon的div

⑥ 在设计视图中删除 DIV 内的文本，单击菜单栏"插入"→"Header"命令，弹出图 6-79 所示的"插入 Header"对话框，在"ID"处输入："yemei"，单击"确定"按钮，完成插入页眉标签 <header>，产生的 HTML 代码如图 6-80 所示。

图6-79　"插入Header"对话框

图6-80　页眉标签<header>源代码

⑦ 在设计视图下，删除页眉标签栏的文字。在"文件"面板中，从"lemon"站点的"Image"文件夹下，用鼠标将图像文件 a3.jpg 拖到页眉标签栏中，并调整图像尺寸到合适大小，效果如图 6-81 所示。

⑧ 单击菜单栏"插入"→"Article"命令，弹出图 6-82 所示的"插入 Article"对话框，在"插入"处选择"在标签后"，选择标签为"<header id="yemei">"，在"ID"处输入："text"，单击"确定"按钮，完成插入文章标签 <article>。产生的 HTML 代码如图 6-83 所示。

图6-81　在设计视图插入图像

图6-82　"插入Article"对话框

```
18 ▼ <body>
19 ▼ <div id="box-lemon">
20     <header id="yemei"><img src="image/a3.jpg" width="801" height="236" alt=""/></header>
21     <article id="text">此处显示 id"text" 的内容</article>
22 </div>
23 </body>
```

图6-83 文章<article >标签源代码

⑨ 删除文章标签内的文字"此处显示 id"text" 的内容"。在"文件"面板中，双击打开"lemon"站点的"image"文件夹下的素材文本"lemon.txt"，将相应文本复制到网页文件"lemon.html"的文章标签中，效果如图 6-84 所示。

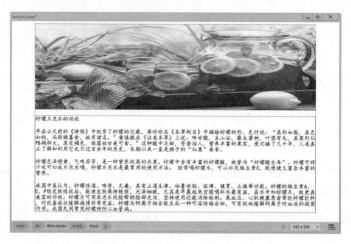

图6-84 在文章标签内插入文本

⑩ 选择标题"柠檬片泡水的功效"，在属性面板中将格式设为"标题 1"，居中显示。

⑪ 选择第一自然段文本，单击菜单栏"插入"→"Section"命令，弹出图 6-85 所示的"插入 Section"对话框，在"插入"处选择"在选定内容旁换行"，在"ID"处输入："one"，单击"确定"按钮，完成插入章节标签 <section>。

⑫ 同理，一次给第二、第三自然段分别插入章节标签<section>，id 名称分别为"two""three"。效果如图 6-86 所示。

图6-85 "插入Section"对话框

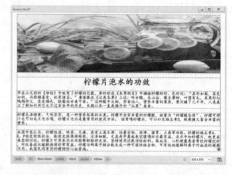

图6-86 插入章节标签<section>效果

⑬（此步可忽略）打开"CSS 设计器"面板，单击选择器左边的"+"，输入复合内容选择器名称"#text-1"，单击按钮文本属性按钮▣，设置行高"line-height"为"20px"。如图 6-87 所示。

⑭ 单击菜单栏"插入"→"Footer"命令，弹出上图 6-88 所示的"插入 Footer"对话框，在"插入"处选择："在标签后"，选择标签为"<article id="text">"，在"ID："处输入："yejiao"，单击"确定"按钮，完成插入页脚标签 <footer>。

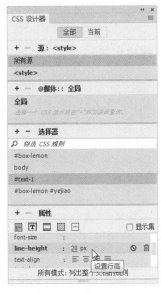

图6-87　设置行高　　　　　　图6-88　"插入Footer"对话框

⑮ 删除页脚标签内的文字"此处显示 id "yejiao" 的内容"。输入页脚信息并在属性面板中设置为居中显示："若有意见和建议，请联系我们：aa123@163.com"。

⑯ 打开"CSS 设计器"面板，在"选择器"窗中选择名称"#box-lemon #yejiao"，单击"布局"按钮，设置高度"height"为"25px"，单击"文本"按钮，设置文本大小"font-size"为"10px"，行高"line-height"为 25px，单击"背景"按钮，设置背景颜色"background-color"为"#F8A303"。保存文件。网页最后效果图如图 6-89 所示。

图6-89　网页最后效果

6.5.3 CSS 的浮动

CSS 的浮动会使元素向左或向右移动，其周围的元素也会重新排列。float 浮动经常用于图像，但它在布局时一样非常有用。浮动的框可以向左或向右移动，直到它的外边缘碰到包含框或另一个浮动框的边框为止。由于浮动框不在文档的普通流中，所以文档的普通流中的块框表现得就像浮动框不存在一样。

在 CSS 中，可通过 float 属性来定义浮动，基本语法格式如下：

选择器 {float：属性值；}

常用的 float 属性值有三个，分别表示不同的含义，具体如表 6-4 所示。

表 6-4　常用 float 属性值

属性值	描述
left	元素向左浮动
right	元素向右浮动
none	元素不浮动（默认值）

1. CSS 浮动的原理

为了更容易理解什么是 float，请先看图 6-90，当把框 1 向右浮动时，它脱离文档流并且向右移动，直到它的右边缘碰到包含框的右边缘。

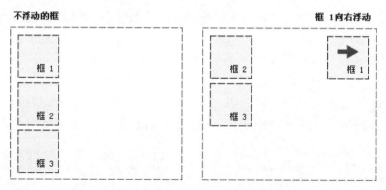

图6-90　CSS 浮动实例—— 向右浮动的元素

再请看图 6-91，当框 1 向左浮动时，它脱离文档流并且向左移动，直到它的左边缘碰到包含框的左边缘。因为它不再处于文档流中，所以它不占据空间，实际上覆盖住了框 2，使框 2 从视图中消失。如果把所有三个框都向左移动，那么框 1 向左浮动直到碰到包含框，另外两个框向左浮动直到碰到前一个浮动框。

如图 6-92 所示，如果包含框太窄，无法容纳水平排列的三个浮动元素，那么其它浮动块向下移动，直到有足够的空间。如果浮动元素的高度不同，那么当它们向下移动时可能被其它浮动元素"卡住"。

图6-91　向左浮动

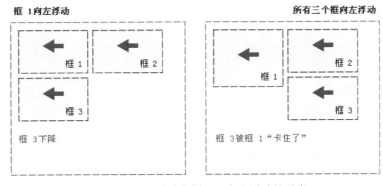

图6-92　CSS 浮动实例——向左浮动的元素

2. 清除浮动

为什么要清除浮动？在许多非 IE 浏览器中，当容器的高度为 auto，且容器的内容中有浮动（float 为 left 或 right）的元素，在这种情况下，容器的高度不能自动伸长以适应内容的高度，使得内容溢出到容器外面而影响布局的现象。这个现象称为浮动溢出，为了防止这个现象的出现而进行的 CSS 处理，称为 CSS 清除浮动。清除浮动主要是为了解决，父元素因为子级元素浮动引起的内部高度为 0 的问题。下面介绍两种清除浮动的方法。

（1）使用带 clear 属性的空元素

清除浮动 clear 的属性包括：

- both: 两侧都不允许存在浮动元素。
- left: 除元素左侧浮动元素。
- right: 清除元素右侧浮动元素。
- none: 无清除效果（默认值）。

如图 6-93 所示，在未清除浮动之前 <div class="news"> 容器高度不足以包含图片和文字，从容器外框线可看出，其呈现出浮动溢出现象。可在浮动元素后使用一个空元素如 <div class="clear"></div>，并在 CSS 中赋予 .clear{clear:both;} 属性即可清理浮动，如图 6-94 所示。亦可使用 <br class="clear" /> 或 <hr class="clear" /> 来进行清理。

图6-93　clear清除浮动之前的网页效果

图6-94　clear清除浮动之后的网页效果

（2）使用 overflow 属性

给浮动元素的容器添加 overflow:hidden; 或 overflow:auto; 可以清除浮动。在添加 overflow 属性后，浮动元素又回到了容器层，把容器撑起，达到了清理浮动的效果。例如上述用 clear 清除浮动的效果也可改为通过设置 <div class="news"> 容器的 overflow:auto; 属性进行清除浮动，如图 6-95 所示。

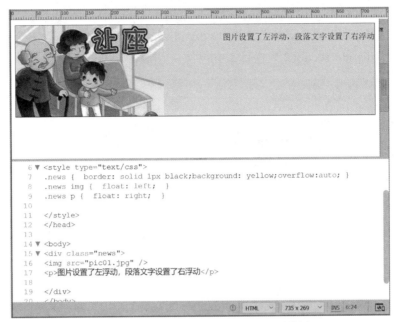

图6-95　overflow清除浮动之后的网页效果

3.　利用 float 浮动进行页面布局

使用 float 来实现页面的布局是很常见的现象。float 浮动可设置对象靠左与靠右浮动样式，可以实现我们所需要的让 div、span 等标签居左居右浮动。

【例 6-12】通过 CSS 浮动实现如图 6-96 所示的网页布局。

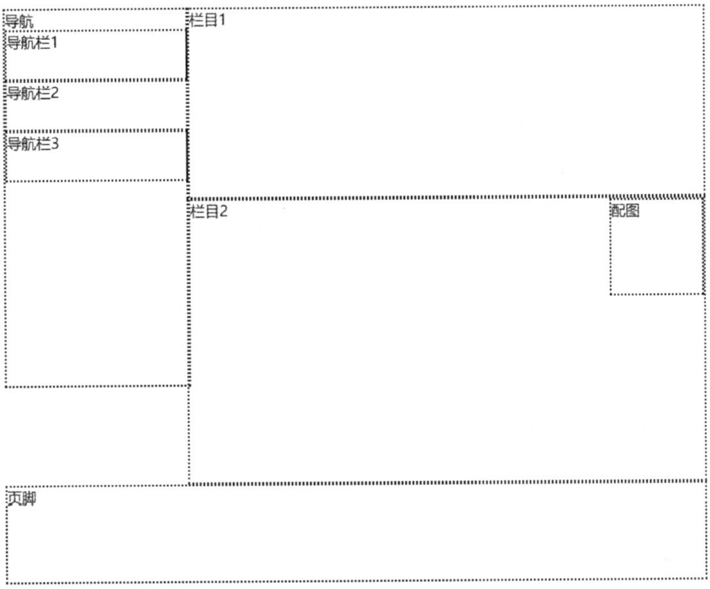

图6-96　网页布局效果

① 新建一个空白的 html 网页文件。

② 单击"拆分"，进入拆分视图。

③ 在下方输入如图 6-97 所示的代码，规划网页布局分为四大板块：导航、栏目1、栏目2、页脚，并分别设置 css 样式。其中 <div id="nav"> 导航栏中包含三个子导航栏 <div class="sub">；<div id="section2"> 栏目 2 中包含一个配图 <div id="pic"> 容器。

```
浮动布局.html ×
 1    <!doctype html>
 2  ▼ <html>
 3  ▼ <head>
 4      <meta charset="utf-8">
 5      <title>用浮动实现布局</title>
 6        <style type="text/css">
 7            div{border-style: dotted;}
 8            #nav {float: left;width: 200px;height: 400px;}
 9            .sub {height: 50px;}
10            #pic {float: right; width: 100px; height: 100px;}
11            #section1 {margin-left: 200px;height: 200px;}
12            #section2 {margin-left: 200px;height: 300px;}
13            #footer {height: 100px;}
14        </style>
15    </head>
16
17  ▼ <body>
18  ▼      <div id="nav">导航
19            <div class="sub">导航栏1</div>
20            <div class="sub">导航栏2</div>
21            <div class="sub">导航栏3</div>
22        </div>
23        <div id="section1">栏目1</div>
24        <div id="section2">栏目2<div id="pic">配图</div></div>
25        <div id="footer">页脚</div>
26    </body>
27    </html>
28
```

图6-97　网页代码

本章小结

　　本章重点培养读者编写 HTML+CSS 代码的能力，在网页制作工具 Dreamweaver 的帮助下，学习网站的建立方法和网页的布局和美化等知识。大部分 HTML 标签都具有起始和结束标签，放在它所描述的内容两边，结束标签前要加"/"，当然也有不成对的单独标签。使用 <table> 标签设计表格布局是网页早期布局实现的主要手段，目前提倡使用 DIV+CSS 的布局组合。DIV+CSS 布局网页的核心是盒模型，基本构造块是 <div> 标签。当要进行 DIV+CSS 布局排版网页时，首先需要将网页的页面使用 <div> 标签划分为若干个板块，再对各板块进行 CSS 定位，设置 CSS 属性，然后在各板块中添加相应的内容。在网站建设中使用 Float 浮动来实现页面的布局也是很常见的现象。

　　学好网页设计唯一的技巧就是多写代码，多练习，才能熟练应用 HTML 标签和 CSS 样式中的属性。如果能做到多练，多学，多记，学完本章后，相信读者将够自行布局制作美观大方的网站页面。

🌐 工匠精神

"中国天眼"深邃的目光——致敬"天眼之父"南仁东

2020 年 1 月 11 日，被誉为"中国天眼"的国家重大科技基础设施 500 米口径球面射电望远镜（简称 FAST）顺利通过国家验收，正式开放运行。

作为全球最大且最灵敏的射电望远镜，"中国天眼"工程圆满收官，意味着中国重大科技基础设施进一步完善，人类探索未知宇宙有了更深邃视角。"中国天眼"的成功，体现中国智慧、中国技术、中国力量，更彰显中国担当。

随着性能提升，FAST 科学潜力已初步显现，目前探测到 146 颗优质的脉冲星候选体，其中 102 颗已得到认证。它两年多来发现的脉冲星超过同期欧美多个脉冲星搜索团队发现数量的总和。FAST 已实现偏振校准，并利用创新方法探测到银河系星际磁场。未来 3 ~ 5 年，FAST 的高灵敏度将有可能在低频引力波探测、快速射电暴起源、星际分子等前沿方向催生突破。国家天文台正在进一步积极组织国内外有关专家，研究如何发挥 FAST 优良性能，加强国内外开放共享，推动重大成果产出，勇攀世界科技高峰。

500米口径球面射电望远镜（FAST）

由 4 450 个反射单元构成的反射面、由 6 根钢索控制的馈源舱重达 30 t、500 m 的尺度上测量角度精确到 8 角秒、将卫星数据接受能力提高 100 倍……"天眼"的非凡之处俯拾皆是。"中国天眼"开创了建造巨型射电望远镜的新模式，突破了传统望远镜的工程极限，灵敏度达到世界第二大射电望远镜的 2.5 倍以上，可有效探索的空间范围体积扩大 4 倍，使科学家有能力发现更多未知星体、未知宇宙现象、未知宇宙规律……国家天文台研究员、"中国天眼"总工程师姜鹏介绍："经常有人问到，FAST 有多大，我们用个通俗的比喻，把它想象成一口锅的话，好事的同事算了算，如果它装满水，全世界每人可以分 4 瓶矿泉水。如果它装满水，够全世界人饮用一天的，所以你可以想象下它的工程体量有多大，因为全世界有 75 亿人啊。"

FAST 是以南仁东为代表的老一代天文学家于 20 世纪 90 年代提出的设想，利用贵州省天然喀斯特巨型洼地，建设世界最大单口径射电望远镜。历经 5 年半的艰苦建设，FAST 团队攻克了望远镜超大尺度、超高精度的技术难题，高质量按期完成了工程建设任务。FAST 于 2016 年 9 月 25 日落成启用，进入调试期。

2016 年 9 月 25 日，习近平发来贺信，信中说：500 m 口径球面射电望远镜被誉为"中国天眼"，

"天眼之父"南仁东

是具有我国自主知识产权、世界最大单口径、最灵敏的射电望远镜。它的落成启用，对我国在科学前沿实现重大原创突破、加快创新驱动发展具有重要意义。

1993 年包括中国在内的 10 个国家的天文学家提出建造新一代射电"大望远镜"的倡议，渴望回溯原初宇宙，解答天文学难题。怀着回报民族的赤诚和描绘宇宙的初心，活跃在国际天文界的南仁东，毅然舍弃高薪，回到祖国，力主中国独立建造射电"大望远镜"，关键技术无先例可循，关键材料急需攻关，核心技术遭遇封锁……从 1994 年开始选址和预研究到 2016 年 9 月 25 日落成启用，为了"中国天眼"，22 年时间里南仁东和同事们夜以继日、废寝忘食。2017 年 10 月"中国天眼"首次发现 2 颗脉冲星，然而南仁东却没能看到，2017 年 9 月 15 日南仁东因病抢救无效去世，享年 72 岁。72 载人生路，南仁东永远闭上了双眼，但给人类留下了看破星辰的"天眼"。从壮年到暮年，把一个朴素的想法变成了国之重器。2018 年 10 月 15 日国际永久编号为"79694"的小行星被正式命名为"南仁东星"，在他曾燃尽一生去追寻的星空中，熠熠生辉。让我们一起仰望星空，告慰南老，星辰大海，永远是我们的征途。

"人民是历史的创造者，人民是真正的英雄。"

"天眼"的背后，是中国人民在长期奋斗中培育、继承、发展起来的伟大创造精神、伟大奋斗精神、伟大团结精神、伟大梦想精神。正是这样的民族精神，成就了"天眼"，并为中国发展和人类文明进步注入力量。

资料来源：

[1] 王俊岭. 望海楼："中国天眼"深邃的目光 [EB/OL].https://www.xuexi.cn/lgpage/detail/index.html?id=11099732350250464136，2020-01-13.

[2] 国际在线."中国天眼"通过国家验收 正式开放运行 [EB/OL].https://www.xuexi.cn/lgpage/detail/index.html?id=13404644285347564202，2020-01-12.

[3] 中国科学报."中国天眼"通过国家验收 正式开放运行 [EB/OL].http://news.sciencenet.cn/htmlnews/2020/1/434737.shtm，2020-01-11.

[4] 党建网微平台. 习近平点赞过的大国工程 [DB/OL].https://www.xuexi.cn/lgpage/detail/index.html?id=7990002764385947824，2020-01-13.

[5] 时代楷模发布厅微信公众号. 中国天眼开放运行！网友致敬"天眼之父"南仁东 [EB/OL].https://www.xuexi.cn/lgpage/detail/index.html?id=15408915115744566158&item_id=15408915115744566158，2020-01-16.

第 7 章　IT 新技术

进入 21 世纪，信息技术的发展日新月异，以云计算、物联网、智能机器人、虚拟现实、大数据等为代表的 IT 新技术不断地改变和影响着人们的生活，掀起了又一轮 IT 新技术革命的浪潮。在 IT 领域，企业领导者做出的选择不仅会对业务发展和客户关系产生影响，也会对整体经济产生影响。最近几年的 IT 技术更迭经历了比以往更快的科技变化。了解 IT 新技术的发展动向能使大家心中有一个全局的把握，理清 IT 新技术和自身专业领域的结合关系和发展方向。

7.1　新型计算模型

随着计算机的普及和不断发展，处理的数据也越来越庞大复杂，对于计算模型要求越来越高，于是诞生了多种新型计算模型。

7.1.1　并行计算

在个人计算机诞生后的几十年里，程序员们编写了大量的应用软件，这些软件绝大部分采用串行计算方法。所谓串行，是指软件在 PC 上执行，在进入 CPU 前被分解为一条条指令，指令在 CPU 中一条条顺序执行，如图 7-1 所示。任一时间内，CPU 只能够运行一条指令。这种方式很符合人们对现实世界的思考习惯。至于软件的运行速度，则依赖硬件的处理能力，尤其是 CPU 的处理速度。

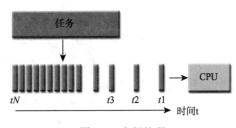

图7-1　串行处理

这种串行思维方式到了 2005 年遇到了挑战。在那一年，受限于制造 CPU 的半导体材料限制，

CPU 发展的摩尔定律开始失效了。但芯片业很快找到了一个变通的办法：在一块芯片中植入多个处理核心，通过多核的共同运算，提高运行速度。但是，许多软件仍然采用传统的串行方法编写，这就面临着一个因软硬件不匹配导致运行速度停滞不前的尴尬局面。而在互联网领域，由于网络数据极速膨胀，数据量已经远远超过一台或者几台大型计算机的处理能力，需要更大数量的计算机协同完成。面对这些问题，主要的解决方案就是：并行计算。

1. 并行计算的概念

并行计算是相对串行计算而言的。简单来讲，并行计算就是同时使用多个计算资源来解决一个计算问题，在 CPU 中可同时执行多个任务，如图 7-2 所示。

并行计算具有以下特征：

①一个问题被分解成为一系列可以并发执行的离散部分。

②每个部分可以进一步被分解成为一系列离散指令。

③来自每个部分的指令可以在不同的处理器上被同时执行。

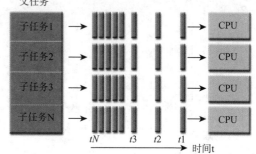

图7-2　并行处理

④需要一个总体的控制 / 协作机制来负责对不同部分的执行情况进行调度。

上文提到的"计算资源"可能是具有多处理器 / 多核的计算机，也可能是任意数量的被连接在一起的计算机。提到的"计算问题"需具有 3 个特点：

①能够被分解成为并发执行的离散片段。

②不同的离散片段能够在任意时刻被执行。

③采用多个计算资源的花费时间要小于采用单个计算资源所花费的时间。

目前广泛采用的多核处理器在体系结构、软件、功耗和安全性设计等方面面临着巨大的挑战。要想让多核完全发挥效力，需要硬件业和软件业更多革命性的更新。其中，可编程性是多核处理器面临的最大问题。尽管在并行计算上，人类已经探索了超过 40 年，但编写、调试、优化并行处理程序的能力还非常弱。

2. 并行计算的分类

并行计算目前还是一门发展中的学科。并行计算可以分为时间上的并行计算和空间上的并行计算。

时间上的并行计算就是流水线技术，即采用指令预取技术，将每个指令分成多步，各步间叠加操作，当前指令完成前，后一指令准备就绪，缩小指令执行的时钟周期，典型的以时间换空间。

空间上的并行计算是指由多个处理单元（不仅是 CPU）执行的计算，是以空间换时间。空间上的并行计算分为两类：单指令多数据流（SIMD）和多指令多数据流（MIMD），两者的对比如表 7-1 所示。

空间并行计算技术包含数据并行计算和任务并行计算。数据并行计算是指将一个大的数据分解为多个小的数据，分散到多个处理单元执行。任务并行是将大的任务分解为小的任务，分散到多个处理单元执行，任务并行同时还要避免任务重复执行，协调数据的上下文关系，避免冲突发生。任务并行计算与实际应用需求紧密相关。所以，任务并行计算要比数据并行计算复杂得多。

表 7-1　SIMD 和 MIMD 对比

名　称	概念描述
单指令多数据流（SIMD）	是流水技术的扩展，可以在一个时钟周期处理多个指令。它采用一个控制器来控制多个处理器，同时对一组数据中的每一个分别执行相同的操作，从而实现空间上的并行性的技术。例如 Intel的MMX或SSE以及AMD的3D Now!技术
多指令多数据流（MIMD）	MIMD计算机具有多个异步和独立工作的处理器。在任何时钟周期内，不同的处理器可以在不同的数据片段上执行不同的指令，即同时执行多个指令流，而这些指令流分别对不同数据流进行操作。MIMD架构可以用于诸如计算机辅助设计、计算机辅助制造、仿真、建模、通信交换机的多个应用领域

3. 并行程序设计

能同时执行两个以上运算或逻辑操作的程序设计方法称为并行程序设计。所谓并行性，严格地说，有两种含义：一是同时性，亦即平行性，指两个或多个事件在同一时刻发生；二是并发性，指两个或多个事件在同一时间间隔内发生。

程序并行性分为控制并行性和数据并行性。并行程序的基本计算单位是进程。并行程序有多种模型，包括共享存储、分布存储（消息传递）、数据并行和面向对象。与并行程序设计相适应的硬件也有不同类型，如多处理机、向量机、大规模并行机和机群系统等，相应有不同的并行程序设计方法。具体解题效率还与并行算法有关。

设计和实现并行程序是一个离不开人工操作的过程，程序员通常需要负责识别和实现并行化，而通常手动开发并行程序是一个耗时、复杂、易于出错并且迭代的过程。多年来，一些工具被开发出来，用以协助程序员将串行程序转化为并行程序，而最常见的工具就是可以自动并行化串行程序的并行编译器（Parallelizing Compiler）或者预处理器（Pre-Processor）。最常见的由编译器生成的并行化程序是通过使用结点内部的共享内存和线程实现的（例如 OpenMP）。

如果你已经有了串行的程序，并且有时间和预算方面的限制，那么自动并行化也许是一个好的选择，但是有几个重要的注意事项：①可能会产生错误的结果；②性能实际上可能会降低；③可能不如手动并行那么灵活；④只局限于代码的某个子集（通常是循环）；⑤可能实际上无法真正并行化，原因在于编译器发现里面有依赖或者代码过于复杂。

7.1.2　网格计算

网格计算（Grid Computing）是伴随着互联网技术而迅速发展起来的、专门针对复杂科学计算的新型计算模式。这种计算模式是利用互联网把分散在不同地理位置的计算机组织成一个"虚拟的超级计算机"，如图 7-3 所示。其中每一台参与计算的计算机就是一个"结点"，而整个计算是由成千上万个"结点"组成的"一张网格"，所以这种计算方式称为网格计算。这样组织起来的"虚拟的超级计算机"有两个优势：一是数据处理能力超强；二是能充分利用网上的闲置处理能力。简单地讲，网格是把整个网络整合成一台巨大的超级计算机，形成超级计算的能力，解决诸如虚拟核爆、新药研制、气象预报和环境等重大科学研究和技术应用领域的问题，实现计算资源、存储资源、数据资源、信息资源、知识资源、专家资源的全面共享。

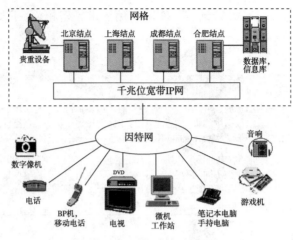

图7-3 网格计算示例图

网格计算研究如何把一个需要非常巨大的计算能力才能解决的大问题分成许多小的部分，然后把这些部分分配给许多低性能的计算机来处理，最后把这些计算结果综合起来攻克大问题。

7.1.3 云计算

云计算（Cloud Computing）是在并行计算之后产生的概念，是由并行计算发展而来。云计算是一种商业或应用模型，即云服务模型，用户可以根据其业务负载快速申请或释放资源，将基础设施、存储、平台和软件等服务以按需支付的方式对所使用的资源付费。

带你漫步
"云计算"

云计算主要由数据存取处理、资源分配共享、系统安全保障和服务灵活应用4个功能区组成。这四大功能区由四大技术支撑：数据中心技术、软件定义技术、云安全技术、移动云计算技术。

简而言之，就是用户的计算需求不必在本地计算机上实现，而是只要把计算需求交给"云平台"。"云平台"把巨量数据分解成无数个小任务，分发给众多服务器，最后汇总出计算结果，返回给用户。打个比方，吃鱼不必自己造船、结网、出海、烹饪，只需跟饭店下订单即可，饭店自会准时上菜，这个饭店会同时服务众多顾客。随着用户越来越多，程序越来越复杂，对计算能力和安全性的要求也越来越高。在不断提升的需求推动下，云计算技术不断升级，应用也越来越普及。

在客户端，用户只需利用终端设备，如台式计算机、笔记本式计算机、智能手机和平板计算机等，只要接入互联网，就可以按需获取和使用这些资源，如硬件、软件、平台、存储和服务等，成本低廉，如图 7-4 所示。用户不必关心"云"在哪里，它为用户屏蔽了数据中心管理、大规模数据处理、应用程序部署等问题。

自从 2006 年 Google 在搜索引擎大会上首次提出"云计算"的概念以来，我国高度重视云计算的发展并通过制定政策、设立资助专项等方式提供顶层设计。以 2009 年 1 月阿里在南京建立首个"电子商务云计算中心"为标志，我国云计算市场迅速呈现百花齐放之态，一系列云计算厂商如腾讯云、百度智能

图7-4 云计算

云、华为云等争先恐后涌入，也带活了服务器、存储、操作系统、中间件等整条信息产业链。如今越来越多的应用正在迁移到"云"上。预计到 2022 年，全球市场规模将超过 2 700 亿美元，我国云计算市场规模将达到 1 731 亿元人民币。

7.1.4　量子计算

量子计算（Quantum Computing）是一种遵循量子力学规律调控量子信息单元进行计算的新型计算模式。对照于传统的通用计算机，其理论模型是通用图灵机。通用的量子计算机，其理论模型是用量子力学规律重新诠释的通用图灵机。从可计算的问题来看，量子计算机只能解决传统计算机所能解决的问题。但是从计算的效率上，由于量子力学叠加性的存在，某些已知的量子算法在处理问题时速度要快于传统的通用计算机。

量子力学中的态叠加原理使得量子信息单元的状态可以处于多种可能性的叠加状态，从而导致量子信息处理从效率上相比于经典信息处理具有更大潜力。普通计算机中的 2 位寄存器在某一时间仅能存储 4 个二进制数（00、01、10、11）中的一个，而量子计算机中的 2 位量子位（qubit）寄存器可同时存储这 4 种状态的叠加状态。随着量子比特数目的增加，对于 n 个量子比特而言，量子信息可以处于 $2n$ 种可能状态的叠加，配合量子力学演化的并行性，可以展现比传统计算机更快的处理速度。

量子计算将有可能使计算机的计算能力大大超过今天的计算机，但当前仍然存在很多障碍。大规模量子计算存在的重要问题是：如何长时间地保持足够多的量子比特的量子相干性，同时又能够在这个时间段之内做出足够多的具有超高精度的量子逻辑操作。

加拿大量子计算公司 D-Wave 于 2011 年 5 月 11 日正式发布了全球第一款商用型量子计算机"D-Wave One"。D-Wave On 采用了 128-qubit（量子比特）的处理器，理论运算速度已经远远超越现有任何超级电子计算机。不过严格来说这还算不上真正意义的通用量子计算机，只是能用一些量子力学方法解决特殊问题的机器，通用任务方面还远不是传统硅处理器的对手，而且编程方面也需要重新学习。2017 年 1 月，D-Wave 公司推出 D-Wave 2000Q，声称该系统由 2 000 个 qubit 构成，可以用于求解最优化、网络安全、机器学习和采样等问题。对于一些基准问题测试，如最优化问题和基于机器学习的采样问题，D-Wave 2000Q 胜过当前高度专业化的算法 1 000 ～ 10 000 倍。

2018 年 10 月 12 日，华为公布了在量子计算领域的最新进展：量子计算模拟器 HiQ 云服务平台问世，平台包括 HiQ 量子计算模拟器与基于模拟器开发的 HiQ 量子编程框架两个部分，如图 7-5 和图 7-6 所示，这是华为公司在量子计算基础研究层面迈出的第一步。

图7-5　华为发布量子计算模拟器HiQ云服务平台　　　　图7-6　华为HiQ软件的编程功能

7.2 大 数 据

云计算、物联网、社交网络等新兴服务促使人类社会的数据种类和规模正以前所未有的速度增长，大数据时代正式到来。

什么是
大数据

7.2.1 大数据的概念

大数据（Big Data）是指无法在一定时间范围内用常规软件工具进行捕捉、管理和处理的数据集合，是需要新处理模式才能具有更强的决策力、洞察发现力和流程优化能力的海量、高增长率和多样化的信息资产。IBM提出了大数据的5V特点：Volume（大量）、Velocity（高速）、Variety（多样）、Value（低价值密度）、Veracity（真实性）。适用于大数据的技术，包括大规模并行处理（MPP）数据库、数据挖掘、分布式文件系统、分布式数据库、云计算平台、互联网和可扩展的存储系统等。这些技术成为大数据获取、存储、处理分析或可视化的有效手段，关于大数据技术的词云如图 7-7 所示。

大数据在社会政治、经济、文化等方面将产生深远的影响，它为我们揭示事物发展演变规律、预测事物发展趋势，以及更为有效地配置资源、采取更加科学的决策和行为等，带来了新的途径和手段。

图7-7　大数据词云

7.2.2 大数据的应用场景

移动互联网、物联网、社交网络、数字家庭、电子商务等是新一代信息技术的应用形态，这些应用不断产生大数据。通过对不同来源数据的管理、处理、分析与优化，将创造出巨大的经济和社会价值。

1. 用户画像

作为一种勾画目标用户、联系用户诉求与设计方向的有效工具，用户画像在各领域得到了广泛的应用。用户画像最初是在电商领域得到应用的，它是根据用户在互联网留下的种种数据，主动或被动地收集，最后加工成一系列的标签，如图 7-8 所示。比如猜用户是男是女，哪里人，工资多少，有没有谈恋爱，喜欢什么，即将购物吗？

2. 大数据金融

各种互联网金融公司利用金融大数据对个人进行征信。他们使用用户在互联网上的各类消费及行为数据，以及各种信用卡消费还款记录、互联网金融信贷信息等数据对用户进行信用打分。例如，"芝麻信用"就是利用支付宝的各种交易记录来量化用户信

图7-8　用户画像

用，并给出信用评分，即芝麻分。它运用云计算及机器学习等技术，通过逻辑回归、决策树、随机森林等模型算法对各维度数据进行综合处理和评估。在用户信用历史、行为偏好、履约能力、身份特质、人脉关系 5 个维度客观呈现个人信用状况的综合分值。较高的芝麻分可以帮助用户获得更高效更优质的服务。

再如"阿里小贷"利用丰富的数据资源建立企业信用和风险控制平台。截至 2018 年底，依靠大数据挖掘技术给 1 200 多万家小微企业发放无须抵押或担保的贷款，累计放贷超过万亿，这种高效率是传统银行不敢想象的。

3. 行业大数据

大数据在各行各业中都发挥着巨大的作用，如在教育行业，研究者利用在线教育平台如 MOOC 积累的数据进行分析和挖掘，提高学习的效率和效果；在电力行业，领域专家利用电力大数据进行电力智能调度、电费风险防控、反窃电稽查等；在医疗领域，科学家利用医疗大数据进行疾病筛查、药物研发、医院管理等，如图 7-9 所示；在军事国防领域，专家利用军事大数据进行反恐和守卫国家安全。

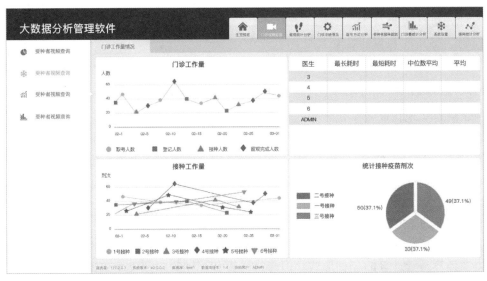

图7-9　医疗大数据分析

大数据时代的数据存在着如下几个特点：多源异构、分布广泛、动态增长、先有数据后有模式。正是这些与传统数据管理迥然不同的特点，使得大数据时代的数据管理面临着新的挑战。目前对于大数据的研究仍处于一个非常初步的阶段，还有很多基础性的问题有待解决。

7.3　物　联　网

7.3.1　物联网和互联网

物联网（Internet of Things，IOT）即"万物相连的互联网"，是互联网基础上的延伸和扩展的网络，将各种信息传感设备与互联网结合起来而

认识物联网

形成的一个巨大网络，实现在任何时间、任何地点，人、机、物的互联互通。

早期的物联网是以物流系统为背景提出的，以射频识别技术（RFID）作为条码识别的替代品，实现对物流系统进行智能化管理。随着技术和应用的发展，物联网的内涵已发生了较大变化。在物联网上，每个人都可以应用电子标签将真实的物体上网联结，在物联网上都可以查出它们的具体位置。通过物联网可以用中心计算机对机器、设备、人员进行集中管理、控制，也可以对家庭设备、汽车进行遥控，以及搜索位置、防止物品被盗等，类似自动化操控系统，同时透过收集这些小事的数据，最后可以聚集成大数据，包含重新设计道路以减少车祸、都市更新、灾害预测与流行病控制等等社会的重大改变，实现物和物相联，如图 7-10 所示。

物联网是互联网应用的拓展，它将其用户端由互联网的人与人、人与计算机系统之间的信息进行交互，延伸拓展到物与物、物与人、物与计算机系统之间的信息交换和通信，并且可利用云计算、模式识别等各种先进计算机技术，实现对物体的智能控制。感知性和智能性是物联网区别于传统互联网的两大重要特性。

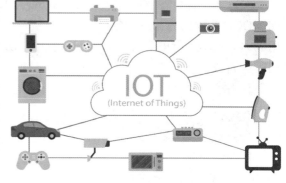

图7-10 物联网可把物品与互联网连接起来

7.3.2 边缘计算赋能物联网

物联网是实现行业数字化转型的重要手段，并将催生新的产业生态和商业模式。而借助于边缘计算可以提升物联网的智能化，促使物联网在各个垂直行业落地生根。

边缘计算（Edge Computing）起源于传媒领域，是指在靠近物或数据源头的一侧，采用网络、计算、存储、应用核心能力为一体的开放平台，就近提供最近端服务。其应用程序在边缘侧发起，产生更快的网络服务响应，满足行业在实时业务、应用智能、安全与隐私保护等方面的基本需求。边缘计算处于物理实体和工业连接之间，或处于物理实体的顶端。而云端计算，仍然可以访问边缘计算的历史数据。

边缘计算是云计算的一种形式。但与将计算和存储集中到单个数据中心的传统云计算架构不同，边缘计算将计算或数据处理能力推送到边缘设备进行处理，只有数据处理的结果需要通过网络传输。这在一些情况下可以提供精确的结果，并消耗更少的网络带宽。图 7-11 展示了应用于物联网中的边缘计算的设备形态和所处的位置。

以无人驾驶汽车为例，无人驾驶汽车利用车载传感器来感知车辆周围环境，并根据感知所获得的道路、车辆位置和障碍物等信息，控制车辆的转向和速度，从而使车辆能够安全、可靠地在道路上行驶。该过程要求车载控制系统能够对采集的数据作出实时处理，以便及时对下一步行车路线和速度作出合理决策。如果将传感器采集的数据上传到云计算中心，由云计算

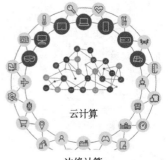

图7-11 边缘计算所处的位置

中心处理后再响应给车载控制系统，这无疑会因存在较大的延时，而降低行车的安全性。但如果在源数据端（无人驾驶汽车）进行边缘计算，实时处理传感器采集的数据，将大大

提高数据的处理速度，有效增强无人驾驶汽车在行驶过程中对路面环境决策的实时性。

7.3.3　未来物联网

物联网的广泛应用，可使人类以更加精细和动态的方式管理生产和生活，这种高级"智能"的信息交换与通信状态，可以大大提高社会资源的利用率和生产力水平，改善人与自然的关系，实现高质量的人类社会经济发展与生活方式转变。

因此，物联网被称为继计算机、互联网之后，世界信息产业的又一次新浪潮。根据美国知名研究机构 Forrester 预测，物联网所带来的产业价值将比互联网大 30 倍，它在智能交通、环境保护、政府工作、公共安全、平安家居、智能消防、工业监测、环境监测、老人护理、个人健康、水系监测、食品溯源、敌情侦查和情报搜集等多个领域有着广泛的应用前景。

目前，物联网已被正式列为我国重点发展的战略性新兴产业之一，并被看作我国信息化与工业化"两化融合"的切入点。国家工业和信息化部制订了《物联网发展规划（2016—2020 年）》，设立了物联网发展专项资金，重点支持智能工业领域、智能农业领域、智能医疗领域、智能物流领域及智能交通等领域的物联网发展。

7.4　人 工 智 能

拥抱人工智能

人工智能（Artificial Intelligence，AI）是研究、开发用于模拟、延伸和扩展人的智能的理论、方法、技术及应用系统的一门新的技术科学。

7.4.1　人工智能的发展

1956 年，以麦卡锡、明斯基、香农和罗切斯特等为首的一批年轻科学家在一起聚会，共同研究和探讨用机器模拟智能的一系列有关问题，并首次提出了"人工智能"这一术语，由此标志着"人工智能"这门新兴学科的正式诞生。

1957 年，美国认知心理学家 Rosenblatt 等首次提出了一种称之为"感知机"（Perceptron）的人工神经网络模型。主要是基于 1943 年由美国心理学家麦卡洛克和数理逻辑学家皮特斯提出的 MP 人工神经元模型进行构建的前馈网络，旨在发展出一种模拟生物系统感知外界信息的简化模型。"感知机"主要用于分类任务，由此开创了神经网络的第一次热潮。不过当时的感知机是单层的，只有输出层没有隐含层。1969 年，明斯基等发表了书名为《感知机》的专著，指出了单层感知机的这一局限；但在当时，大家都认为感知机没有什么前途。自此以后，人工智能遭遇了第一个低潮，这种低潮几乎贯穿了整个 20 世纪 70 年代。

1980 年代，出现了人工智能的第二次高潮。美国认知心理学家 Rumelhart 等提出了 BP 网络，为带隐层的多层感知机找到了一种有效的学习算法，即误差的反向传播算法，也就是目前在卷积神经网络中使用的监督学习算法。其实就是使用 Sigmoid 函数与双曲正切函数对经典的 MP 人工神经元模型进行了改进，但正是这个看似很小的一个突破，却解决了感知机不能进行学习的致命缺陷。再加上 1982 年美国物理学家 Hopfiled 提出的反馈神经网络，于是乎，整个 20 世纪 80 年代，人工智能又一次迎来了高潮，神经网络成为科技人员争相研究的热点。

此外，当时很多人都在想，如果把人的专家级经验通过规则的形式总结出来，建立大规模规则库，然后将规则作为知识进行推理，不就可以解决很多问题了吗？这样的前景简直太美好了！它可以挑选出正确的分子结构，可以模拟老中医看病（例如研发中医诊疗专家系统），可以模拟专家找石油、找天然气、找矿石……总之就是无所不能，可以完全替代人类从事许多工作。典型的代表就是斯坦福大学的费根鲍姆教授，曾因知识工程的倡导和专家系统的实践，获得 1994 年度图灵奖。当时，机器推理所依赖的规则都是人为设计的，而很多规则是很难被总结和设计的。因此这个阶段的人工智能，靠设计而非学习获得规则，前提就错了。其次，当时的人工智能并没有解决好数据层到语义层的所谓语义鸿沟问题。

当时，全世界都对人工智能的发展抱以极高的憧憬，认为它可以在很多方面取代人类，也出现了许多疯狂的计划。例如当时经济繁荣的日本甚至搞了一个雄心勃勃的智能计算机国家计划，即所谓的第五代计算机计划，立志要研究出世界上最先进的模糊推理计算机，突破"冯·诺依曼瓶颈"，确立信息领域的"全球领导地位"。该计划虽历时 10 年，总耗资 8 亿多美元，但最终还是以失败而告终。

第二次人工智能热潮持续 10 余年，只是 BP 网络和 Hopfield 网络能力有限，利用规则作为知识进行的推理，却并没有感知智能的支撑，最终成为空中楼阁。因此，到 2000 年左右，人工智能又进入了一个寒冬。理想和现实的巨大差异，让人们认识到，当时的人工智能其实做不了多少事情的。

人工智能的第三次高潮，发端于 2006 年。加拿大多伦多大学的 Hinton 教授等人提出深度学习的概念，主要包括深度卷积神经网络、深度信念网络和深度自动编码器。尤其是在 2012 年，Hinton 教授与他的两位博士生在参加一年一度的机器视觉识别比赛（ImageNet比赛）时，把深度卷积神经网络与大数据、GPU 结合了起来，让机器去识别没有参加过训练的 10 万张测试图片，辨识结果比原来的传统计算机视觉方法准确率提高了 10.9%！这么一个显著的性能提升和惊人的识别效果，一下子引起了产业界的极大关注。

在前两次人工智能热潮中，基本上是学术界在玩，而从 2013 年开始，跨国科技巨头纷纷开始高强度的介入，产业界逐渐成为全球人工智能的研究重心，主导并加速了人工智能技术的商业化落地。例如谷歌提出"人工智能优先"，借以重塑企业，而百度也宣称自己已经是一家人工智能企业了，等等。目前，人工智能在各方面所取得的惊人效果，都是前所未有的。仅以如图 7-12 所示的人脸识别为例，现在的人脸识别准确率已经达到了99.82%，在 LFW 数据集上超过了人类水平不少，这在以前是难以想象的。

这次人工智能新高潮，是一个实实在在的进步，最具代表性的成果就是深度卷积神经网络和深度强化学习等两个方面。

强化学习，也称再励学习或增强学习。1997 年 5 月，IBM 研制的深蓝（Deep Blue）计算机利用强化学习，战胜了国际象棋大师卡斯帕洛夫。现在，谷歌的 DeepMind 开发的AlphaGo（阿尔法狗，如图 7-13 所示），通过将强化学习和深度卷积神经网络有机结合起来，已达到了一个超人类的水平。这样的话，它的商业价值就体现出来了，相信随着越来越多类似技术的发展，AI 的商业化之路也会越走越宽阔。

包括深度卷积神经网络和深度强化学习在内的弱人工智能技术，以及它们面向特定细分领域的产业应用，在大数据和大计算的支撑下都是可预期的，将会成为人工智能产品研发与产业发展的热点，深刻地改变人们的生产生活方式。

图7-12　人脸识别　　　　　　　　　图7-13　AlphaGo与李世石对弈

7.4.2 人工智能未来展望

从弱人工智能到超人工智能，还有漫长的路要走，深度卷积神经网络也有自己的缺陷。现在的人工智能阶段可称之为弱人工智能，因为它只能解决一个点的问题，或者只能在一个垂直细分领域应用，才能获得人类水平。

人工智能需要大数据，只有在一个点上积累足够多的带标签的完备大数据，才能有针对性地获得成功。就像阿尔法狗一样，目前主要功能是下围棋，不会说话谈心、情感交流。当前人工智能的最大缺陷之一就是能力单一，不能进行多任务的学习。事实上，利用深度强化学习的阿尔法狗是在进行最优博弈类决策。而决策属于认知智能，而且它还不依赖于完备的大数据。

现在的弱人工智能甚至还不能用同一个模型做两件事情，而要想让它具有多任务的学习能力，即把一个垂直的细分领域变宽，这就是所谓的通用人工智能问题。就像阿尔法狗，如果让它不仅会下围棋，还会下象棋甚至是其它的所有棋类，还会打扑克牌、打游戏，另外还会语音识别、行为识别、表情识别和情感分析等等，什么都可以干，那它就真的很厉害了。如果上述能力都具备的话，也就进入了更高一级的通用人工智能阶段。它的最鲜明特征就是，利用同一个模型可以实现多任务的学习。

当通用人工智能来到之后，也就是说打游戏、情感分析、股票预测等所有人类的技能都学会了；进一步地，人类的全方位能力通用人工智能都具有了，那可以认为，奇点到来了，也就是进入到了所谓的强人工智能阶段。进入强人工智能阶段之后，机器的智能将会呈指数增长，"智商"远超人类，这就到了所谓超人工智能阶段，此时人类如何应对？当然，说对人工智能的担忧、恐怖或对人类的威胁，还为时尚早，原因是目前甚至连通用人工智能这个阶段都还没达到，只有等到跨越弱人工智能阶段之后，再来探讨此类问题吧。

7.5　虚拟现实

虚拟现实能
带来什么

虚拟现实（Virtual Reality，VR）是以计算机技术为核心，结合相关科学技术，生成与真实环境在视、听、触感等方面高度近似的数字化环境，用户借助必要的装备与数字化环境中的对象进行交互作用、相互影响，从而产生亲临真实环境的感受和体验，如图 7-14 所示。

7.5.1 虚拟现实的概念

虚拟现实是一项综合集成技术，涉及计算机图形学、人机交互技术、传感技术、人工智能、计算机仿真、立体显示、计算机网络、并行处理与高性能计算等技术和领域，它用计算机生成逼真的三维视觉、听觉、触觉等感觉，使人作为参与者通过适当的装置，自然地对虚拟世界进行体验和交互作用。

图7-14　虚拟现实

虚拟现实有 3 个特征：想象（Imagination）、交互（Interaction）和沉浸（Immersion），简称 3I。想象是指虚拟现实技术具有广阔的可想象空间，可拓宽人类认知范围，可再现真实环境，也可以随意构想客观不存在的环境；交互是指用户实时地对虚拟空间的对象进行操作和反馈；沉浸即临场感，指用户感到作为主角存在于模拟环境中的真实程度。

虚拟现实系统根据用户参与形式的不同一般分为 4 种模式：桌面式、沉浸式、增强式和分布式。桌面式使用普通显示器或立体显示器作为用户观察虚拟境界的一个窗口；沉浸式可以利用头盔式显示器、位置跟踪器、数据手套和其它设备，使得参与者获得置身真实情景的感觉；增强式是把真实环境和虚拟环境组合在一起，使用户既可以看到真实世界，又可以看到叠加在真实世界的虚拟对象；分布式是将异地不同用户联结起来，对同一虚拟世界进行观察和操作，共同体验虚拟经历。

7.5.2 虚拟现实的应用

虚拟现实技术正在广泛地应用于娱乐、军事、建筑、工业仿真、考古、医学、文化教育、农业和计算机技术等方面，改变了传统的人机交互模式。

1. 在科技开发上

虚拟现实可缩短开发周期，减少费用。例如克莱斯勒公司 1998 年初便利用虚拟现实技术，在设计某两种新型车上取得突破，首次使设计的新车直接从计算机屏幕投入生产线，也就是说完全省略了中间的试生产。由于利用了卓越的虚拟现实技术，使克莱斯勒避免了 1 500 项设计差错，节约了 8 个月的开发时间和 8 000 万美元费用。利用虚拟现实技术还可以进行汽车冲撞试验，不必使用真的汽车便可显示出不同条件下的冲撞后果。

在虚拟现实技术已经和理论分析、科学实验一起，成为人类探索客观世界规律的三大手段。用它来设计新材料，可以预先了解改变成分对材料性能的影响。在材料还没有制造出来之前便知道用这种材料制造出来的零件在不同受力情况下是如何损坏的。

2. 商业上

虚拟现实常被用于推销。例如建筑工程投标时，把设计的方案用虚拟现实技术表现出来，便可把业主带入未来的建筑物里参观，如门的高度、窗户朝向、采光多少、屋内装饰等，都可以感同身受。它同样可用于旅游景点以及功能众多、用途多样的商品推销。因为用虚拟现实技术展现这类商品的魅力，比单用文字或图片宣传更加有吸引力。

3. 医疗上

在医学界，虚拟现实技术主要是用于虚拟解剖、虚拟实验室和虚拟手术等。德国在 20 世纪 90 年代通过虚拟现实技术，用人体切片重构为数字人，逼真地重现了人体解剖现场，无须担心成本、伦理等问题。汉堡 Eppendof 大学医学院构造了一套人体虚拟现实系统，训练者带上数字头盔就可以进行模拟解剖。

4. 军事上

利用虚拟现实技术模拟战争过程已成为最先进的多快好省的研究战争、培训指挥员的方法。也是由于虚拟现实技术达到很高水平，所以尽管不进行核试验，也能不断改进核武器。战争实验室在检验预定方案用于实战方面也能起巨大作用。1991 年海湾战争开始前，美军便把海湾地区各种自然环境和伊拉克军队的各种数据输入计算机内，进行各种作战方案模拟后才定下初步作战方案。后来实际作战的发展和模拟实验结果相当一致。

5. 娱乐上

娱乐应用是虚拟现实最广阔的用途。例如英国出售的一种滑雪模拟器。使用者身穿滑雪服、脚踩滑雪板、手拄滑雪棍、头上载着头盔显示器，手脚上都装着传感器。虽然在斗室里，只要做着各种各样的滑雪动作，便可通过头盔式显示器，看到堆满皑皑白雪的高山、峡谷、悬崖陡壁，一一从身边掠过，其情景就和在滑雪场里进行真的滑雪所感觉的一样。

6. 教育上

虚拟校园是虚拟现实技术在教育领域最早的具体应用，虽然大多数虚拟校园仅仅实现校园场景的浏览功能，但虚拟现实技术提供的活的浏览方式，全新的媒体表现形式都具有非常鲜明的特点。天津大学早在 1996 年，在 SGI 硬件平台上，基于 VR ML 国际标准，最早开发了虚拟校园，使没有去过天津大学的人，可以领略近代史上久富盛名的大学。

随着网络时代的来临，网络教育迅猛发展，尤其是在宽带技术将大规模应用的今天，一些高校已经开始逐步推广、使用虚拟仿真教学。虚拟教学可以应用教学模拟系统进行演示、探索、游戏教学。利用简易型虚拟现实技术表现某些系统（自然的、物理的、社会的）的结构和动态，为学生提供一种可供他们体验和观测的环境。例如中国地质大学开发的地质晶体学学习系统，利用虚拟现实技术演示它们的结构特征，直观明了。西南交通大学开发的 TDS–JD 机车驾驶模拟装置可摸拟列车起动、运行、调速及停车全过程，可向司机反馈列车运行过程中的重要信息。

7. 工业上

工业仿真、安全生产应急演练、三维工厂设备管理、虚拟培训等都是虚拟现实技术在工业方面的应用。 例如：在航天行业领域的机场环境模拟，可真实再现停机坪、候机厅、油库、航加站等场所。在机场运维时便于信息化管理，实时了解当前飞机的飞停状态，并进行三维实时表现。通过读取来自定位系统的实时位置信息来驱动加油车、操作员动态变化，具有很强的立体表现效果，这是二维 GPS 管理系统所不具备的。

在电力行业，三维电力输电网络信息系统采用 3DGIS 融合 VR 的思路，利用数字地形模型、高分辨率遥感影像构建基础三维场景，能够真实再现地形、地貌，采用创建三维模型再现输电网络、变电站、输电线路周边环境、地物的空间模型，为领导及工作人员提供全方位、多维、立体化的辅助决策支持，从而减少处理事故所需时间，减少经济损失。系统实现了各种分析功能，如停电范围分析、最佳路径分析，当停电事故发生时，系统能快速计算出影像范围，标绘出事故地点及抢修最优路线。当火灾发生时绘制火灾波及范围及对重要设备的影像程度，推荐最佳救援方式。图7-15展示了电力行业应用虚拟现实技术对员工进行培训。

图7-15　电力行业的虚拟现实技术

7.5.3　虚拟现实的前景

虚拟现实的诞生就好像一个新的世界大门徐徐展开，将会给人类带来翻天覆地的变化。人们可以通过VR体验购物，娱乐，社交，培训等等，在某种意义上它将改变人们的思维方式，甚至会改变人们对世界、自己、空间和时间的看法。

我国已成为全球最重要的虚拟现实终端产品生产地，虚拟现实消费级市场快速培育。虚拟现实产业自2013年开始进入专利快速增长期，关键技术进一步成熟，正在建立覆盖硬件、软件、内容制作与分发、应用与服务等环节的技术标准体系。同时，5G商用为虚拟现实技术在更广泛领域的应用开辟了新天地。2019年我国首次利用"5G+VR"技术对央视春晚进行实时直播；深圳市人民医院借助5G网络完成了我国首例5G+AR/MR远程肝胆外科手术等。未来在5G的协助下，更多需要实时交流、实时交互的行业应用将被实践和推广。

2018年年底，我国工信部发布《关于加快推进虚拟现实产业发展的指导意见》，进一步加大政策支持力度，推动虚拟现实技术在制造、教育、文化、健康、商贸等重点领域的应用。近年来相关虚拟现实关键技术不断突破，全球市场规模持续扩大。以虚拟现实为代表的新一轮科技和产业革命蓄势待发，虚拟经济与实体经济的结合，将给人们生产方式和生活方式带来革命性变化。

本章小结

本章主要介绍并行计算、网格计算、云计算、量子计算等新型计算模型的概念，以及大数据、物联网、人工智能、虚拟现实等IT新技术的发展现状。IT业界预计，未来一段时期，我国将会利用国际产业转移的重大机遇，聚集各种资源，突破核心技术制约，在集成电路、软件、计算机与信息处理、现代移动通信、信息安全、信息服务和系统集成等技术领域加强创新，促进IT产品更新换代，推动我国由IT大国向IT强国转变，并进而推动国民经济信息化进程，以信息化带动工业化，走出一条新型工业化道路。

🌐 工匠精神

5G、大数据、云计算、人工智能

——揭秘抗疫复工背后的网络信息技术

新冠肺炎疫情发生以来，在国务院国资委统筹指导和安排部署下，中央企业坚决贯彻落实习近平总书记重要指示精神和党中央、国务院相关决策部署，积极运用 5G、大数据、云计算、人工智能等网络信息技术，加强疫情防控，推进复工复产，取得显著成效。

5G 的存在，让"战疫"信息高速公路的铺设成为现实。在发生灾难时，能够及时准确地调动全国各地的信息，及时进行反馈调遣，能够有效遏制灾难。而在疫情震中，中央企业不负众望，积极发挥 5G 大带宽、延时低、广连接等特性，运用网络信息技术，缩短了地域差距，将全国链接成了一体，让疫情防控早、严、广，让复工复产快、稳、好。

三家电信运营企业全力保障疫情期间通信基础设施建设，累计开通 5G 基站 13 万个，全力保障"战疫"通信需要。中国移动开发医疗服务机器人、医疗急救车、无人物流车和无人防疫车等 5G 智能设备，服务全国 3 900 多家医疗机构，支撑 3 万多次远程医疗会诊。智能医护机器人走进医院、卫生服务中心和隔离区域进行拍摄和服务，有效缓解了医护人手不足的困难，减少了医护交叉感染等风险。中国电信开发"5G+人工智能"新冠肺炎智能辅助分析系统，极大提升了诊疗效率。中国商飞运用 5G 技术助力复工复产，建成全球首个 5G 全链接工厂，保障大飞机研制生产。他们，值得我们铭记。

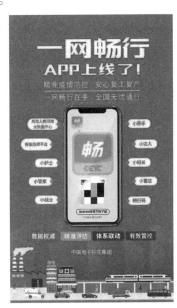

中国电科的"一网畅行"

大数据的存在，为"战疫"这一历史性行动打造了强大的大脑，并一路为中国人民护航。疫情期间，人手一"码"的"健康码"成为人员流动、复工复产复学、日常生活及出入公共场所的凭证。只要填报一次个人健康状况，进出不同地点无须反复填写信息，防控部门也能借此快速掌握疫情大数据。与此同时，各地还借助大数据等新技术，绘制"疫情地图"、搭建"数字防疫系统"，实现科技战"疫"、精准防控。

大数据具有多源性、海量性、开放性广等特性，中央企业正是深刻认识并把握了这些特性，合理的运用了大数据，让大数据在"战疫"过程中大放异彩。中国电科搭建"一网畅行"疫情防控与复工复产大数据产品，实时监控全国疫情情况并预测分析，平均预测误差不到 1%，实现秒级响应、快速扫码、一网通行。在北京大兴国际机场，"一网畅行"大数据系统与太赫兹安检设备等信息技术产品融合升级的快速安检系统已经部署启用。旅客安检时，只需"刷"一下身份证，设备内置的"一网畅行"疫情防控与复工复产大数据系统，会自动通过后台权威大数据模型比对，精准筛选出安全人群和密接人群。同时，设备的远程红外测温功能，还能对旅客进行无感知体温探测，减少等待时间、提高通行效率。

中国联通推出"社区风险预测"和"健康U码"等大数据产品，向全社会免费提供防疫、预警、出行、复工等查询功能，开通一周点击量破千万。国家电网、南方电网开发多套先进大数据算法模型，发布"企业复工电力指数"产品，客观反映复工复产情况，形成区域监测分析报告约400份。国投建立"天鹰"网络交易大数据监管平台，及时发现违规销售、哄抬价格等涉嫌违法行为。

在"千寻—北斗无人机战疫云平台"上
运行的抗疫无人机

云计算也在"战疫"中发挥了巨大作用，可以说，云计算架起了将供需无缝衔接的"桥梁"。中央企业通过云计算技术，推出了多个供应链协同对接平台，平台具有远程、精准、实时对接等突出特点，无比契合当下的社会现状，对加快复工复产的进度具有催化剂一般的作用。电商联盟搭建的全国企业复工复产供需对接云平台，便是供应链协同对接平台中一个优秀的例子，该平台发布了8 000余条供需信息，主要面向群体是中小型企业。兵器工业集团发起"飞翼行动"服务，搭建"千寻—北斗无人机战疫云平台"，精准链接防疫供需。在"无人机战疫平台"上，需求方填写信息，准备防护用品、消毒液，供给方填写服务信息、服务区域。一旦平台匹配成功，双方确认作业时间与区域，符合作业标准后，即可开始作业。中国电子紧急推出国家重点医疗物资保障调度云平台，覆盖31个省市约2 000家重点企业，提升重要物资对接调度效率。中国航发搭建供应链协同云平台，推动上游供应链计划、生产、物流、质量协同，确保物料准时交付。中铝集团建设供应链金融服务云平台，为上下游企业提供低成本融资渠道，缓解供应链资金压力，带动中小企业复工复产。

武汉大学人民医院门诊大厅，
一台智能消毒机器人在喷洒
消毒剂

人工智能技术是近年来我国发展迅速的领域之一。疫情防控战打响之后，防疫一线出现了一群特殊的"战士"，活跃在全国各地的医院病房、交通枢纽、生活社区等众多场所。这些"战士"，既是一线医护、公安民警们的"得力助手"，帮助他们提高工作效率、降低交叉感染风险，也成为千千万万群众生命健康的"守护者"，承担着巡防、测温、消毒、咨询、送餐送药等方方面面的工作。这些特殊的"战士"就是在抗疫当中大显身手的各类人工智能产品——基于物联网的智慧生命体征监测系统、咽拭子采集机器人、各类智能防疫机器人……

在抗疫前线，人工智能实现了"大爆发"，在医疗影像辅助诊断、智能服务机器人等方面均实现了精准应用，在一定程度上实现了对病例的快筛查，阻断了病毒的传播等。据了解，目前，人工智能技术广泛应用在我国各个医疗细分领域，包括医疗影像、辅助诊断、药物研发、健康管理、疾病风险预测、医院管理、虚拟助理、医学研究平台等，而人工智能技术在此次疫情中，在相关领域均得到不同程度的运用。除此之外，人工智能监测设备加速企业复工，助力学生停课不停学……

　　时代在进步，我们的祖国在变得越来越强大。当海外各国陆续爆发新冠疫情时，中国已经控制住了疫情，并且逐步走向复工复产。而在抗疫复产的背后，5G、大数据、云计算、人工智能等网络信息技术贡献不菲，对于加强疫情的防控，促进安全复工健康复产，都起到了重要的作用。

　　资料来源：

　　[1] 国资小新 .5G 大数据 云计算…揭秘央企抗疫复工背后的网络信息技术 [EB/OL].http://www.xinhuanet.com/2020-04/10/c_1125837530.htm，2020-04-10.

　　[2] 蓝鲸财经 . 人工智能技术加入抗"疫"科技战，行业大爆发盛况能否持续？ [EB/OL].https://baijiahao.baidu.com/s?id=1659103150993899406&wfr=spider&for=pc，2020-02-21.

　　[3] 刘峣 . 中国科技硬核抗疫 [EB/OL].https://www.xuexi.cn/lgpage/detail/index.html?id=8852552547565799257&item_id=8852552547565799257，2020-06-11.

　　[4] 光明日报 . 大数据＋云计算打造战疫大脑 [EB/OL].https://www.xuexi.cn/lgpage/detail/index.html?id=16372920406552412805&item_id=16372920406552412805，2020-04-29.

　　[5] 光明日报 . 战疫一线特殊"武器"如何打造 [EB/OL].https://www.xuexi.cn/lgpage/detail/index.html?id=1413046542736638004&item_id=1413046542736638004，2020-04-28.

参 考 文 献

[1] 柳永念，姚怡，焦小焦，等.大学计算机[M].2版.北京：中国铁道出版社有限公司，2019.

[2] 劳眷，滕金芳，焦小焦，等.大学计算机实验指导与习题集[M].2版.北京：中国铁道出版社有限公司，2019.

[3] 吕云翔，李沛伦.计算机导论[M].北京：清华大学出版社，2019.

[4] 李廉，王士弘.大学计算机教程：从计算到计算思维[M].北京：高等教育出版社，2016.

[5] 柴欣，史巧硕.大学计算机基础教程[M].8版.北京：中国铁道出版社有限公司，2019.

[6] 柴欣，史巧硕.大学计算机基础实验教程[M].8版.北京：中国铁道出版社有限公司，2019.

[7] 甘勇，陶红伟.大数据导论[M].北京：中国铁道出版社有限公司，2019.

[8] 徐洁磐.人工智能导论[M].北京：中国铁道出版社有限公司，2019.

[9] 陈国良.大学计算机：计算思维视角[M].2版.北京：高等教育出版社，2014.

[10] 余益.大学计算机[M].2版.北京：中国铁道出版社，2017.

[11] 鲁宁.大学计算机基础与计算思维[M].2版.北京：人民邮电出版社，2015.

[12] 张基温.大学计算机：计算思维导论[M].北京：清华大学出版社，2017.

[13] 杨长兴.Python程序设计教程[M].北京：中国铁道出版社，2017.

[14] 刘凌霞.21天学通Python[M].北京：电子工业出版社，2016.

[15] 唐尼.像计算机科学家一样思考Python[M].赵普明，译.北京：人民邮电出版社，2013.

[16] 徐光侠.Python程序设计案例教程[M].北京：人民邮电出版社，2017.

[17] 闫俊伢.Python编程基础[M].北京：人民邮电出版社，2016.

[18] 方其桂.多媒体技术及应用实例教程[M].北京：清华大学出版社，2016.

[19] 肖睿，张荣竣.网页设计与开发[M].北京：人民邮电出版社，2018.

[20] 黎珂位，肖康.Photoshop CC平面设计教程[M].北京：人民邮电出版社，2019.

[21] 凤凰高新教育.中文版Dreamweaver CC基础教程[M].北京：北京大学出版社，2017.

[22] 王君学.从零开始：Dreamweaver CC基础培训教程[M].北京：人民邮电出版社，2016.

[23] 姚怡，余海萍.网站规划建设与管理维护[M].2版.北京：中国铁道出版社，2015.

[24] 上海赢科，W3School. CSS浮动［EB/OL］.https://www.w3school.com.cn/css/css_positioning_floating.asp，2020–08–01.

[25] 纤尘.清华大学邓志东："特征提取＋推理"的小数据学习才是AI崛起的关键［EB/OL］.https://blog.csdn.net/weixin_33858249/article/details/89783670，2017–07–02.

[26] 章宁，李海峰.Python程序设计：从编程基础到专业应用[M].北京：机械工业出版社，2019.

[27] 西格兰. 集体智慧编程[M]. 莫映，王开福，译. 北京：电子工业出版社，2015.

[28] 莱顿. Python数据挖掘入门与实践：第2版[M]. 亦念，译. 北京：人民邮电出版社，2020.

[29] 麦金尼. 利用Python进行数据分析：第2版[M]. 徐敬一，译. 北京：机械工业出版社，2018.

[30] 马瑟斯. Python编程：从入门到实践[M]. 袁国忠，译. 北京：人民邮电出版社，2016.

[31] 赵志勇. Python机器学习算法[M]. 北京：机械工业出版社，2019.